高效养鹿

主 编 王凯英 杨学宏

副主编 赵伟刚 张荣范

参 编 （按姓氏笔画排列）

王晓旭 朱言柱 杨雅涵

杨 颖 杨镒峰 徐 超

崔学哲 鲍 坤

U0279662

机 械 工 业 出 版 社

本书针对目前我国养鹿业的现状，参考了国内外有关鹿养殖的技术资料及最新科研成果，结合我国鹿的饲养方式及生产实践经验进行了系统阐述，内容涵盖鹿的生活特性、养殖场建设、营养需要、饲养与管理、繁育、疾病防治及产品加工等多个方面。本书理论联系实际，通俗易懂，实用性强，配有"提示""注意"等小栏目，可以帮助读者更好地理解鹿养殖技术要点。

　　本书适合鹿养殖者及相关单位的管理人员与技术人员使用，也可供农林院校经济动物专业的学生参考阅读。

图书在版编目（CIP）数据

　　高效养鹿/王凯英，杨学宏主编. —北京：机械工业出版社，2019.1（2023.9重印）

　　（高效养殖致富直通车）

　　ISBN 978-7-111-61494-4

　　Ⅰ.①高… Ⅱ.①王…②杨… Ⅲ.①鹿–饲养管理 Ⅳ.①S865.4

　　中国版本图书馆CIP数据核字（2018）第267771号

机械工业出版社（北京市百万庄大街22号　邮政编码100037）
总　策　划：李俊玲　张敬柱
策划编辑：高　伟　责任编辑：高　伟
责任校对：王　欣　责任印制：张　博
保定市中画美凯印刷有限公司印刷
2023年9月第1版第4次印刷
147mm×210mm·7.75印张·2插页·248千字
标准书号：ISBN 978-7-111-61494-4
定价：35.00元

凡购本书，如有缺页、倒页、脱页，由本社发行部调换
电话服务　　　　　　　　　　网络服务
服务咨询热线：010-88361066　机工官网：www.cmpbook.com
读者购书热线：010-68326294　机工官博：weibo.com/cmp1952
　　　　　　　010-88379203　金书网：www.golden-book.com
封面无防伪标均为盗版　　　教育服务网：www.cmpedu.com

高效养殖致富直通车
编审委员会

主　　任　赵广永

副 主 任　何宏轩　朱新平　武　英　董传河

委　　员（按姓氏笔画排序）

丁　雷　　刁有江　　马　建　　马玉华　　王凤英　　王自力

王会珍　　王凯英　　王学梅　　王艳丰　　王雪鹏　　占家智

付利芝　　朱小甫　　刘建柱　　孙卫东　　李和平　　李学伍

李顺才　　李俊玲　　杨　柳　　吴　琼　　谷风柱　　邹叶茂

宋传生　　张丁华　　张中印　　张素辉　　张敬柱　　陈宗刚

易　立　　周元军　　周佳萍　　赵伟刚　　南佑平　　顾学玲

曹顶国　　盛清凯　　程世鹏　　熊家军　　樊新忠　　魏刚才

秘 书 长　何宏轩

秘　　书　郎　峰　高　伟

序

　　改革开放以来，我国养殖业发展非常迅速，肉、蛋、奶、鱼等产品产量稳步增加，在提高人民生活水平方面发挥着越来越重要的作用。同时，从事各种养殖业也已成为农民脱贫致富的重要途径。近年来，我国经济的快速发展为养殖业提出了新要求，以市场为导向，从传统的养殖生产经营模式向现代高科技生产经营模式转变，安全、健康、优质、高效和环保已成为养殖业发展的既定方向。

　　针对我国养殖业发展的迫切需要，机械工业出版社坚持高起点、高质量、高标准的原则，组织全国 20 多家科研院所的理论水平高、实践经验丰富的专家学者、科研人员及一线技术人员编写了这套"高效养殖致富直通车"丛书，范围涵盖了畜牧、水产及特种经济动物的养殖技术和疾病防治技术等。

　　丛书应用了大量生产现场图片，形象直观，语言精练、简洁，深入浅出，重点突出，篇幅适中，并面向产业发展需求，密切联系生产实际，吸纳了最新科研成果，使读者能科学、快速地解决养殖过程中遇到的各种难题。丛书表现形式新颖，大部分图书采用双色印刷，设有"提示""注意"等小栏目，配有一些成功养殖的典型案例，突出实用性、可操作性和指导性。

　　丛书针对性强，性价比高，易学易用，是广大养殖户和相关技术人员、管理人员不可多得的好参谋、好帮手。

　　祝大家学用相长，读书愉快！

中国农业大学动物科技学院

前　言

　　鹿属于高级哺乳动物，有数十个品种，在世界上很多地区都有分布，我国就有梅花鹿、马鹿、水鹿、坡鹿和白唇鹿等多个品种。鹿，除提供鹿茸、鹿肉、鹿血、鹿皮及鹿骨等多种经济价值较高的药（食）材外，还具有观赏价值及生物干细胞等深入研究价值。但是随着人类社会的发展，可供野生鹿栖息的自然环境越来越少，我国境内野生鹿已濒临灭绝，属于国家一、二类保护动物。既要保护珍贵的鹿资源，又要满足人们对鹿产品的需求，这就促进了人工养鹿业的发展。

　　我国养殖的鹿种主要是梅花鹿和马鹿，从北到南分布在全国各省、自治区，吉林、辽宁、黑龙江、新疆等地养殖量大，养殖水平也较高。但是由于养殖规模的扩大和市场波动的影响，品种、成本、加工和疾病等影响养殖效益的因素渐渐显现，因此要求从业者不断提高饲养管理技术和其他相关技术水平，提高抗风险能力，以保证产业健康发展。为普及和推广鹿养殖的新技术，我们组织从事鹿研究的科研人员及生产一线的技术人员编写了本书，希望能对养鹿业的发展尽绵薄之力。

　　本书收集了国内外养鹿的新技术、新方法，重点介绍了鹿高效养殖技术的原理与具体措施，对鹿的品种（系）、生活特性、养殖场的建设、营养需要、饲养与管理、繁育、疾病防治及产品加工等内容做了较为系统的叙述。本书内容结合生产实际，通俗易懂，实用性强，以供鹿养殖场、专业养殖户的技术和管理人员参考，可帮助新手入门，使老手养殖技术精益求精，也可作为农业研究人员有益的参考资料。

　　需要特别说明的是，本书所用药物及其使用剂量仅供读者参考，不可完全照搬。在实际生产中，所用药物学名、通用名与实际商品名称存在差异，药物浓度也有所不同，建议读者在使用每一种药物之前，参阅厂家提供的产品说明以确认药物用量、用药方法、用药时间及禁忌等。购买兽药时，执业兽医有责任根据经验和对患病动物的了解决定用药量及选择最佳治疗方案。

在本书编写过程中，参考了国内外大量相关资料，在此一并表示诚挚的谢意。由于编者学识水平和实践经验所限，书中错误和欠妥之处在所难免，恳请读者批评指正，以便今后修改。

编　者

目　录

序

前言

第一章　概述

第二章　鹿场建设与环境

第三章　鹿养殖品种的选择

第四章　鹿的营养需要

第五章　鹿的饲料及营养调控技术

第六章　鹿的饲养与管理关键技术

第七章　鹿的繁育

第八章　鹿的疾病防治

第一章

概　述

　　鹿是兼药用、肉用、皮用、观赏用和狩猎用的草食性动物。鹿作为一种特种经济动物，在世界畜牧业中占有重要的地位。目前，十几个国家存在鹿人工饲养业，但因为生产目的不同，鹿的养殖品种、规模也有很大区别。我国人工养鹿已有数千年历史，主要是为了获得鹿茸等珍贵药材。改革开放以来，我国鹿养殖区域在不断地扩大，除东北、华北等地区外，中、西部、东南地区也开始养殖，并取得了较好的经济效益。

第一节　世界养鹿业现状

一　养鹿国家

　　鹿属于哺乳纲、偶蹄目、鹿科动物，目前世界上共存在41个品种，除南极洲、撒哈拉沙漠外均有分布。为获得鹿肉、鹿茸、鹿皮、鹿鞭、鹿胎等产品，人类大量捕杀野生鹿，加上其生存环境随着人类社会发展而逐渐缩小，野生鹿资源濒临枯竭。为稳定获得鹿产品，人们开始大规模驯养鹿。

　　世界上较有代表性的养鹿国家有：亚洲的中国、韩国、朝鲜、哈萨克斯坦、蒙古、日本等；欧洲的俄罗斯、挪威、瑞典、芬兰、英国等；北美洲的美国、加拿大；南美洲的智利、阿根廷、乌拉圭等；大洋洲的新西兰、澳大利亚、巴布新几内亚等。世界鹿驯养地区分布与比例关系见图1-1。

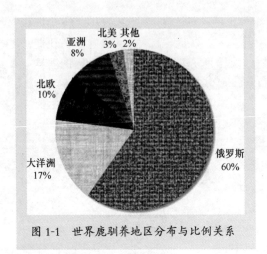

图1-1　世界鹿驯养地区分布与比例关系

二　饲养品种及历史

养鹿业是一项稳定、长效、高效的产业，各国都利用本国的优良原种鹿对品种进行系统培育改良，实施鹿区域发展。当然，因为地域和习俗的差异，不同国家、地区养鹿目的的区别也很大，所以其饲养品种和历史也就不尽相同。世界鹿驯养种类与比例关系见图1-2。

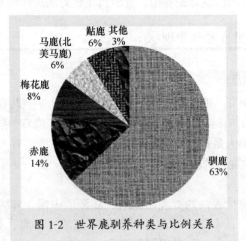

图1-2　世界鹿驯养种类与比例关系

1. 肉奶用鹿

(1) 驯鹿　驯鹿性情温驯、体型大、耐粗饲、适应性强，主要分布在亚欧大陆北部及北美北部高纬度地区，被人类驯养用于提供鹿奶、鹿肉、鹿茸及鹿皮等主要产品。驯鹿一般随季节变化进行迁徙，冬季迁往相对温暖、饲料条件好的牧场，夏季则迁往高纬度地区的灌丛、苔原地带，是驯养该动物的土著居民最重要的财产和生活保障。

（2）赤鹿 赤鹿也叫欧洲马鹿，因为体型大、生长快、产肉率高，是生产高级鹿肉的主要鹿种，主要在英国、新西兰、澳大利亚等国驯养。但是，随着养殖国家对鹿茸等副产物的推荐及以韩国为代表的传统鹿茸市场接受赤鹿茸，赤鹿已经由肉用逐渐向茸肉兼用型转化。

2. 茸药用鹿

（1）梅花鹿 梅花鹿原产于亚洲，主要分布在中国、俄罗斯远东地区、日本及中南半岛国家。中医学认为梅花鹿茸、角、鞭、尾、筋、血、心和胎等均是极其珍贵的中药材，对提高人体免疫力，治疗特定疾病有着奇妙的作用，并且效果明显的验方很多，所以是最传统的茸药用鹿种。

（2）马鹿 马鹿原产于亚欧大陆和北美洲，亚洲马鹿主要分布于中国、俄罗斯及哈萨克斯坦等国家，加拿大和美国则是美洲马鹿的主要分布地。马鹿体型大，肉、茸产量均高于梅花鹿，是除梅花鹿之外的重要茸用鹿品种。

3. 观赏鹿

鹿形态优美，除生产茸、肉、奶及其他药材外，还可作为观赏动物驯养在动物园、自然保护区等地点，供人们观赏和研究。各种鹿均可作为观赏鹿驯养，但目前最具代表性的是原产于我国的麋鹿，现在英国等地作为观赏鹿驯养。另外，狍子等小型鹿科动物，也被相关企业和机构驯养，不仅有观赏价值，还能为相关研究工作提供便利。还有一些国家开辟特定区域，放养鹿类供人们狩猎。

三 生产现状

目前全世界鹿饲养量达 500 万 ~800 万头，饲养方式有放养、圈养或放养与圈养结合等，年产鹿茸近 350 吨，鹿肉数万吨。新西兰是赤鹿的主要养殖国家，养殖量达到数百万头，年产优质鹿肉 1.5 万吨、鹿茸近 200 吨，主要销往中国、韩国、日本和欧洲国家，在其草地畜牧业中占有很大的比例；北欧、北美养殖驯鹿主要出产鹿肉和鹿角；俄罗斯驯鹿饲养量也有数百万头，因为与中国、韩国临近，其饲养的驯鹿除生产鹿肉、鹿奶、鹿皮外，还提供大量驯鹿茸，因为驯鹿茸在传统中医学理论中不能入药，所以争议很大。

● 【提示】世界养鹿业不仅提供各种保健品，还提供高档食品、服装原料等产品，可产生多种经济效益。

第二节　我国养鹿业现状

一　我国鹿养殖历史及品种

我国鹿养殖历史悠久，鹿的种质资源十分丰富。据调查，我国有梅花鹿、水鹿、白唇鹿、马鹿、坡鹿、麋鹿、驼鹿、驯鹿、黑麂、獐（河鹿）、毛冠鹿、赤鹿、斑鹿和狍等共5亚科9属15种。我国养鹿历史最远可追溯到殷商时期，汉代也有供皇家狩猎的园林，到了清代更是在规模宏大的承德避暑山庄，以及东丰、西丰建立专门驯养鹿的皇家围场，设置专门的官职"鹿鞑"管理养鹿，为皇宫贵族提供鹿茸、鹿血、鹿奶、鹿肉等。中华人民共和国成立后，国家设立了多家国营鹿场，生产鹿产品出口增收和配制传统中药。改革开放以来民间养鹿场如雨后春笋般涌现，养殖量不断扩大。据统计，全国有养鹿场3000多家，其中存栏约100头鹿的鹿场有2000多家，以个体户占多数。全国饲养量约70万头，年产鹿茸约100吨，其中梅花鹿茸约占60%，马鹿茸约占40%。我国生产的鹿茸70%外销，主要出口到韩国、日本和东南亚国家。

我国养殖鹿的品种以茸用鹿为主，包括梅花鹿、马鹿，也有茸肉兼用型的杂交鹿。但是因为鹿茸和鹿源中药材价格较高，我国并没有发展出单纯生产鹿肉的鹿品种和养殖企业，茸肉兼用也是以生产鹿茸为最主要目的。驯鹿养殖在我国规模不大，主要集中在内蒙古自治区根河市敖鲁古雅乡，由鄂伦春族的猎民放养，现已发展出鹿车等民族特色旅游活动，但基本不对外提供产品；观赏鹿除在动物园饲养外，还有企业通过人工哺乳、降低应激性等方法，培育梅花鹿成为能在城市广场和公园放养的供人们观赏的"广场鹿"；另外由英国归还的原产于我国的麋鹿，现在北京、江苏大丰、湖北石首等地的保护区养殖扩繁，以供科学研究和人们观赏。

二 鹿的卫生保健及科研现状

1. 鹿的卫生保健现状

因为鹿养殖历史较家畜短，加上鹿的野性比家畜高很多，所以鹿的卫生保健与家畜相比还有一定差距。例如，一些在家畜养殖中很少发生的病，在鹿养殖中仍时有发生；鹿的养殖规范和营养标准仍有待研究制定，以杜绝经常发生的营养代谢病；仔鹿成活率相对较低，影响了家养鹿群数量的增长；因为经济条件和生产观念等，鹿的动物福利较低，得不到保障。

2. 鹿的科研现状

为解决这些问题，提高鹿的健康指数、生产性能，改善其动物福利状况，包括大学、专业研究所及养殖企业等多方力量进行了良种培育、疾病防治、饲料营养及产品加工等多方面研究，取得了多项科技成果，并且在推广应用中也获得了较好的经济效益和社会效益，但目前仍有大量问题有待在今后工作中逐一解决。

三 鹿产品的营销现状

我国成立了鹿业协会，成员包括教学、科研、养殖等多行业的从业人员。该协会在管理、技术服务等方面做了很多工作，但在鹿产品鉴定、销售等方面还需做大量工作。目前，我国养鹿企业和个体养鹿户，还是在做着原料销售或简单初加工后即卖掉的营销模式，最终大量鹿产品仍以整体或简单分割的形式在特产品店里销售，很少有企业能做好养殖、初加工、深加工、销售的全产业链，产品价值亟待提高，产业迫切需要升级。近年来随着互联网普及，电商形式快速发展，也有养殖者和销售店开了网络商铺，在网上销售鹿产品，这是很好的发展方向，但是因为监管不到位，加上有的店诚信度存在问题，影响了行业整体形象，互联网销售的鹿产品目前还无法与传统商铺销售量相比。希望通过管理部门、行业协会监管和业户自律，逐渐提高诚信度，以实现鹿产品及时、快速、保质地流通。

概述　第一章

【提示】我国养鹿业历史悠久，但产品种类较少，另外鹿的健康状况、产品营销现状还很落后，所以有极大的市场发展潜力。

第三节 我国养鹿业发展趋势

一 发展养鹿业的优势

1. 饲料资源丰富

鹿为草食类反刍动物，其饲料以草、幼嫩树枝和农作物秸秆等粗饲料为主，辅以谷物等精饲料，并添加矿物质、微量元素及维生素等。我国地域辽阔，气候从热带到寒带均有分布，各种可作为饲料的植物资源品种丰富，产量充足，完全能支撑鹿养殖业对优质饲料的需求。另外，鹿的经济价值较高，以同样的饲料养殖鹿可获得比牛、羊等传统畜牧业高得多的经济效益。这就为提高我国饲料资源的利用效益提供了更好的选择。

2. 品种资源优势

世界现存 41 个鹿品种，我国就有 15 个，种质资源丰富，是我国发展养鹿业得天独厚的资源优势。特别是我国养鹿业目前及今后在较长一段时间里仍将以茸鹿养殖为主，而我国人工养鹿历史悠久，深厚的鹿文化积淀加上养殖企业、科研工作者的长期努力，培育出了享誉世界的人工养殖梅花鹿和马鹿品种。这些品种都有着自身的特点和优点，适宜在不同地域和条件下养殖，扩大了我国鹿养殖的适宜区域。合理利用现有的种质资源并挖掘其特定优势，将为我国养鹿业的腾飞提供强大的动力。

● 【提示】 鹿的食谱较广，并且我国鹿的种质资源丰富，适宜养鹿的区域也极广，所以该产业尚有深入开发的空间。

二 产品升级及市场拓展的趋势

1. 鹿产品升级

我国养鹿业长期从属于中药材、小规模观赏、特定品种资源保护和研究，能被市场接受和消费者便利应用的产品并不多。其实鹿产品不仅限于茸、鞭、血、心及胎等的医药用途，鹿肉味美、营养丰富，鹿骨有益于强筋壮骨，鹿皮制品高档精致……研发新的鹿产品，拓展其适用领域，如保健品、食品、服装、工艺品及化妆品领域等，是鹿产品从高高在上的"皇家特供"品，到被更多的人认识和使用的合理途径。韩国和东南亚国家等，在鹿产品开发和多领域应用方面有很多经验值得我们借鉴。随着我国对人工养鹿业管理归口的探讨提上日程，近年又有部分鹿产品开放药食同源的使用政策颁布实施，我国鹿产品合理开发、适用领域的合理拓展也正在进行，这一切都在不断推进我国鹿产品的不断升级。

2. 市场拓展

鹿产品市场不但从药品向保健品、食品、高级皮革产品、工艺品拓展，销售市场也在不断变化、拓展。封建王朝时期生产力低下，鹿养殖数量较少，只能生产有限的产品供皇室、贵族使用，或作为昂贵的药材出现在中药铺。中华人民共和国成立后，鹿养殖数量和生产性能都得到极大提高，但在较长时间里鹿产品只是作为出口增收和供国内少数药厂使用。改革开放后集体鹿场、私营鹿场中鹿的饲养量逐渐超过传统国营鹿场，鹿产品销售也由基本销往国外变成国外、国内并重。近年来随着我国经济和社会的逐渐发展，鹿产品已经由奢侈品成为人们保健需要的一种选择，其销售市场也由以国外为主变为以国内为主，甚至我国已经成为世界上最大的鹿茸消费国，每年都有大量的鹿产品从新西兰、俄罗斯等国进入我国。这说明鹿产品在我国国内具有很大的市场空间，也给我们加强市场监管提出了要求，对不当产品的泛滥敲响了警钟。

【提示】开发新产品、优化营销途径，不仅利于解决我国鹿产品品种单一、形式低端的问题，还能极大地发挥我国鹿产品市场容量大的优势。

第一章 概述

第二章
鹿场建设与环境

因为地理资源条件、人口、国情等实际情况，决定了我国鹿养殖业很难采用国外牧场、围栏、草地轮牧的养殖方式，所以绝大多数的养鹿场还要按照围墙（栏）、隔离墙（网）、遮雨棚舍等国内成功经验来建设，以便既能满足为鹿提供安全舒适的生活环境，又能避免其逃逸或受攻击而造成的不当损失，为鹿的生长、繁殖、生产等顺利进行提供保障。

第一节　场址选择与鹿场布局

一　场址选择

因为鹿场需要建设固定圈舍，涉及较多的建筑，工程量较大，建成后无极特殊问题，很难进行迁移，并且鹿的人工养殖历史相对较短，与其他家畜相比其生活习性、活动范围、厩舍建筑等都有所不同，所以建设之前，需要根据目标养殖数量、周围环境、饲料条件、交通是否便利及发展前景等进行通盘考虑，做好场址选择并结合场地的大小、风向、位置、坡度、水源等合理配置各类建筑，使其科学合理，便于操作，同时又节省空间，提高利用率。鹿场场址一般要满足以下要求。

1. 地形、地势、土壤和气候条件

为适应鹿野性较强、好动的特点，要求鹿场地形开阔平坦，面积适宜，以保证除建设棚舍及其他设施外，仍有足够面积建设运动场。在地势的选

择上，一般要求地势高燥，地下水位低于 2 米，地势高出当地历史洪水线以上，处在朝南或朝东南的向阳区。如果是山区，则应选择三面环山、不受洪水威胁、避风、向阳、排水良好的地点，地势应有 3%~5% 的坡度以利于排水，最大坡度应小于 25%，以免施工、管理、运输的诸多不便。不能建在低洼地，以免雨季或融雪时积水、潮湿、通风不良，冬季阴冷。若在平原地区建场，则要选择地势稍高、向阳斜坡的地方。场址若在水边，场地的最低点必须高于水体的最高水位，以免鹿场遭受洪水威胁或发生内涝。

鹿场对土质也是有要求的，一般要求土质坚实，渗水性好，没有各种污染，毛细作用小，吸湿性小，质地均匀。一般要排除黏土地，而要选择沙壤土，因为这既便于建筑施工又利于保持场地干燥、卫生。此外，还要对土壤进行检测分析，了解其中铜、铁、锰、锌、硒等重要矿物质是否缺乏或过量。

鹿场应尽可能具有稳定的、较好的小环境，它包括适宜的湿度、温度、气压、雨量、风向等因素，并根据气候特点对圈舍设计和建设进行适当调整，以使场内能保持温暖干燥、空气流动畅通。

2. 饲料条件

和所有养殖业一样，良好的饲料条件也是发展养鹿业的基础，是选择鹿场场址的主要条件之一。我国养鹿一般以舍饲为主，仅有少部分鹿场是舍饲和放牧相结合。鹿饲料以粗饲料为主，补充适量精饲料，所以鹿场内或鹿场附近最好有足够的草地和可方便提供各种饲料的基地。以梅花鹿为例，1 头梅花鹿每年需精饲料 350~400 千克、粗饲料 1200~1500 千克。如果完全舍饲，每头鹿需草场或山场 5 亩（1 亩 ≈ 667 米^2）左右，饲料地 2 亩左右，草原 7 亩左右；饲养 500~1000 头鹿的中等鹿场，每头梅花鹿综合需地约 1 公顷，而马鹿采食量是梅花鹿的 2~3 倍。因此，在选择鹿场场址前，必须了解该地的饲料状况，以免造成饲料供应困难，影响鹿场发展。

> ● **【提示】** 饲料地并非指专供鹿场使用的土地，而是指鹿场能够便于获得精、粗饲料的综合土地。

3. 水源和水质

水是鹿场的必要物质之一，鹿平时喜欢干净，生活中也需要大量清洁饮水，梅花鹿饮水量为 6~8 升 /（头·天），马鹿饮水量为 10~15 升 /（头·天）。因此，鹿场内水源必须充足，建场前要对场地的地下水位、自然水源、水量、水质进行调查和测定，要求水量充足、水质好，符合饮用水卫生标准。水源可以是地下水，也可以是不被污染的江、河、湖泊水，如果附近有自来水则更好。同时应调查附近是否有工业或其他污染源，避免水源受到污染。

4. 交通、电力条件及社会环境条件

因为鹿胆小、易受惊，要求养殖环境安静，所以鹿场最好建在远离闹市区和交通主干线的地方，但是为了运输饲料、产品、副产物方便，鹿场又不能建在没有交通路线的地方。此外，饲料粉碎、照明、产品加工、安保等多方面均需要鹿场连接照明电和动力电。所以，鹿场场址应该选在距输电线路较近的地方，以保证电力连接方便，电力充足；鹿场应该远离其他大型工厂、畜牧养殖企业和人口集中区，以免污染物和病原微生物传播，使鹿场健康环境保持在较高水平。

● **【提示】** 鹿场场址应综合评估地形、地势、土壤、气候、饲料、水源、交通、电力、社会条件等。

二 鹿场的布局

1. 鹿场设计的原则

（1）农、林、牧结合并和谐发展 养鹿业属于特产经济，与农业、林业、畜牧业均有密切关系。因此，建设鹿场要注意少占耕地、肥料就地转化消纳、改良增加耕地面积，为养鹿业顺利发展创造较丰富的饲料条件，促进林业、畜牧业良性发展。只有相关行业也得到良性发展，养鹿业才能长期繁荣。

（2）结实耐用，经济实惠 鹿场建设应厉行节约，设计上应考虑实用、耐久并适当前瞻，既便于现实的手工操作，又利于将来发展机械化操作的需要。各种所需材料要尽量就地解决，注重坚固耐用，既要经济，又要实用，美观等特点不是鹿场建设关注的关键点。

（3）适合鹿的生物学特性 鹿性易惊，喜跳跃，常因盲从大群奔跑发生碰撞而受伤，故鹿场围墙要高而且坚固，防止因鹿企图跳跃围墙逃跑却又不能跳过或跳起时与围墙发生碰撞；鹿圈舍内地面要平整，以减少腿扭

伤或蹄部磨破导致感染而发病。

● 【提示】 鹿场设计既与其他家畜有相同之处，又要注意满足鹿自身的生物学特性。

2. 场区划分

习惯上一个规模化的专业鹿场一般可分为养鹿生产区，其建筑包括鹿舍（如产仔母鹿圈、仔鹿圈或仔鹿栏、育成圈、成鹿圈等）、精饲料库、粗饲料库、饲料加工室、青贮或黄贮窖等；辅助生产区，一般包括车库、各种工具仓库、其他劳动用具库等；经营管理区，一般包括办公室、产品加工室、物资仓库、集体宿舍、食堂、产品展销室等。

● 【提示】 规模化鹿场的场区划分应满足以上原则，小型或个体养殖户则可以因地制宜，适当减少。

3. 鹿场主要建筑布局

可根据规划和场内地形、地势、水源、主风向等自然条件，以及交通等客观实际条件，在满足便于管理、有利于防疫、有利于实行机械化和节约土地的原则下，进行鹿场建筑物的合理布局，统筹安排。

鹿舍布局应坐北朝南，在东西宽广的场地安排鹿场建筑。应按生活区、办公区、生产区、隔离区依次由西向东平行排列，或向东北方向交错排列。这样安排，可使养鹿生产区产生的不良气味、噪声、粪尿、污水等不因风向和地面径流而污染生活区环境，避免少数鹿发病后疫病在场内蔓延。当然，也要防止生活区污水经地面径流流入养殖区。各区内建筑物应布局均匀。近年来建设的鹿场多数已经注意避免人和动物的互相影响，不设生活区，或生活区与鹿场相距较远，已达到互不影响，这是最理想的布局。鹿场主要建筑布局图见图2-1。

管理区和养殖区应有适当

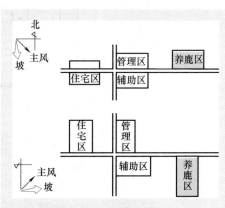

图 2-1　鹿场主要建筑布局图

距离，一般应不少于 200 米，各功能区的建筑物间距不宜过密。办公区和养殖区都要有主干道与外界连通，使人员、物资能直接进入办公区，运送饲料的车也可直接进入养殖区。养殖区内的建筑布局应满足鹿舍在中心，采取多列式建筑，以驯养 500 头和 1000 头梅花鹿的鹿舍布局为例（图 2-2、图 2-3），东西各并列 1 栋，南北 3~4 栋，鹿舍正面朝阳，避开主风，保证光照。运动场设在南面。各栋鹿舍间设宽敞的走廊，便于拨鹿和驯鹿。除各栋鹿舍安装大门外，栋间走廊末端也要安装门，以防鹿跑出。另外，在全鹿舍的外围（3 米左右）修围墙，高 2.2 米。精饲料库、粉碎室、调料间

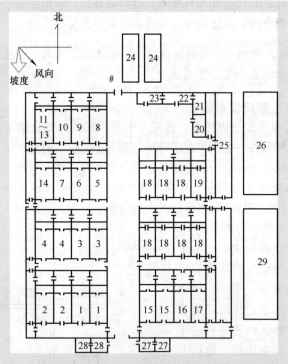

图 2-2　500 头鹿场鹿舍布局示例

1—育成公鹿圈　2~13—2~13 岁公鹿圈　14—吊圈　15—仔公鹿圈　16—仔母鹿圈　17—育成母鹿圈　18—成年母鹿圈　19—隔离圈　20—仓库　21—精饲料库　22—饲料加工室　23—调料室　24—青贮窖　25—树叶和青草棚　26—干草或玉米秸垛　27—队部和学习室　28—值班室　29—粪场

应方便饲料加工运输等。青贮或黄贮窖（壕）、粗饲料棚、干草垛设在鹿舍上坡或平行的下风处，便于取用并利于防火。为防粪、尿污染，粪堆的位置应在本区一切建筑物的下风处，与鹿舍距离应在 30 米以上，以利于卫生防疫。若圈养放牧，鹿舍应直通放牧通道。

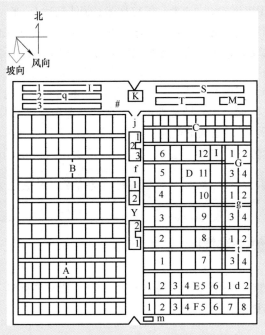

图 2-3　1000 头鹿场鹿舍布局示例

A—种公鹿、预备种公鹿、高产公鹿小圈区　B—成年公鹿区
C—母鹿小圈区　D—母鹿小圈区　d—3 岁母鹿区　E—育成鹿
区（公 1~4，母 5~6）　F—仔鹿区（公 1~4，母 5~8）　G—病
鹿区（1~4）　g—隔离区（1~4）　t—淘汰鹿区（1~4）　q—青
贮窖（1~3）　S—树叶库　j—精饲料贮存加工调制室　f—鹿
茸加工室　Y—仓库　K—地中衡　m—门卫值班室　I—电源
T—铡贮干精饲料库　M—粗饲料垛

【提示】　鹿场的建筑布局遵循优化原则，可以根据实际情况适当调整，但为保证鹿群健康，圈舍朝向、围墙高度等关键原则必须遵守。

第二节 鹿舍设计

鹿舍设计多种多样，但实践证明三面墙壁式砖瓦结构的敞棚圈比较实用，该鹿舍棚盖为倾斜平顶，棚前为圆形水泥或钢管结构的明柱脚，棚舍前檐离地约 2.2 米，后檐为 1.8 米，每个圈舍的后山墙应留 2~3 个观察窗口。运动场围墙高 2.0~2.1 米、宽 37 厘米，砖墙高达 1.2 米时建三行花墙，以利于通风和观察，墙顶应起脊或抹水泥顶，也有的鹿场在两个相邻鹿圈或鹿圈围墙处建成金属网墙，导致鹿因为对网状围墙感觉不实，常发生应激后直接冲撞网墙而使鹿身体或鹿茸受损，所以还是砖墙比较合理。此外为防止鹿逃跑，鹿场的外墙一般应为高达 2.2 米的实墙。鹿俯卧、休息的寝床应结实、干燥，用砖铺地即可，但要注意避免使用毛刺较多的新砖，要有部分垫草。运动场的地面应铺垫渗水较好的大粒砂或风化砂，其上用砖铺地。在鹿舍前墙中间设宽 1.8~2.0 米、高 2.0~2.1 米的圈门。

● 【提示】 透明金属网、带毛刺新砖是给鹿群造成危害的重大隐患，应避免使用。

一 鹿舍的建筑材料

1. 墙壁

运动场墙壁宜用砖、石、水泥板、木材、竹竿等材料，鹿舍墙壁可用砖、石材等砌成。

2. 地面

鹿舍地面要求坚实、平整、易排水，便于清扫和消毒。棚舍（寝床）地面要求平整干燥，稍有坡度，以利于排尿和保温。目前在北方较多使用砖地面，虽然保温性差，但平整清洁。水泥地面多在南方采用，平整、排水性良好，易于清扫，但夏季热，冬季凉，破损后不易修补，且如果地面存水，鹿容易滑倒或发生腿部扭伤，所以不建议使用。

3. 棚顶

棚顶要求结实、不漏雨，所以建议用木材搭建檩条，可采用水泥瓦顶或石棉瓦顶，彩钢棚顶虽易于搭建，但是因为落雨声音大，可能引起鹿群应激，大的降雪又可能发生压塌，所以建议谨慎使用。

4. 门

门要求坚固、严实，所以现多采用圆钢焊接、外包厚铁皮门。

● 【提示】鹿舍建材不必局限于以上种类，满足安全、适用前提下，可以就地取材。

二 鹿舍的种类

鹿舍依据其用途可分为以下几种。

（1）**公鹿舍**　主要用来饲养种公鹿和产茸的生产公鹿。

（2）**母鹿舍**　主要用来饲养繁殖母鹿及与母鹿生活在一起的未断乳仔鹿。

（3）**育成舍**　主要用来饲养断乳以后、配种以前的青年鹿，根据饲养鹿的性别，又可分为公鹿育成舍和母鹿育成舍两种。

（4）**病鹿隔离舍**　用来隔离饲养鹿群中患病鹿、弱鹿，一般应与其他棚舍分开或安排在下风向，以免交叉传染，同时尽量靠近兽医室，以便于治疗。

● 【提示】鹿舍建设应同时考虑适用和"经济"原则。

三 鹿舍的适宜面积

鹿舍面积是指棚舍与圈舍运动场两部分面积之和，它与养殖鹿品种、性别、饲养方式、年龄、利用价值、生产能力、鹿场经营管理体制有关。

一般来说，鹿的个体越大，其所需面积越大，如马鹿就比梅花鹿所需面积大；鹿越活泼，所需面积也越大，如体型相同的梅花鹿就比驯鹿所需面积大；另外相同品种的母鹿（繁殖期）所需面积比公鹿大；舍饲鹿比放牧鹿所需面积大；种公鹿和高产鹿，应在大圈大群饲养或在小圈单独饲养；为保证鹿有舒适环境，在冬季天气较冷的北方或夏季光照过强的南方，应加大鹿棚舍宽度；配种期公鹿好斗，其活动面积就应大于育成鹿；哺乳期母鹿与仔鹿同圈，圈内还安装仔鹿保护栏、产房（小圈）等，配种期又与种公鹿圈养在一起，所以圈舍面积就比别的鹿大。

一般而言，一个长 14~20 米、宽 5~6 米的棚舍，可饲养梅花鹿母鹿 20~30 头或公鹿 15~20 头或育成鹿 30~40 头，但同时需要一个长 25~30 米、宽 14~20 米的运动场。而同样大小的棚舍，可养 60~80 头断乳仔鹿，但运动场也需加大。马鹿的棚舍一般长 20~30 米、宽 5~6 米，其运动场长 30~35 米、宽 20 米，可养公鹿 10~15 头或空怀母鹿 15~20 头或育成鹿

20~30 头。一般运动场面积是棚舍的 2.5~3 倍。平均每头梅花鹿占用面积见表 2-1，舍饲马鹿平均占用面积见表 2-2。

> 【提示】 鹿舍大小适宜、建设合理，对改善动物福利，提高鹿群生产性能极为重要。

表 2-1 梅花鹿平均占地面积 （单位：米²/头）

饲养方式 鹿别	圈 养		放 牧	
	棚舍	运动场	棚舍	运动场
成年公梅花鹿	2.1~2.5	9~11	1.4~1.7	6~8
成年母梅花鹿	2.5~3.0	10~12	1.5~1.8	7~9
育成梅花鹿	1.8~2.0	8~9	1.1~1.5	5~6

表 2-2 舍饲马鹿平均占地面积 （单位：米²/头）

鹿 别	棚 舍	运 动 场
成年公马鹿	4.2	21
成年母马鹿	5.2	26
育成马鹿	3.0	15

四 鹿舍的采光与通风

为利于鹿的生长发育，鹿舍内光线要充足，所以现在采用的圈舍，一般屋顶为人字形或一面斜坡，其中一面斜坡形式比例显著高于人字形屋顶，前面为仅有支撑的敞开式，其余三面为围墙的敞开式。原先鹿舍的棚舍后墙留有后窗，以利于通风、观察，一般春、夏、秋季打开，冬季堵上。

> 【提示】 在棚舍高度、宽度达标的情况下，为降低管理强度，特别是为防止应激和雨水淋入，目前鹿棚舍后墙已极少留有后窗。

五 鹿床和运动场

棚舍内地面较棚舍外运动场要略高一些，鹿休息时多卧于此，因此叫作鹿床或寝床。鹿床和运动场建设是否合理，直接影响或者说决定着鹿舍的空气质量和卫生条件，从而影响着鹿的健康状况、生长发育及生产性能。对鹿床和运动场地面的基本要求是：坚实平坦，干燥，温暖，有弹性，不硬，不滑，有适当坡度，易排水，便于清扫消毒。

六 鹿舍的排水与防风

为保证排水畅通，鹿场棚舍、运动场、走廊、粪尿池及围墙四周都需要建有排水沟，通道两边各设一道砖或水泥结构排水沟，宽45厘米，深50厘米，盖上水泥板盖，通向粪尿池。在鹿舍四周要建坚固的围墙，有些鹿场用木杆或竹竿建围墙，必须保证坚固，经常检查是否朽烂及绑扎铁丝和钉子是否外露，避免划伤鹿体或鹿茸等；围墙一般高2~2.2米，以防止鹿逃跑，还可以防风，现在流行用预制水泥板或水泥柱修建围墙，也是快速、经济建设鹿场围墙的成功经验。还可在墙外密植树木，也可起到防风、遮阴作用。

> **【提示】** 在棚舍、运动场的排水沟应呈很小的缓坡状，沟宜浅，以免鹿群在应激条件下扭伤蹄部和腿。

七 鹿舍的通道与圈门

1. 走廊

鹿舍前门外一般设有3~4米宽的横道，供平时拨鹿、驯鹿及鹿群出场放牧时用，也是防止鹿逃跑、保障安全生产的防护设备，通道两端设2.5~3.0米宽的大门。

2. 腰隔

传统鹿场，一般在母鹿舍和大部分公鹿舍鹿床前2~3米的运动场上设置腰隔，在分群、拨鹿时使用，即平时打开，拨鹿时关闭，分开圈棚与运动场。活动的木栅栏或固定的花砖墙均可作为腰隔，但必须在两侧和中间设门，因为麻醉药普遍使用，加上腰隔在分群时如果使用不当就会发生鹿撞伤，现在已经极少有鹿场还在鹿舍里建腰隔。

3. 圈门

为了方便拨鹿和其他常规管理，圈舍、运动场需设有多个门，具体可参照以下设置。

（1）前圈门 设在圈舍前墙中间，宽1.8米，高2.0~2.2米，便于将鹿赶入圈舍间通道和从正面进入鹿圈进行饲喂、打扫、收茸、防疫等。

（2）腰门 设在距运动场前墙约5米或前1/3处的两侧墙中间，可略小于前圈门，一般宽 1.5 米，高 1.8~2.0 米，便于将鹿赶入隔壁圈舍和人员悄然进入。

（3）后门　每栋鹿舍内 2~3 个鹿圈应预留 1 个后门，通往后廊，以便于拨鹿和管理，大小与腰门相近即可。

> ●**【提示】**　鹿场内的各种设施都要根据实际需要进行设置，随着技术进步原有设施已不必要的，则应取消，如腰隔、腰门等。

第三节　鹿场的设施与用具

一　饲喂、饮水设施

1. 饲喂设施

饲料槽是鹿场的重要设施，用来投喂精饲料、青贮料、块根、秸秆，甚至树叶等粗饲料，要求光滑、坚固，方便清洗和消毒。常用水泥槽、石槽、木板槽和铁槽（北方冬季不用）等作为饲料槽，其中水泥槽最为常用和适合。梅花鹿料槽一般上口宽 60~80 厘米，底宽 50~60 厘米，深 15~20 厘米，长 8~10 米，槽底距地面 30~40 厘米，可同时饲喂梅花鹿 20~40 头。马鹿饲料槽上宽 80~100 厘米，底宽 60~80 厘米，深 20~25 厘米，长 8~10 米，槽底距地面 35~40 厘米，可供 20~30 头马鹿使用。大型鹿场饲料槽位置应纵向设在运动场中央，小型鹿场、养殖密度较小的鹿场则可设在靠近门口一侧的墙处，便于饲养员在圈外就能添加饲料，提高投料效率。

2. 饮水设施

鹿圈必须设适宜的饮水设施，坚固、光滑、不透水是对其的基本要求。我国北方一般多用铁质大锅，南方鹿场则多用石槽、水泥槽，一般能装 100 千克水。用铁锅装水，在冬季具有其自身优势，因为可以垒成锅灶的形式，用废弃秸秆、鹿柴或鹿粪烧火，保证鹿能饮用温水且足量，但是要注意经常换水以保证洁净，同时不能用过硬的刷子刷锅以免发生表面损伤后铁锅生锈，导致鹿饮用后诱发相关疾病，南方冬季无严寒或温暖地区则可以用水泥或石槽代替，注意及时换水即可。也可以参照现代化奶牛或肉牛养殖场，设自动饮水器，但是因为饮水设施设在室外，所以在北方严寒的冬季暂时难以应用，如果能在技术上有所突破，则对提高鹿场管理水平和保证鹿的健康有很大促进。

【提示】 寒冷地区，鹿场饮水的大锅、料槽可设计成一体的，即饮水锅下是烧柴灶，料槽下是烟道，烧废弃秸秆可同时保证温暖饮水和采食饲料。

二 保定设施

大型鹿场应有保定设施，包括吊圈、助产箱等。吊圈可用来进行收茸、治疗和拨鹿等工作，实际是一个有过道的适合进行封闭、两侧墙体移动和木杠压制鹿体，进行保定的一个大箱和配套的小鹿圈。因为依靠吊圈保定收取的鹿茸，普遍被认为更加符合食品安全，品质也更加纯正，而单纯靠药物保定既提高费用，又给管理带来不便；助产箱则形同前低后高、两边狭窄的梯形木箱，需与吊圈配合使用，除后边留有活门，其余各面均封闭，在前面留有几个小通气孔，后门处设置圆形或椭圆形的小门，便于助产时操作，为防止操作过程中母鹿下坐导致助产人员手臂受伤，可将助产小门设计成可下滑的轨道活门，见图2-4、图2-5。但是小型鹿场则完全没有

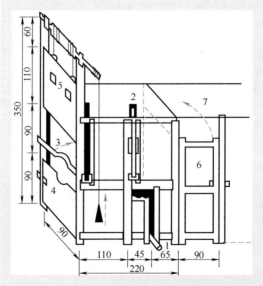

图2-4 抬杠式保定器（单位：厘米）
1—抬杠 2—腰杠（压鞍） 3—脖杠 4—放鹿门
5—吊门 6—后门 7—拨鹿通道

第二章 鹿场建设与环境

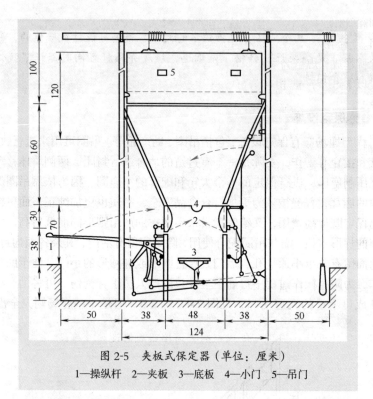

图 2-5　夹板式保定器（单位：厘米）

1—操纵杆　2—夹板　3—底板　4—小门　5—吊门

必要建设以上设施，因为吊圈要有多人熟练配合才能操作，效率也不高，还会发生操作不当而导致鹿茸撞坏、损伤等问题，并且助产箱也是需要吊圈或小圈配合才能使用，所以直接应用效果稳定、信誉较好的麻醉药进行药物保定即可。药物保定除准备适用的麻醉药、解药和可能发生意外时的急救药外，还要准备吹管、麻醉药针、消毒药水等。

⚠【注意】吊圈保定适用于大型鹿场，药物保定适用于小型鹿场，需要注意的是保定用药物要妥善管理，以免流出后发生危害公共安全的不当事件。

三 产仔设施

1. 产圈

产圈是护理母鹿产仔和初生仔鹿的必要设施，利于仔鹿护理、治疗、补饲和管理，以确保初生仔鹿的安全、成活，平时可以饲养和管理老、弱鹿用。产圈最好建在母鹿舍中较僻静、又是鹿平时喜欢集散的一角。一般用木材建成，规格为 4 米 × 6 米，建有简易防雨棚，棚下设置干燥的寝床。一般以 2~3 个产圈相连为好，其间设有相通的门，并分别通往运动场或鹿舍。

2. 仔鹿保护栏

仔鹿保护栏也叫护仔栏、仔鹿栏，该设施能有效确保初生仔鹿安全成活。其大小要求只能让仔鹿随意出入，成年鹿则无法进入。具体规格为：通常用高 1.5 米左右、直径为 4~5 厘米的圆钢管制成间距 13 厘米的栅栏，再用适当的措施将其固定在避雨的棚舍内。仔鹿栏的一侧应靠左或右隔墙，栏的宽度为 1.5 米，长度可根据仔鹿的数量而定，栏的一端留门，以便管理员进入打扫或进行其他管理工作。仔鹿栏地面应铺地板，上面再铺上垫草，可有效保护仔鹿，避免擦伤和受潮湿侵害。栏内安置水槽和料槽，此外要注意保持仔鹿栏内地面的清洁干燥并定期消毒。

> 【提示】 安静、清洁的鹿圈即可作为养护待产、产后母鹿的产圈，不必单独设计、建设，仔鹿栏则必须按照规格设计、建设。

四 人工授精设施

人工授精是快速、大量进行品种改良的有效措施。其配套设施大致包括消毒柜、采精器、精液稀释液及其配套设备、冻精器、液氮罐、冰箱、阴道开窒器、同期发情药具、输精枪、恒温干燥箱、生物显微镜等。

> 【提示】 为避免繁殖性疾病、产科病通过人工输精传播，采精、输精前需对公、母鹿进行严格检疫并对工具进行彻底消毒。

五 饲料贮存、加工设施

1. 精饲料库

精饲料库要求地面高燥、通风、防虫、鼠害。仓库内适当隔断以贮存谷物、蛋白质饲料、盐、添加剂和非常规饲料等，不同类饲料要有独立贮存位置，以避免混淆和不当污染。根据鹿场养殖数量、精饲料采购、保存难易程度、价格等因素确定精饲料的贮存量，一般每间精饲料库面积为

100~200 米^2，每个鹿场可设 1 间或多间。为保证精饲料不发生霉变、氧化等问题而影响质量，一般每次贮存可供全群鹿 3~6 个月使用的精饲料为宜。

● 【提示】精饲料库内应备有木质垫仓板，以避免精饲料直接堆在地面而受潮、霉变。

2. 粗饲料棚（库）

鹿群需要常年采食大量粗饲料，有的粗饲料存在季节性生产问题，所以要适时、适量保存以备应用。干（鲜）植物枝叶、作物秸秆、花生秧、豆荚皮等均可用建在地势高燥处的粗饲料棚（库）保存，一般要求该库房还要具有通风排水良好、地面坚实、利于防火、房盖牢固、防漏雨等特点，此外粗饲料棚（库）还要举架高，以便于取送饲料的车辆进入。粗饲料棚（库）可用砖石或木材建成围墙，在适宜位置留门。棚（库）的常见规格为长 30 米、宽 8 米、高 5 米，可贮存粗饲料 50~100 吨。可在棚（库）内或附近安装粉碎机或铡草机，以便于粗饲料加工。

● 【提示】库存粗饲料应经常检查，以免鹿摄食霉变饲料导致发病；粗饲料棚（库）附近严禁烟火，以免发生火灾。

3. 青贮设施

用来贮存全株玉米秸或嫩枝叶等青绿多汁饲料的基础设备。常见形式包括青贮窖、青贮壕（塔）等。青贮窖（壕）有长方形、圆形、方形，建设方式有半地下式、地下式，以长形半地下式的永久窖（壕）较为常见，窖内壁一般用石头砌成，水泥抹面，其大小、容量主要依据鹿群规模、青贮饲料的种类和压实程度而定；青贮塔在国外特别是大型牛场中较为常见，一般用钢制圆筒或钢筋混凝土制成，大小可根据需要设计，德国青贮塔直径一般为 8~15 米，高 12~14 米，其优势是不必进行反复镇压，依靠饲料自身重量即可压实，而且占地面积较小，还不必太在意地下水位和地势是否高燥等前提条件，只是取用时要应用专用机械，一次建设费用也不便宜，装料时也要有传送带（装料机）等专用设备，所以目前国内鹿场很少有该类设施建设。饲料裹包机可对饲料进行适当压块，塑料膜裹包发酵贮存的袋式青贮法，因具有前期投入少、发酵快等优点，正越来越流行。

【提示】鹿场的养殖数量、饲料需求、当地饲料条件及相关成本问题，是选择何种青贮设施的主要依据。

4. 饲料加工室

饲料原料需经过粉碎、称量、混合、加水泡软、煮熟，有的还要经过发酵等多道工序才能用于饲喂给鹿。为保证加工器具放置适当、加工过程洁净，需建有专用的饲料加工室，一般包括粉碎室、调配室两部分。精饲料库和调制室间设饲料粉碎室最为合理，调制室一般设置精饲料贮存箱、精饲料泡制槽、锅灶、水源、小型发酵池等。为便于清扫，室内多用水泥抹地面，同时还要做到保温、通风、防虫和鼠的危害。这样既保证了饲料的加工工作，也利于防疫。

【提示】饲料加工室是决定鹿场防疫工作的关键场所，须加强管理，严格控制无关人员及其他畜禽进入。

六 产品加工、贮存设施

和所有行业一样，鹿场的各种产品，无论经过初级加工还是深加工，都会获得合理的效益提升，同时为了安全、卫生地保存各种产品，鹿场需要建有产品加工、贮存设施。因为加工方法不同，加工设备也各有特色，现将传统炸茸法使用的设备介绍如下。

1. 炸茸锅

炸茸实际就是煮茸、烫茸的另一种说法，只是相对于其他物质鹿茸水煮时间较短，温度也有严格的要求。一般用大号铁锅或立方体金属槽加水，进行鹿茸的煮、炸。需要格外注意的是，该炸茸设备周边不能有锋利刃口或毛刺，以免划伤鹿茸，造成产品质量下降等。目前已经有电加热的全自动烫茸器，可自动调温，操作方便、卫生，能有效减轻劳动强度，完全可以替代传统的烧火大锅，效率提高的同时还避免了因烧火加热产生烟尘对鹿茸的污染。

2. 烘干箱

烘干箱是烘烤鹿茸、鹿血、鹿鞭、鹿尾等多种产品的设备，目前各地所使用的有土法烤箱、电烤箱和远红外干燥箱3种。对烘干箱性能的共同要求是：升温快，温度恒定、均匀，保温性能好，排湿、调温性能好。

第二章　鹿场建设与环境

土法烤箱依靠烧箱底的壁炉补充热量，主要靠挂在烤箱内的温度计来测定箱内温度，调节温度主要靠开、闭箱门，虽然升温较快，但散热也较快，并且控温和调湿性能差，所以目前基本没有鹿场使用；电烤箱升温快，保温性能好，控温也方便，但排湿性能不佳，影响鹿产品干燥的速度，有待提高、改造；远红外干燥箱应用高频电磁波——远红外线，其波长为30~50微米，脱水作用强，可以快速脱掉鹿产品内的水分，功率高，节约能源，在控温、定时、报警、排湿性能等方面也具有优势，受到市场欢迎，使用量较大。

3. 真空泵

为生产"排血鹿茸"，鹿场还要准备真空泵，以排出鹿茸内的血液，其配套设施为电机、泵、缓冲瓶、盛血瓶、胶皮漏斗、橡胶管、排血针等。但是因为目前市场对排血鹿茸的需求量很小，该设备已经渐渐无人使用。

4. 砍头茸加工设备

根据鹿茸生产情况和市场需求，鹿场有时也会加工带有头骨、头皮的鹿茸，这种鹿茸称为"砍头茸"，其工艺品特征高于药用价值，因为加工工序不同于普通锯茸，所以需要为其配备专用工具，以便进行剥皮和修整骨头工作（图 2-6）。

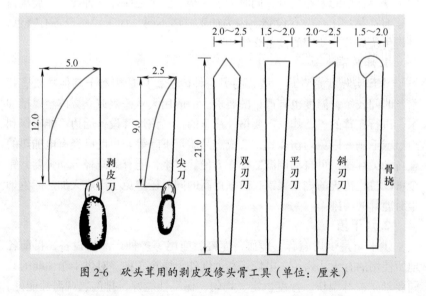

图 2-6 砍头茸用的剥皮及修头骨工具（单位：厘米）

5. 风干室

鹿产品，特别是鹿茸，在传统加工工艺中需要经过风干的加工工序，这就要求鹿场建有风干室用来风干鹿茸。每次鹿茸在炸茸室加工、冷凉后，都需要在风干室风干，风干室大小由鹿茸的生产数量决定。放茸用的台案和挂茸的吊钩、吊扇及防虫、防盗设施是风干室内的主要设备。另外干燥、通风是风干室必需的前提。可以将产品加工室、鹿场办公室、风干室、产品贮存室整合在一栋楼内，办公室、加工室在一楼，风干室、贮存室在顶楼，既利于产品加工保存，也利于保安防盗。

6. 产品贮存设施

为保证鹿产品加工前后的安全、不变质，鹿场需要建有产品贮存室，需要准备冰柜、小冷库、保险柜等相关设施，以免产品变质、丢失带来不必要的损失。

> 【提示】 专业加工能明显提高鹿产品价值，但设备复杂、对人员的技术要求高，规模过小、技术薄弱的鹿场不必专门设置，可以委托专门的产品加工服务机构代为加工。

七 其他设施

和所有畜牧养殖场一样，鹿场也应本着投资少、效益高、有利于养鹿的原则，实现饲料加工调制、饲喂、饮水、除粪、收茸、产品加工机械化，以提高劳动生产效率，主要的机械设备有：青饲料切碎机、精饲料粉碎机、块根饲料切片机、青贮收割机（若自己无青贮饲料地，则不必准备）、颗粒饲料机、打浆机、小型运输车辆等。

> 【提示】 以上设备并非所有鹿场必备，可根据实际情况加以增删。

第二章 鹿场建设与环境

第三章
鹿养殖品种的选择

因为生存环境、气候、食物等多方面的影响，自然条件下，鹿已进化出数十个品种，在形态、体型大小、性情及生产性能上都有一定差异，不是所有的品种都适合人们驯养。本章将对我国人工驯养历史悠久的梅花鹿和马鹿进行介绍，以便养殖者能在充分了解不同鹿种多方面特点后综合选择养殖品种。

第一节　品种选择的依据

一　适应性

不同生物因其进化、驯化历史的原因，对温度、湿度、气候更替、饲料条件等有不同的要求。只有考虑到本地相关条件是否能够满足其需求，动物才能健康生长、发育、繁殖、生产，否则就会产生各种疾病或发育缓慢、生产性能降低、繁殖障碍等问题，鹿也是如此。目前人工养殖的梅花鹿、马鹿已经有一定的驯养历史，其适应性已经很强，在世界各地均有养殖，繁殖、生产也很成功，但是特化程度高的鹿对环境条件敏感，适应范围窄。如我国的白唇鹿只适合在海拔 3000 米以上的青藏高原生存，在低海拔地区难以适应。需要注意的是，人工培育的梅花鹿品种（系），都是在东北地区完成的，海南、广东、广西、云南、贵州等地与东北地区的气温变化、湿度条件等有很大区别，在这些地方其他动物能够适应的养殖条件，刚刚引入的梅花鹿未必能够适应。如有的鹿棚和运动场均为泥地，多雨季节就会十分泥泞，导致梅花鹿蹄部长期浸泡在其中，腐蹄病等疾病的感染率较其原产地——东北地区高了数倍甚至十几倍。这就要求养殖者充分考虑梅花鹿的适应性，以使梅花鹿健康生长、发育。因此，适应性是养殖者选择鹿种的重要考量因素之一。

> ● 【提示】 不同地域气候、环境影响鹿的适应性时，可以改善圈舍和设施条件，促进其适应。

二 繁殖性能

人工养殖动物，不仅要求其本身能健康生长、提供合格的产品，还要能够正常繁殖，扩大种群数量，建立适当规模的群体，以生产更多的产品，获得更高的经济效益。养鹿的目的也是获得大量合格的鹿产品，所以能否繁殖大量健康后代也是选择养殖鹿品种的一个主要根据。科学资料显示，目前人工驯养、培育的梅花鹿和马鹿的繁殖性能，品种（系）间还是有着一定的差异的，但是能否达到最大繁殖能力不仅与品种有关，还受到饲料组成、饲养管理水平、疾病防治等多方面因素共同作用的影响。所以，选择养殖鹿品种时，也要对不同品种的繁殖性能做好评估。

三 生产性能

目前我国养鹿主要是为了获得鹿茸，所以生产性能说的就是产茸性能。不同品种的鹿其产茸性能不同，这既包括鹿茸产量，也包括初产时间、达到高产所需时间、高产维持时间等。综合对比以上数据就会对各品种鹿的生产性能有个总体分析结果，再结合自身鹿场对生产性能的要求，是提前进入高产，还是维持较长的使用年限，以及该品种生产二杠茸还是三权茸有优势，就能对养殖品种有所选择。另外，还可根据鹿茸价格、产量，评估养殖效益，综合考虑选择养殖梅花鹿、马鹿还是杂交鹿。

四 抗应激能力

因为鹿的驯养历史比其他家畜短，又多圈养在四周高墙的圈舍内，所以鹿的野性即应激性比其他家畜都强。应激性强会直接导致鹿胆小、易惊，一有惊动就会在圈内乱跑，极易导致身体外伤或鹿茸损伤。性格温驯、抗应激性强的品种在饲养和管理中的优势是明显的，也是选种的

主要目标。当然，除了考虑该品种本身的抗应激性特征外，引种场自身的管理水平也是引种时的重要考量因素，管理到位，鹿体况好、人鹿亲和力强，鹿不怕人，也不易受惊，引回场后各方面的饲养管理均便于开展、实施。

五 抗病性

鹿可能感染的疾病有数十种，因为鹿的驯养历史短、养殖量少、品种有限，目前并未培育出抗病性强的品种。所以，养殖其他动物时很重要的抗病性，在鹿的驯养品种选择时可暂不考虑，如果今后培育出特定优势品种，则一定会成为该品种推广、扩繁的有力推手。

> ● 【提示】 引种时不是必须要求上述 5 条全优，但有一条完全不具备或最差，则不能选择养殖。

第二节　梅花鹿品种

为获得高产、繁殖率高、利用年限长的品种，我国养鹿工作者进行了长期的育种工作，在东北已经培育成功多个梅花鹿品种，另有几个品种的培育工作正在进行，成功后必将极大地促进我国鹿产业的快速增长。

一 双阳梅花鹿

双阳梅花鹿是以双阳三鹿场为核心，历经 21 年（1965—1986）的大群闭锁繁育，于 1986 年通过品种鉴定，定名为双阳梅花鹿（彩图 1）。双阳梅花鹿是我国也是世界首次育成的第一个鹿类动物培育品种，其主要特征和优势如下。

1. 外貌特征

双阳梅花鹿体型中等，四肢较短，胸部宽深，腹围较大，背腰平直，尾长臀圆，全身结构结实紧凑，头呈楔形，轮廓清晰。毛色为棕红色或棕黄色，梅花斑点大而稀疏，背线不明显，臀斑边缘生有黑色毛圈，内生洁白长毛，略呈方形。喉斑较小，腹下和四肢内侧被毛较长，呈白色。冬毛密长，呈灰褐色，梅花斑点隐约可见。公鹿体躯呈长方形，额宽平，角基粗壮，向上方伸展，主干弯曲度小，茸质松嫩。成年公鹿体高 106 厘米，体长 108 厘米，体重 100~150 千克，4.5 岁达到体成熟；母鹿后躯发达，

28

头清秀，成年母鹿体高 91 厘米，体长 98 厘米，体重 68~81 千克，3.5 岁达到体成熟。

2. 产茸性能

产茸能力是茸鹿最重要的生产性能，也是茸鹿的主要品种特征。双阳梅花鹿成年公鹿鲜茸平均单产为 3 千克，冠军鹿产量达 15 千克，比其他类型的梅花鹿平均产量高 25%~30%，鹿茸支条大，质地嫩，70% 以上属于一、二等。2 岁公鹿即可生产部分高档二杠茸，还能生产一部分三杈茸，三杈率约为 18%，平均单产 522 克（干茸）。3 岁公鹿大部分或全部能够产高档三杈茸。据郑兴涛对茸重表型参数的统计分析表明，4~9 岁双阳梅花鹿公鹿的鲜茸单产达 3.390~4.214 千克，生茸的最佳期为 5~9 岁。平均鲜茸单产 2.924 千克，茸料比为 6.156 克 / 千克（2924 克 /475 千克）。公鹿产茸利用年限为 10 年。

3. 繁殖性能

双阳梅花鹿性成熟较早，80% 以上的育成母鹿在 16 月龄时即达性成熟，与经产母鹿同期参加配种，第二年 5 月中旬产仔，6 月末基本结束产仔。成年母鹿繁殖成活率为 82%，繁殖利用年限为 10 年。

4. 遗传稳定性

由于双阳梅花鹿育种是通过地方类型选育的途径，长期大群闭锁繁育的方法，又以鹿茸高产作为选种的主要条件，因此双阳梅花鹿的产茸性状有较高的遗传稳定性。双阳梅花鹿与其他类型的梅花鹿进行杂交，杂交一代鹿初角茸和 2 岁鹿鹿茸的平均产量均较原场同龄鹿平均单产有明显提高。

二 四平梅花鹿

四平梅花鹿是由吉林省四平市种鹿场历经 28 年（1973—2001）培育成功的新品种，于 2001 年通过品种鉴定（彩图 2）。四平梅花鹿具有鲜茸重性状和茸形典型特征遗传性稳定，鹿茸优质率高，母鹿繁殖力高，生产利用年限长，驯化程度高，适应性和抗病性强等突出特点，目前主要饲养于吉林省四平市及其周围县市。

1. 外貌特征

四平梅花鹿体质结实紧凑，面颊稍长，额部较宽，眼大明亮有神。公鹿颈短粗，无肩峰，胸宽深，腹围大，背腰平直，臀圆丰满；角柄端正，

角基不坐殿；茸主干粗短，嘴头粗壮上冲，呈元宝形；茸皮色泽光艳，呈红黄色。母鹿体型清秀，颈背侧有明显的黑线，后躯发达，乳房发育良好。公母鹿夏毛多为赤红色，少数为橘黄色，花斑整洁明显，背线明显；喉斑明显，多呈白色；臀斑明显，在周围有黑色毛圈，体型比其他品种的梅花鹿略小。成年公鹿体高 102 厘米，体长 100 厘米，体重 130 千克；成年母鹿体高 89 厘米，体长 94 厘米，体重 80 千克。

2. 繁殖性能

四平梅花鹿成年母鹿平均受胎率为 94.2%，繁殖成活率为 87.2%，比全国平均水平的 70% 高出 17.2%。母鹿繁殖利用年限为 10 年。

3. 产茸性能

四平梅花鹿鹿茸的鲜重及茸形性状具有很高的遗传力。2 岁（一锯）公鹿二杠鲜茸平均单产 1.05 千克。1994—2000 年 2256 头 1~12 锯公鹿鲜茸平均单产 3.420 千克，茸料比为 6.056 克 / 千克（3270 克 /540 千克）。最佳产茸年龄为 9 岁（8 锯），三杈鲜茸平均产量为 3.940 千克。1999—2001 年三杈锯茸平均优质率达 89.3%，二杠锯茸平均优质率达 96.2%，畸形茸率在 10% 以下。公鹿生产利用年限为 10 年。

三　东丰梅花鹿

东丰梅花鹿（彩图 3）的培育过程与其他品种的梅花鹿相同，体重、体尺、遗传特性也与其他品种的梅花鹿相近。

1. 外貌特征

东丰梅花鹿最大的特点是整体结构紧凑，四肢健壮，在背脊两旁和体侧下缘镶嵌有许多排列有序的白色斑点，状似梅花，在阳光下还会发出绚丽的光泽，背部有黑色条纹，体态优美。尤其是整个茸体粗壮上冲，茸形是三圆状的，也就是根部是圆的，整个挺是圆的，最顶端也是圆的，并且呈元宝状，而且整个鹿茸上的茸毛都很细，茸身呈红色，也就是行家们说的细毛红地。

2. 繁殖性能

东丰梅花鹿母性强、温驯，繁殖成活率达 80% 以上。

3. 产茸性能

东丰梅花鹿的寿命可长达 13 年左右，成年梅花鹿年产鲜鹿茸量可高达 5 千克，产茸最好的阶段为 3~8 岁。

四 敖东梅花鹿

敖东梅花鹿（彩图 4）是由吉林省敖东药业集团股份有限公司鹿场经过多年科学培育，于 2001 年通过品种鉴定，目前养殖数量为 4000 余头。

1. 外貌特征

敖东梅花鹿具有体型中等，体质结实；体躯粗圆，胸宽深，腹围大，背腰平直，臀丰满，无肩峰，四肢较短；头方正，额宽平，颈粗短。公鹿角基距较宽，角基围中等，角柄低而向外倾斜。夏毛多呈浅赤褐色，梅花斑点大小适中，臀斑明显，背线和喉斑不明显。成年公鹿体高 104 厘米，体长 105 厘米，体重 115~135 千克；成年母鹿体高 91 厘米，体长 94 厘米，体重 66~78 千克。

2. 繁殖性能

敖东梅花鹿繁殖力高，遗传性能稳定。母鹿在 16 月龄可达性成熟，受胎率为 97.5%，产仔率为 94.6%，产仔成活率为 88.68%，繁殖成活率达 82.5% 以上。母鹿生产利用年限平均为 5.8 年。

3. 产茸性能

敖东梅花鹿鹿茸主干较圆，粗细上下均匀，嘴头粗长肥大，眉枝短而较粗，茸色纯正，细毛红地。鹿茸重性状的遗传力为 0.36，茸重性状的重复力为 0.58。1995—2000 年统计，8240 头 1~12 锯公鹿鲜茸平均单产 3.340 千克，茸料比为 5.61 克/千克（3340 克/595 千克），平均单产成品干茸 1.21 千克以上。鲜茸与干茸比为 2.76∶1，茸的畸形率低于 12.5%，成品茸优质率（二杠茸、三杈茸）在 80% 以上；公鹿生产利用年限平均为 7 年。

五 西丰梅花鹿

西丰梅花鹿是以西丰县育才鹿场为核心，历经 21 年（1974—1995）选育，于 1995 通过辽宁省品种鉴定，2010 年通过国家品种审定委员会审定（彩图 5），其成品茸平均单产达 1.25 千克。西丰梅花鹿现主要分布于辽宁省西丰县境内，部分鹿已被引种到全国各地。

1. 外貌特征

西丰梅花鹿体型中等，有肩峰，裆宽，胸、腹围大，腹部略下垂，背宽平，臀圆，尾较长，四肢较短而粗壮；头方额宽，眼大，短嘴巴，大嘴叉。母鹿具有明显的黑眼圈，黑嘴巴，黑鼻梁。公鹿角基周正，角基间距宽，角基较细略高，茸主干和嘴头部分粗壮肥大；大部分鹿的眉枝较短，眉间距很大，茸毛为杏黄色；耳较小；夏毛多呈浅橘黄色，少数鹿的被毛为橘红色，背线不明显，花斑大而鲜艳，四肢内侧和腹下被毛均呈乳黄色；公鹿冬毛有灰褐色髯毛。

2. 繁殖性能

西丰梅花鹿繁殖成活率在 72% 左右，比双阳梅花鹿略低。母鹿繁殖利用年限为 10 年。

3. 产茸性能

西丰梅花鹿的鹿茸枝头大而肥嫩，据统计，成年公鹿 1~10 锯鲜茸平均单产达 3.060 千克，茸料比为 5.752 克/千克（3060 克/532 千克），成品茸平均单产达 1.203 千克。西丰梅花鹿具有经济早熟性，2~4 岁公鹿鹿茸三杈率依次为 85.2%、96.9%、99.3%；头茬鲜茸平均产量依次为 1.290 千克/副、2.111 千克/副、2.763 千克/副。公鹿产茸利用年限为 10 年。

六 兴凯湖梅花鹿

兴凯湖梅花鹿（彩图6）主要饲养在黑龙江省最大的梅花鹿饲养场——兴凯湖养鹿场，2003 年通过品种鉴定，目前存栏数约 1500 头。

1. 外貌特征

兴凯湖梅花鹿有俄罗斯梅花鹿血统，与其他品种的梅花鹿比较，具有体躯高大、骨骼坚实、肌肉丰满、四肢强健发达等特点。其显著特征是：头方正，额宽平，角柄粗圆端正，颈部粗壮，胸部宽厚，臀部肌肉丰满。成年公鹿平均体重 135 千克。毛色鲜艳，夏被毛呈棕红色，冬被毛呈浅棕色。体侧的梅花斑点大而清晰，部分梅花鹿有明显的黄色背线，臀斑呈桃形。

2. 繁殖性能

兴凯湖梅花鹿具有较高的繁殖力，育成母鹿在 16 月龄参加配种，繁殖成活率达 90% 以上。

3. 产茸性能

兴凯湖梅花鹿所产鹿茸茸形匀称，主干粗长，鹿茸枝头肥大松嫩，茸形美观。成年公鹿平均单产干茸 1.2 千克以上，最高产量达 5 千克以上，生产利用年限可达 15 年。

● 【提示】对良种鹿不仅要了解其在育种场、原产地的生产性能，还要了解其在国内的分布及其对各地环境、饲料条件的适应情况。良种鹿不仅有生产优势，还是进行品种改良、科学育种所必需的。需要注意的是，引进时需公鹿、母鹿同时引进，并对原场的饲养管理技术进行了解、学习；对于原有的体制进行变更的鹿场，其培育的优秀鹿种，已被新的主体接收的，可以对比原有的品种优势继续使用。兴凯湖梅花鹿因有俄罗斯血缘，故其体型较国内梅花鹿大，所以可以考虑与其他品种的梅花鹿杂交，发挥其优势，获得茸、肉都高产的鹿种。

第三节　马鹿品种

一 东北马鹿

东北马鹿（彩图 7）是人们对我国东北及内蒙古地区捕获的野生马鹿进行人工驯养、繁育的后代及目前在黑龙江、吉林、内蒙古东部分布的野生马鹿的统称。

1. 外貌特征

东北马鹿体型较大，属大型茸用鹿。成年公鹿肩高 130~140 厘米，体长 125~135 厘米，体重 230~320 千克；成年母鹿肩高 115~130 厘米，体长 118~123 厘米，体重 160~200 千克。东北马鹿眶下腺发达，泪窝明显，四肢较长，后肢及蹄部较发达，利于东北马鹿奔跑、弹跳。夏季东北马鹿毛发呈红棕色或栗色，冬季则换成灰褐色、浓厚的冬毛；臀斑边缘整齐、界限分明，颜色夏深（棕色）冬浅（黄色）。相对于其较大的体型，其尾扁平且短，尾端钝圆，尾毛短、色同臀斑，多数鹿具有明显的黑色背线。仔鹿初生时体两侧有白色斑点，除体型较梅花鹿仔鹿高大外，与梅花鹿的差异不明显，但随着仔马鹿的生长发育，其身上的白斑渐渐消失。

2. 产茸性能

东北马鹿茸型粗大，肥嫩，茸毛密长，多为灰色，也有浅黄色，虽然也属青毛茸，但茸色总体上为浅色调。小公鹿在 9~10 月龄即开始生长初角茸，通过破桃法（在初角茸刚刚发生时即割去顶端），可收获 1~2 千克甚至更多的鲜茸；1~10 锯马鹿平均产三杈鲜茸 3.2 千克，1~14 锯马鹿

第三章 鹿养殖品种的选择

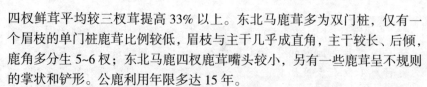

四杈鲜茸平均较三杈茸提高 33% 以上。东北马鹿茸多为双门桩，仅有一个眉枝的单门桩鹿茸比例较低，眉枝与主干几乎成直角，主干较长、后倾，鹿角多分生 5~6 杈；东北马鹿四杈鹿茸嘴头较小，另有一些鹿茸呈不规则的掌状和铲形。公鹿利用年限多达 15 年。

3. 繁殖性能

16 月龄育成母鹿已有部分达到性成熟，能发情受配，28 月龄母鹿发情受配率达到 65%，3 岁开始为适配年龄，繁殖利用年限为 1~20 岁，但最佳繁殖年限在 2~13 岁，本交繁殖成活率为 47.30%。公鹿在 16 月龄达性成熟，配种适龄为 3~5 岁，繁殖年龄为 1~17 岁，但在人工养殖条件下，只有通过选种的优秀种公鹿才能参加配种，所以普通生产公鹿的繁殖性能数据多属空白。

4. 遗传特性

东北马鹿锯三杈茸鲜重遗传力的估测结果为 0.37~0.38，属高遗传力，表明对产茸性状完全可以进行个体表型选择，并可预测以后的产茸量。因其遗传稳定且适应性强、耐粗饲、鹿茸产量高、品质优秀，所以在茸鹿育种工作中作为母本与双阳梅花鹿或天山马鹿杂交，其杂种优势显著。

二 天山马鹿

天山马鹿（彩图 8）是人们对我国新疆天山山脉野生马鹿及捕获的野生马鹿进行人工驯养、繁育的后代的统称。野生天山马鹿主要分布在天山山脉，目前不足万头，属国家二类保护动物；人工驯化家养的天山马鹿主产区在新疆的巴音布鲁克大草原，以及伊犁哈萨克自治州直察布查尔锡伯自治县、伊宁市、伊宁县，另在昭苏、特克斯、巩留等县有少量的分布。与东北马鹿相比，天山马鹿更加温驯，耐粗饲，适应能力也更强。

1. 外貌特征

天山马鹿体型较大，属大型茸用鹿。成年公鹿肩高 130~140 厘米，体长 130~150 厘米，体重 240~330 千克；成年母鹿肩高 120~125 厘米，体长 130~140 厘米，体重 160~200 千克。天山马鹿体粗壮，胸深、胸、腹围较大，额宽头大，泪窝明显，四肢强健。夏毛深灰色，冬季则换成浅灰色、浓厚的冬毛，颈部髯毛、鬣毛长而浓密。在颈部和背部有色泽深浅不一的灰黑色区域分布，臀斑呈白色或浅黄色近菱形。天山马鹿仔鹿初生时体两侧也有与梅花鹿相近的白色斑点，但随着生长发育，仔鹿身上的白斑渐渐消失。

2. 产茸性能

天山马鹿茸型粗大，肥嫩，茸毛密长，多为灰色或灰黑色，属典型的青毛茸，与东北马鹿相比，天山马鹿鹿茸产量更高。小公鹿茸在 9~10 月龄即开始生长初角茸，通过破桃法（在初角茸刚刚发生时即割去顶端），可收获 1.5~2.5 千克甚至更高产量的鲜茸；1~9 锯天山马鹿鲜三杈茸平均产量为 5.3 千克，产茸最佳年限在 4~14 锯，部分壮年天山马鹿鲜四杈茸单产达 12.5~16.5 千克。天山马鹿茸多为双门桩，但在头锯、二锯时仅有一个眉枝的单门桩鹿茸比例较高。天山马鹿鹿角多为 7~8 杈，主干、眉枝、嘴头均很粗壮，眉枝距角基较近并向前弯伸。此外与东北马鹿茸相比，天山马鹿四杈鹿茸嘴头粗长，另外茸型为不规则的掌状和铲形的比例更高。

3. 繁殖性能

雌性天山马鹿在 28 月龄达到性成熟，在每年的 9~11 月发情配种，第二年 4~7 月产仔，妊娠期约 250 天，每胎产 1 头，偶有双胎。初生雄性仔鹿体重在（16.0±1.0）千克，雌性仔鹿体重为（13.5±1.5）千克。原产地本交繁殖成活率为 40%~50%，引入东北地区后，繁殖成活率可达60%，有了很大提高。公鹿在 36 月龄达到性成熟，配种适龄为 3~10 岁，繁殖年龄为 2~12 岁，但在人工养殖条件下，只有通过选种的优秀种公鹿才能参加配种，所以普通生产公鹿的繁殖性能数据多属空白。

4. 遗传特性

天山马鹿在体型、鹿茸产量等方面遗传稳定。实践表明，完全可以通过个体表型选择种鹿的产茸性状，并对其后代产茸量进行估测。因其产量高、品质优良、耐粗饲等特点，在马鹿育种和杂交育种工作中，常被用作关键性血缘，目前国内有多地已经引进天山马鹿进行适应性养殖和繁育工作。

三 塔里木马鹿

塔里木马鹿（彩图 9）又称叶尔羌马鹿，俗称塔河马鹿、南疆马鹿、南疆小白鹿等，养殖区域主要集中在新疆的博斯腾湖沿岸、孔雀河和塔里木河流域，已经由新疆生产建设兵团农二师培育成为"塔里木马鹿"品种，属于体型较小的马鹿品种。

1. 外貌特征

成年公鹿体高 116~138 厘米，体长 118~138 厘米，体重 232~280 千克；成年母鹿体高 108~125 厘米，体长 112~132 厘米，体重 195~221 千克。塔里木马鹿体型结实紧凑，头清秀，鼻梁微凸，眼大机警，眼虹膜呈黑色，

耳尖，肩峰明显。塔里木马鹿的毛发在夏季呈沙褐色，冬季则换成沙灰色或灰白色臀斑灰白色，周围有黑色边界，长有明显的黑色背线。

2. 产茸性能

塔里木马鹿多收三权茸，茸型规则、圆润、粗壮，嘴头肥大，质地肥嫩，茸毛呈灰褐色、较短。成年公鹿1~13锯三权鲜茸产量平均为6.56千克，最佳产茸时期为4~9锯。有记录显示高产种公鹿头茬鲜茸达16.25千克，再生鲜茸达11.47千克。塔里木马鹿鹿角为6~8权。

3. 繁殖性能

塔里木马鹿繁殖力强，16月龄育成母鹿即进入初情期。生产利用年龄在3~14岁，最高可达到17岁。每年的9~11月为发情交配期，第二年4~7月为产仔期，妊娠期约250天，多为单胎，偶有双胎。雄性仔鹿初生重为（10.25±1.3）千克，雌性仔鹿初生重为（9.9±0.9）千克。进入繁殖盛期的母鹿产仔率达到80%以上，仔鹿成活率也高达83.9%，繁殖成活率为74%。公鹿在18~28月龄达到性成熟，24~36月龄达到体成熟，公鹿一般在36个月龄参加配种。母鹿利用年限可达8~9岁，公鹿利用年限一般在10岁前。

4. 遗传特性

塔里木马鹿原生地环境特殊，形成了其高度特化的特点，这些特点能够稳定遗传，有的利于生产，有的却形成新的问题。例如，在原产地塔里木马鹿纯繁育种价值较高，但是引种到外地后适应性差，抗病力弱，所以纯繁的意义不大。但是应用塔里木马鹿公鹿与东北梅花鹿母鹿杂交，能够获得较明显的杂种优势；在新疆用塔里木马鹿与天山马鹿杂交，其后代的生产性能更高，经济效益显著。

四 清原马鹿

清原马鹿（彩图10）又称为天山马鹿清原品系，是天山马鹿引入辽宁省清原县后，经过30年（1972—2002）连续4个阶段的系统选育，于2002年12月通过国家品种审定委员会审定，其主要经济技术指标达到国际领先水平，并被列入国际畜牧业520多个畜禽品种之一。

1. 外貌特征

清原马鹿体型较原产地大，成年公鹿肩高145厘米，体重220~340千克；成年母鹿肩高145厘米，体重170~250千克；公仔鹿平均初生重16.2千克，母仔鹿平均初生重13.5千克。清原马鹿体质结实，结构紧凑，体躯粗圆，较长，背腰平直，四肢粗壮。公鹿额宽，角基距宽，角柄周正。公、母鹿的夏毛，背侧、体侧为棕灰色，头部、颈部和四肢呈明显的深灰色，颈上和背上有明显的黑色背线。成年公鹿的臀斑为浅橘黄色，成年母鹿的臀斑为浅黄白色，臀斑周缘呈黑褐色。冬季颈毛发达，有较长的黑灰色鬃毛。

2. 产茸性能

茸型粗大，肥嫩，茸毛密长，多为灰黑色，产茸量居国内外之首。鹿茸优质率（一、二等茸）高达 93%，上锯公鹿四权率占 40%。1995—2002 年统计 5587 头 1~15 锯鲜茸产量分析，平均单产为 8.60 千克，比选育前高 3.2 倍，比原产地新疆天山马鹿的产茸量高 45.8%。鲜茸茸料比为 12.894 克 / 千克（8600 克 /667 千克）。成品茸平均单产 3.1 千克，鹿茸鲜、干比为 2.77/1.00，高于东北马鹿茸的 2.55/1.00 和乌兰坝马鹿茸的 2.51/1.00，四权茸中段灰分含量为 34.1%，低于东北梅花鹿茸的 36.3%。

清原马鹿茸中所含粗蛋白质（63.71%）和氨基酸（39.61%），均高于东北马鹿茸的 57.63%、30.06% 和东天杂交马鹿一代的 60.05%、39.13%。公鹿生产利用年限平均为 15 年。

3. 繁殖性能

公鹿在 16 月龄达到性成熟，配种适龄为 3~5 岁，繁殖年龄为 1~17 岁。母鹿在 15~16 月龄达到性成熟，配种适龄为 2~3 岁，繁殖利用年限为 1~20 岁，繁殖最佳年龄在 1~13 岁，本交繁殖成活率为 68%。

4. 遗传特性

清原马鹿茸性状的遗传基础已基本趋于一致和稳定。锯三权鲜茸重遗传力的估测结果为 0.37，属高遗传力；锯四权鲜茸重重复力的估测结果为 0.75，属高重复力，表明对产茸性状完全可以进行个体表型选择，并可预测以后的产茸量。

第三章 鹿养殖品种的选择

● 【提示】我国的马鹿品种命名是根据其原产地地名或新品种（品系）育成地地名命名。本书只介绍了常见的几个重要品种，对养殖量小和后引入的国外品种未能一一介绍。

第四章
鹿的营养需要

为维持自身的生理功能和生命活动，以生产产品，鹿需从外界获得的营养物质的量，称为鹿的营养需要。这些营养物质包括蛋白质、碳水化合物、脂肪、能量、矿物质、维生素及水。营养物质对鹿的作用各异，不同饲料提供的营养物质也不尽相同。营养需要受到品种、性别、年龄、生理阶段、环境及管理的影响而有所不同，所以明确营养物质的作用，合理配制饲料，才能满足鹿的需要，为鹿实现最佳生产性能提供保证。另外，各种饲料的营养含量不同，价格相差也很大，选用价格低的饲料可能无法满足鹿的生长和生产所需，选用价格较高的饲料又会提高成本，影响经济效益。为达到既满足鹿营养需要，又降低成本、提高效益的目的，本章将介绍鹿的营养需要和营养物质的作用，阐明各种营养物质对鹿的重要性及不同饲料的营养特点，并对鹿饲料的配制方法和常用饲料配方进行介绍。

第一节　蛋白质

饲料蛋白质含量指的是粗蛋白质（CP）含量，是饲料原料中氮含量乘以 6.25 换算得来的。粗蛋白质包括真蛋白和非蛋白氮（NPN）两部分。从结构看，蛋白质是一类结构复杂的高分子有机化合物，是生命的物质基础。和所有动物一样，鹿的一切生命活动均与蛋白质密切相关，因此蛋白质在鹿生命活动中的作用十分关键。

一 蛋白质的营养作用

鹿的各种组织器官如肌肉、内脏、血液、骨骼、皮肤、毛发等，均以蛋白质为结构物质。除水分外鹿体内含量最高的物质便是蛋白质，占鹿体干重的50%左右。组成不同组织器官的蛋白质种类和存在形式的差异，直接导致不同组织的特异性功能，如球蛋白构成了体组织的主要成分，体液的主要组成成分则是白蛋白，筋腱、毛发、蹄角则主要由角蛋白和胶质蛋白构成。蛋白质是鹿机体几乎一切细胞、组织的重要成分，是其生命的重要物质基础，起着多种重要的生理作用，包括酶的催化、激素对生理功能的调节、血红蛋白对氧的运输、肌球蛋白完成的肌肉收缩、胶原蛋白完成的器官支架作用，以及核蛋白的遗传作用、免疫球蛋白的机体保护作用等。另外，蛋白质是组织更新、修补的主要原料，可氧化供能和转化为糖、脂，是动物产品的重要成分，如在鹿肉中含有大量蛋白质，而蛋白质又是鹿茸有效部分的重要组成成分。

二 蛋白质不足与过量对鹿的影响

1. 蛋白质不足对鹿的影响

由于饲料价格上涨，鹿产品市场波动，加之部分养殖者不了解不同生理时期的鹿所需的蛋白质水平，以及对饲料原料蛋白质含量等关键数据掌握不足，就会发生鹿饲料蛋白质水平过低，导致鹿蛋白质摄入不足。而缺乏蛋白质直接会影响鹿以下几项关键生理功能。

（1）消化机能紊乱　饲料蛋白质不足首先会引起消化道黏膜及分泌消化液的腺体组织蛋白的更新，消化液无法正常分泌，导致消化机能紊乱；另外还会影响鹿瘤胃微生物的正常发酵，导致瘤胃消化功能弱化。所以，当饲料蛋白质长期严重缺乏时，会引起鹿食欲下降、消化不良、腹泻等不良反应。

（2）生长缓慢、体重下降　饲料蛋白质缺乏会引起仔鹿体内蛋白质合成障碍，导致机体蛋白质沉积减缓甚至停滞，表现为仔鹿生长缓慢或生长停滞、体重下降。

（3）生产性能降低　因为饲料中蛋白质缺乏直接导致体内一些与生产性能相关的蛋白质合成障碍，表现为多种生产性能受到影响：母鹿表现为发情、排卵、妊娠紊乱，严重的会出现受孕率低下、流产、弱仔、死胎等问题；公鹿表现为发情差、精子密度及品质下降，鹿茸产量及品质显著

下降。

（4）抗病力下降 日粮中蛋白质缺乏，会影响血液中免疫球蛋白的合成，各种激素和酶浓度下降，直接表现为机体抗病力下降，更易感传染病和代谢性疾病。

2. 蛋白质过量对鹿的影响

由于摄入的饲料蛋白质都需要在鹿体内完成降解、消化吸收、代谢等步骤，所以蛋白质既为机体各种生理功能提供保证，又需要机体对其进行转化、调节。摄入蛋白质过量时就会导致机体负担加重，严重时会影响机体调节功能，其直接后果是代谢机能紊乱，肝脏、肾脏受到损伤，引起肝、肾疾病。但在实际生产中鹿饲料蛋白水平一般较低，同时其调节能力也强于常见畜禽，所以蛋白质过量在鹿养殖业中基本不会出现。

三 鹿的蛋白质需要量

（1）公鹿 体重 100 千克的雄性梅花鹿可消化粗蛋白质维持量为206~258 克 / 天；梅花鹿仔鹿断乳后随着体重不断增长，每天可消化粗蛋白质从 160 克逐渐提高至 260 克；1 岁梅花鹿仔鹿可消化蛋白质日需求量为 290~320 克，越冬期营养需求下降为 140~160 克；2~3 岁梅花鹿仔鹿可消化蛋白质日需求量为 330~360 克，越冬期下降为 200~230 克；成年梅花鹿生茸期可消化粗蛋白质日需求量为 340~370 克，越冬期下降为210~240 克。

（2）母鹿 体重 70 千克的雌性梅花鹿可消化粗蛋白质维持量为139~195 克 / 天；梅花鹿仔鹿断乳后随着体重不断增长，每天可消化粗蛋白质从 130 克逐渐提高至 220 克；母鹿妊娠前、中、后期可消化蛋白质日需求量分别为 130~150 克、150~170 克、170~190 克；泌乳期可消化蛋白质日需求量为 200~240 克。

四 非蛋白氮技术在鹿养殖业中的应用

1. 利用原理

与家养的畜禽相比较，鹿更加耐粗饲，这是因为鹿的瘤胃十分发达，瘤胃微生物除能够降解利用饲料中的蛋白质外，还能利用尿素、缩二脲、磷酸脲、磷酸二氢铵、氨水等不同于真蛋白却又含氮量较高的非蛋白氮类物质，合成微生物蛋白（MCP）。以最常用的非蛋白氮尿素为例，如果全被微生物转化为微生物蛋白，1 千克尿素大约相当于 2.94 千克蛋白质（1 千克 ×47%×6.25=2.94 千克），即相当于 6.3 千克大豆饼所含蛋白质的量。可见在饲料中添加非蛋白氮不但能提高饲料中的粗蛋白质水平，调整营养成分平衡，更能极大地降低饲料成本，提高养殖效益。非蛋白氮在瘤胃中水解产生氨，瘤胃微生物利用氨合成菌体蛋白，当瘤胃中产生过多的氨，无法被微生物全部利用时，大部分剩余的氨会被瘤胃上皮吸收进入血液，最后以尿素的形式排出体外，不仅造成浪费，还会加重养殖污染。瘤胃微生物合成菌体蛋白需要氮、能量、碳源、矿物质、维生素，而非蛋白氮只能提供氮，所以鹿需要通过饲料获得碳水化合物、矿物质和维生素。因为含硫氨基酸在菌体蛋白中的比例较高，所以饲料中要有充足的硫，氮硫比一般为（12~14）：1。

2. 利用方法

（1）与精料混合 将尿素与精料充分混合，使其占精料的 2% 或日粮的 1%。虽有研究表明鹿对尿素的耐受量很高，在公鹿日粮中添加 100 克时仍无不良反应，但为保证安全，添加 30 克时效果较好。

（2）作为液体补充饲料 将尿素与糖蜜混合，做成液体补充饲料，然后与低品质饲草混合饲喂，均能提高尿素和饲草利用率。

（3）制成尿素青贮 将尿素按 0.5% 的比例添加到青贮或黄贮饲料中，既提高了青黄贮饲料中粗蛋白质含量，又通过组合效应提高了饲料营养的吸收利用率，改善了饲料综合品质。

（4）制成尿素舔块 将尿素与盐、其他矿物质按一定比例混合，压模后制成舔块，使非蛋白氮和矿物质营养得以合理摄入。

3. 尿素缓释技术

因为瘤胃中脲酶活性较强，所以尿素在瘤胃中的分解速度很快。报道显示，100 克瘤胃内容物中的脲酶 1 小时可分解 100 毫克尿素。当尿素的分解速度超过微生物的利用能力过高时，过量的氨就会在瘤胃中蓄积，而肝脏也无法把血液中的氨合理地转化为尿素，这就会导致氨中毒。因此采用尿素缓释技术，减缓尿素在瘤胃中的分解速度，对非蛋白氮饲料资源的合理利用十分关键。一般是将尿素和淀粉性饲料及载体混合，加入黏合剂，经过制粒工艺获得硬颗粒，而颗粒中的尿素已溶化并与淀粉胶联一体，形成了一种溶解较慢的缓释尿素饲料。另外，饲料中还要加入硫、锌、锰、钴、碘等矿物质，以有效支持瘤胃微生物的增殖及提高菌体蛋白产量。

4. 注意事项

作为非蛋白氮的代表，尿素在饲料中应用时，必须注意以下事项，才能合理使用，提高效益，避免不当损失。

（1）剔除不良杂质 保证尿素纯正不含其他杂质，以免产生不良影响。

（2）保证日粮能量及合理的蛋白质水平 不能因为尿素的饲用价值，就忽视了日粮本应具有的蛋白质和能量水平，特别是保证能量物质品质及含量，以免因尿素分解过快却没有能量物质配合，导致利用受阻。

（3）避免与水共用 饲喂非蛋白氮时要避免当时饮水，一般应在采食4~5小时后再饮水。

（4）循序渐进原则 添加量由少到多，遵循循序渐进原则，最后达到适宜水平稳定应用，让鹿平稳适应。

（5）降低脲酶影响 不与生大豆、苜蓿籽等脲酶水平较高的饲料一同使用，以免尿素快速降解为氨，影响非蛋白氮的利用效果。

> ●【提示】蛋白质作为重要的营养物质，本节对其作用、鹿的需要量、非蛋白氮等新技术进行了介绍，并将在随后的章节中介绍与蛋白质营养密切相关的氨基酸营养。

第二节 碳水化合物

碳水化合物主要由碳、氢、氧3种元素组成，其中氢原子和氧原子数量的比例为2∶1，与水的氢氧比例相同，所以被称为碳水化合物。也有少数碳水化合物中含有氮、硫等其他元素。碳水化合物在鹿体内转化后，为鹿的机体活动提供比例极高的能量。植物是鹿的主要饲料，碳水化合物又是植物体的主要成分，所以碳水化合物对鹿的营养作用十分重要。

一 碳水化合物的分类

碳水化合物按化学结构可分为单糖、二糖、多糖、低聚糖和多糖等。根据营养作用和消化的难易情况，可简单地划分为易消化碳水化合物和不易消化碳水化合物两类。易消化碳水化合物包括单糖、双糖和淀粉等，易被消化酶消化，生成葡萄糖，吸收后为血糖。这组碳水化合物的消化利用率高，一般情况下可达95%~100%。纤维素、半纤维素、木质素等纤维性物质的消化利用率远低于易消化碳水化合物，营养学上属于不易消化的碳水化合物，但通过瘤胃微生物发酵，可生成便于鹿吸收利用的挥发性脂肪酸。

1. 易消化碳水化合物

（1）单糖 不能用水解法继续分解的糖类叫作单糖，如葡萄糖、果糖、核糖等。葡萄糖是最适宜动物体吸收、利用的单糖，机体各器官都能利用葡萄糖作为能量和原料，合成身体必需的化合物。大多数体细胞可通过脂肪、蛋白质获得能量，而神经组织则必须由葡萄糖供能。饲料本身所含有的葡萄糖并不高，主要是淀粉、蔗糖、乳糖等在机体内水解生成。

（2）低聚糖 由2~10个单糖分子单元构成的化合物统称为低聚糖。由1分子葡萄糖和1分子果糖构成的蔗糖是最重要的二糖，广泛的分布于植物各个部位。

（3）易消化的多糖 多糖是由大量单糖分子聚合而成的高分子化合物，均可被水解，最终生成单糖。其中易消化利用的淀粉、糖原等被称为易消化多糖。以淀粉为例，淀粉可在酸或唾液淀粉酶、胰淀粉酶及小肠麦芽糖酶的作用下逐步水解，先生成糊精、麦芽糖等中间产物，最后生成葡萄糖。

2. 不易消化碳水化合物

（1）半纤维素 是戊糖与己糖的混合物，其主要成分是聚戊糖，通常不溶于水而溶于稀酸，与纤维素、木质素一起构成植物细胞壁，在秸秆中的含量较高。家畜消化道微生物分泌的酶可将半纤维素水解为乙酸、丙酸、丁酸等挥发性脂肪酸。鹿对半纤维素的消化利用率可达60%~80%。但不同植物品种、不同生长阶段的半纤维素的消化利用率也不同，随着植物木质化，其消化利用率直线下降。所以与消化利用率较高的淀粉相比，半纤维素属于不易消化碳水化合物。

（2）纤维素 是由许多的葡萄糖分子经β-1，4糖苷键结合而成的，分子量大于半纤维素，化学性质更稳定，不溶于稀酸。纤维素是分布最广的多糖，是细胞壁的主要成分，在成熟作物秸秆中的含量可达50%。在高温、高压、酸煮条件下，可水解成葡萄糖。鹿瘤胃微生物分泌的酶可将纤维素水解为乙酸、丙酸、丁酸等挥发性脂肪酸，从而被身体利用。

（3）木质素 木质素对家畜没有营养意义，所以植物木质化越高，其营养价值也就越低，同时木质素不仅影响微生物对半纤维素、纤维素的酵解，还会干扰消化酶对其他有机物的作用，导致饲料中营养物质的消化利用率下降。木质素仅因其常与半纤维素、纤维素镶嵌在一起，所以多与半纤维素、纤维素一起分析，实际上其结构并不属于碳水化合物，所以本书不对木质素做过多介绍。

（4）果胶 是半乳糖醛酸聚合物，其主骨架是 α（1→4）键连接的半乳糖醛酸，其中部分羧基被甲酯化，部分羧基与钙、镁等结合，主要存在于植物细胞壁间隙，细胞壁中也含有一些，含量从植物初级细胞壁到次级细胞壁逐渐减少。果胶可溶于水，不能被动物消化道分泌的消化酶水解，但是可以在消化道微生物的作用下降解，消化利用率可达76%，所以也可以作为鹿等反刍动物很好的营养物。因为果胶在水中形成胶态溶液，而仔鹿瘤胃发育不完全，微生物含量很低，所以果胶可以用来治疗仔鹿腹泻。

二 碳水化合物的生理功能

1. 构成动物机体物质

碳水化合物普遍存在于动物体的各种组织中，作为细胞的构成成分，参与多种生命过程，对调节组织生长起着重要作用。其中，核糖和脱氧核糖是细胞中遗传质核酸的成分；黏多糖是实现多种功能的重要物质，并参与结缔组织的形成；透明质酸对润滑关节、保护机体在强烈振动时的正常功能起着重要作用；硫酸软骨素对软骨起着结构支持作用；糖脂是神经细胞的成分，对传导神经冲动、促进水溶性物质通过细胞膜有重要作用；糖蛋白是细胞膜的成分，并因其多糖部分的复杂结构而与多种生理功能有关。

2. 动物能量的主要来源

和所有动物一样，鹿为了生存和实现生理功能必须维持体温恒定和各个组织器官的正常活动，如心脏跳动、血液循环、胃肠蠕动等，所有的生命活动都需要能量。碳水化合物广泛存在于植物性饲料中，来源丰富，价格便宜，是最经济的能量资源。葡萄糖是哺乳动物大脑、神经系统、肌肉、胎儿生长发育及乳腺等代谢的唯一能量来源，如果体内葡萄糖供应不足，鹿就会发生代谢病——酮血症，严重时会导致死亡。

3. 重要的能量储备物质

碳水化合物可转化为糖原和脂肪在体内贮存。满足了机体对能量的需要之后，多余的碳水化合物就会转变为肝糖原和肌糖原。当血糖浓度正常且糖原在肝脏和肌肉中贮满后，糖原就会转变成体脂肪在体内贮存起来。研究表明，碳水化合物为鹿 50% 的体脂肪、60%~70% 的乳脂肪合成提供了原料。

4. 刺激鹿消化器官发育

碳水化合物中的粗纤维是鹿等反刍动物日粮的重要成分。粗纤维经微生物发酵后产生多种挥发性脂肪酸，除用于合成葡萄糖外，还可直接氧化产生能量。作为反刍动物，粗纤维提供的能量不仅能满足鹿的维持需要，还能提供部分生产所需的能量。虽然以淀粉等易消化的碳水化合物作为主要饲料，在短期内能提高鹿的生产能力，但是缺乏粗纤维供应会影响鹿消化道的发育，造成消化道生理有效容积不足，消化道黏膜所受刺激不足，胃肠蠕动减缓，消化液分泌下降，排粪不畅，甚至直接改变微生物区系，影响瘤胃发酵类型。可见粗纤维类碳水化合物能促进鹿消化器官发育，对提高鹿生产能力是有利的。

5. 低聚糖的特殊作用

低聚糖类碳水化合物包括低聚果糖、低聚甘露糖、异麦芽低聚糖及低聚木糖等。有研究表明，低聚糖作为有益微生物基质，能改变肠道菌群，利于建立和维持肠道微生物平衡。还有很好的消除病原菌、激活机体免疫机制等作用。日粮中添加低聚糖可提高机体免疫力、优化成活率、增重及饲料转化率等关键指标。可见低聚糖作为稳定、安全的抗生素替代物，在鹿养殖业中有着广泛的应用前景。

三　鹿的碳水化合物需要量

草食动物自身的特点决定了除非饲料总体供应不足，否则鹿在养殖过程中不会发生碳水化合物缺乏的现象。碳水化合物缺乏，反映的是鹿营养的全面缺乏，表现为鹿消瘦、生产力下降、抗病力下降。生产中应按照精饲料定量，饲草等粗饲料自由采食并有所剩余，保障碳水化合物合理供给的原则。

四　碳水化合物加工处理技术

1. 非结构性碳水化合物（淀粉）的加工处理

淀粉作为非结构性碳水化合物，在一般情况下能够完全被鹿消化，但当用整粒谷物饲喂时就会有很多未消化的谷粒随粪便排出。所以作为淀粉的主要来源，谷物需要经过适宜的加工处理，才能保证其有更高的消化利用率。现代饲料加工方法有粉碎、破裂、蒸煮、膨化、蒸汽压片等，其中蒸汽压片技术使淀粉更容易被利用，并在牛羊等反刍动物养殖业中成功应用。这是因为常规粉碎只是破坏谷物种皮、减小颗粒大小，而蒸汽压片技术能同时提高水分含量和减小谷物颗粒大小并使淀粉微粒胶样化，使淀粉更易于被酶消化。有试验表明，整粒高粱在牛瘤胃的降解率只有42%，而加工后增加到83%，变化明显。

2. 结构性碳水化合物（纤维素、半纤维素等）**的加工处理**

（1）物理加工处理 粗饲料所处的生长阶段对其饲养价值影响极大，成熟后的粗饲料消化利用率降低，动物采食量下降，但经物理加工（铡短、揉碎、蒸煮、光照、制粒等）后这种情况会得到明显改变。有研究表明，晚收割的禾本科牧草，制成颗粒后无论在采食量、日增重和饲料利用率方面都比仅做铡短处理的有明显提高。当粗饲料为主时，物理加工都会提高反刍动物的生产性能，但如果精饲料占饲料比例过高或粗饲料粉碎过细时，即便饲料中各种养分均已满足需求，动物仍会发生代谢紊乱，主要表现为瘤胃角化不全、皱胃变位、蹄叶炎、酸中毒等疾病。

（2）化学处理 碱化和氨化是目前化学处理技术的代表。秸秆等低质粗饲料经化学处理后，能明显改善反刍动物对结构性碳水化合物的消化利用率。一般应用氢氧化钠作为碱源配制溶液对饲草进行浸泡和煮处理。有研究表明，处理后的黑麦秸有机物消化利用率提高到88%，粗纤维消化利用率提高到96%，而对照组中这两种营养成分的消化利用率均低于50%。氨化处理即应用尿素、无水氨和氢氧化钠处理作物秸秆，其作用方式与氢氧化钠类似，但处理时间要更长（20天），处理后秸秆适口性和可消化性均得到提高。需要注意的是，应避免处理高品质青绿饲料，因氨与可溶性糖结合的生成物会导致动物发生母牛脑脊髓综合征。

（3）生物处理 主要是通过青贮和真菌接种技术，将木质素和纤维素的复合结构进行分解。目前发现以白腐真菌为代表的少数微生物能同时分解所有的植物聚合物，而细菌、酵母对底物有选择性，需要对木质素纤维进行化学或物理预处理。但是秸秆等纤维含量较高的饲料通过青贮发酵后，品质与适口性均有较大提高，已作为成功的案例获得广泛推广。

> ● 【提示】碳水化合物是鹿极为重要的营养物质，与鹿的健康、生产性能、经济效益直接相关。碳水化合物供给应遵循先粗后精、粗饲料为主的原则，可使养殖事半功倍。

第三节　脂肪

脂肪，通常指的是长链脂肪酸（FAs）含量高的一类化合物，包括甘油三酯、磷脂、未酯化脂肪酸及长链脂肪酸盐。脂肪的典型意义在于提高饲料的能量浓度，在饲料中添加脂肪还有其他潜在的好处，如促进脂溶性营养物质的吸收和降低饲料粉尘等。可见脂肪对于鹿的营养作用十分重要。

一　脂肪的分类

饲料与鹿体内均含有脂肪，根据结构的不同可分为真脂肪和类脂肪两大类。真脂肪是由脂肪酸和甘油结合而成，类脂肪由脂肪酸、甘油和其他含氮化合物结合而成。根据脂肪中氢原子的多少，又分为饱和脂肪酸与不饱和脂肪酸两类。

二　脂肪的营养作用

在常温状态下，植物脂肪中的大部分是不饱和脂肪酸，一般为液体。鹿的脂肪因为含有较多的饱和脂肪酸而多为固体。

1. 参与构成机体组织

脂肪是构成鹿体细胞与体组织的重要成分。例如，细胞质的主要成分是磷脂，细胞膜是由脂肪和蛋白质共同构成的，血液中红细胞膜的脂肪主要由脑磷脂和神经磷脂构成，另外肌肉组织中含有真脂肪、磷脂及胆固醇，肝脏中含有脂肪酸和磷脂，肺、肾和皮肤中含有真脂肪、脂肪酸、磷脂和胆固醇，总之鹿体的一切细胞和组织中均含有脂肪。

2. 提供能量

脂肪具有供能、贮能作用。生理条件下脂肪所含能量是蛋白质和碳水化合物的 2 倍多。无论来自饲料还是体内代谢产生的游离脂肪酸、甘油酯，都是鹿维持生命活动和生产的重要能量来源。饲料中脂肪提供的能量是所有能量来源中效率最高的，大量研究表明，在日粮中合理添加不饱和脂肪有提高能量利用效率的作用，特别是在含饱和脂肪的日粮添加不饱和脂肪的效果更明显。但是脂肪水平、脂肪结构、饱和与不饱和脂肪酸之间的比例、动物年龄、蛋白质氨基酸含量、脂肪与碳水化合物之间的相互作用、评定脂类营养价值的方法等因素对能量利用效率的提高都有影响。

3. 提供脂肪酸

脂肪是必需脂肪酸的来源。在动物体内不能合成，必须由饲料中获得的脂肪酸称为必需脂肪酸。幼鹿因为生长发育迅速，容易发生缺乏，日粮中应含有一定量的必需脂肪酸。

4. 其他作用

脂类作为溶剂对脂溶性营养物质或脂溶性物质的消化吸收极为重要，如脂溶性维生素的吸收就依靠脂类作用；皮肤中的脂类具有抵抗微生物侵袭、保护机体的作用；脂肪氧化既供能也供水；具有良好的绝热作用，在冷环境中可防止体热散失过快；可以提高母鹿产奶量和乳脂肪含量。

三 饲料中的脂肪对鹿的影响

1. 对鹿营养消化的影响

（1）对脂肪消化利用的影响　饲料中脂肪酸的不饱和程度直接影响其消化利用率，不饱和脂肪酸比饱和脂肪酸更易消化。研究表明，不饱和脂肪酸能促进饱和脂肪酸的消化；脂肪酸链长度会影响其消化利用率，但是作用效果远低于不饱和度。饲料脂肪含量对过瘤胃脂肪也有所影响。研究表明，当脂肪添加量从干物质的 0 增至 3% 时，其表观消化利用率有所提高，但从 3% 提高到 6% 时，表观消化利用率反而有所下降，这可能是添加的脂肪比饲料中的脂肪更好吸收或是内源脂肪受到稀释。

（2）对维生素等脂溶性物质的影响　脂溶性维生素类物质，需要通过脂肪才能很好地被动物吸收利用，缺乏时脂溶性维生素的消化吸收下降，就会诱发脂溶性维生素类缺乏症状的发生，若检测表明脂溶性维生素类总体含量并不低，则说明饲料品质过低，脂肪含量低或属于难以吸收的脂类物质。

2. 对瘤胃发酵的影响

随着不饱和度的上升，脂肪酸消化利用率不断提高，但多不饱和脂肪的含量提高却会抑制微生物特别是纤维分解菌和甲烷合成菌的活动。微生物的正常发酵受到影响，这就使得除纤维素外其他营养物质的消化利用也会受到不良影响。针对这一问题，业内已有两种办法，一种是严格控制脂肪在饲料中的百分含量不超过 3%，同时保证饲料中草的含量；另一种方法是利用脂肪酸钙盐作为脂肪添加物，这样既不影响瘤胃发酵，又使钙盐、脂肪酸分别在十二指肠和空肠被吸收，使机体获得了很好的营养补充。

3. 对繁殖性能的影响

当必需脂肪酸长期缺乏时，会诱发雌性动物不孕症或泌乳障碍；精子的形成也与必需脂肪酸类物质直接有关，所以缺乏时会导致繁殖性能降低。

四 鹿的脂肪需要量

鹿的性别和所处的生理时期不同，决定了其对脂肪的需要量有所差异。仔鹿、公鹿生茸期、公鹿配种期、母鹿泌乳期对脂肪的需求量都较平时要高，生产中要格外注意这些时期精饲料中的脂肪总量，可通过提高脂肪含量丰富的饲料原料调整，也可以少量添加植物油的形式补充，一般在 2%~3%。生产中按照精饲料定量，饲草等粗饲料自由采食并有所剩余即能保证脂肪的合理供给。

> ● **【提示】** 脂肪的作用在供能、影响瘤胃发酵、影响其他营养的消化吸收与代谢、参与构成关键生物膜、繁殖能力等多方面均有体现，但需注意缺乏与过量均有不良影响。

第四节 能量

动物所有的活动，如呼吸、心跳、血液循环、肌肉活动、神经活动、生长发育、生产产品等都需要能量。这些能量主要来源于饲料中的三大养料——蛋白质、碳水化合物、脂肪在体内氧化释放出的化学能。

一 能量的分类

（1）总能 饲料中的有机物完全氧化燃烧生成二氧化碳、水和其他氧化物时释放的全部能量是该物质的总能。饲料中的总能主要由蛋白质、碳水化合物、脂肪提供，基本等于三者能量的总和。饲料在体外充分燃烧时，获得的能量测定数值称为能值。三者的能值分别为：碳水化合物 17.5 千焦 / 克、蛋白质 23.64 千焦 / 克、脂肪 39.54 千焦 / 克。

饲料能值乘以饲料量获得的数据即为饲料的总能，它是饲料中营养物质所含能量的总和。

（2）消化能　消化能是指饲料可消化养分所含的能量，即动物摄入饲料的总能与粪能之差。粪能一般来源于未被消化的饲料养分、消化道微生物及其代谢产物、消化道分泌物及经消化道排泄的代谢物、消化道黏膜脱落细胞。以总能减去粪能后的能量称为表观消化能；以总能减去粪能扣除后三种来源的能，所得的称为真消化能。但是因为测定极其困难，所以一般均应用表观消化能对饲料营养价值及动物营养需要进行评估。影响饲料消化利用率的因素对消化能值均有影响。

（3）代谢能　饲料消化能减去尿能及消化道的可燃气体能量所剩的能量称为代谢能。尿能是尿液中有机物能量的总和，而消化道气体能量则来源于消化道微生物发酵产气（主要是甲烷）。因为单胃动物消化道中甲烷产量极少可忽略不计，所以仅在牛、羊、鹿等反刍动物的能量体系中需要计量。影响消化能、尿能、气体能的因素均能影响代谢能。

（4）净能　饲料中用于动物维持生命和生产的能量，即饲料代谢能扣除饲料在体内的热增耗剩余的部分。

二　鹿的能量需要

（1）维持需要　鹿的维持需要是指鹿在不生长、不生产也不损失体内贮存能量时所需的能量。但是维持需要不同于基础代谢，基础代谢是在静卧空腹条件下进行的，而维持需要则包括一定的非生产性活动，因此维持需要大于基础代谢。研究人员表明，成年公梅花鹿每天代谢能维持需要量是基础代谢的 1.414 倍。

（2）公鹿生茸期的能量需要　金顺丹（1987）研究表明，鹿茸中沉积的能量并不高，占食入代谢能的 0.098% ~0.192%。Femmessy（1981）报道，生产 2.4 千克茸的马鹿在 100 天内用于产茸的代谢能也仅有 0.5 兆焦 / 千克。虽然直接用于生产的代谢能很少，但是饲料能量过高或过低都会影响鹿茸的产量。梅花鹿生茸期饲料能量以 15.302~16.720 兆焦 / 千克才基本适宜。

（3）**公鹿越冬期的能量需要**　公鹿越冬期由配种恢复期和生茸前期两个阶段构成。公鹿需要摄入比之前能量高的饲料以满足体况快速恢复，以及为换毛、生茸进行贮备。研究表明，梅花鹿越冬期饲料能量以16.302~16.720兆焦/千克才可满足需要。

（4）**断乳仔鹿的能量需要**　仔鹿生长发育迅速，能量代谢旺盛，对能量的需求较高。王峰（1992）研究表明，梅花鹿仔鹿精饲料中的蛋白质水平为28%，能量为17.138兆焦/千克时，仔鹿获得最高体增重。

（5）**育成鹿的能量需要**　育成鹿生长依旧旺盛，所需各种养分浓度依然很高。其精饲料能量浓度采用断乳鹿数据即可。

（6）**母鹿的能量需要**　休闲期空怀母鹿能量需求大约处于维持需要的状态，以1头70千克空怀母鹿为例，其每天代谢能需要量为627千焦/（瓦·千克$^{0.75}$），经产母鹿配种前也是采用该水平，防止因摄入能量过多而引起肥胖，或因能量不足而不能正常发情，导致不孕；妊娠后的母鹿新陈代谢不断加强，但在妊娠初期胚胎发育缓慢，增加不明显，进入妊娠后期胎儿生长迅速，所需能量一般达到维持需要的126%~133%。泌乳期母鹿所需能量是干奶期的2倍左右，也是为了分泌营养含量丰富的乳汁喂养仔鹿。

> ●　**【提示】**　可见在动物生产中所涉及的能量分类很细，科学依据和试验也较多，但是过深的探讨未必利于生产，读者可借鉴本书对不同阶段鹿的能量需要建议即可。

第五节　矿物质

　　动物机体由多种元素构成，其中碳、氢、氧、氮4种元素组成有机物，而这之外的元素统称为矿物质。矿物质虽然不能供能，但广泛存在于动物体内，并且多数参与调节动物组织的功能作用，缺乏时就会诱发减产、疾病等症状，补充后症状才能消失，这些矿物质被定义为必需矿物质元素。必需矿物质元素又根据其含量分为常量矿物质元素和微量矿物质元素。前者含量一般超过动物体重的0.01%，包括钙、磷、钠、氯、钾、镁和硫；后者则是含量低于0.01%的钴、铜、碘、铁、锰、钼、锌。而铬、氟、硅、钒、砷、镍、铅、汞等虽然在动物体内也有发现，是动物所需，但是因其所需极微量且在饲料中广泛存在，对目前饲养无实际意义。

一　常量矿物质元素

1. 钙、磷

（1）钙的分布及功能　钙是鹿体内最丰富的矿物质元素，成年鹿体内约 98% 的钙以羟基磷灰石的形式存在于骨骼和牙齿中，仅有少量的钙以离子形式存在于软组织和细胞外液中。仔鹿生长期时钙在其骨内有着强烈的沉积，公鹿生茸期、鹿角骨化时对钙的需求均比平常时期要高，母鹿因为妊娠和泌乳也要消耗大量钙质。另外，钙还以离子形式在身体内存在，影响着毛细血管壁、细胞膜的通透性及神经的兴奋性，当体液中的钙离子浓度下降时肌肉神经会发生震颤甚至痉挛；钙离子还是许多酶原或酶的激动剂，缺乏时会影响凝血酶原活性，导致凝血功能受影响，也会影响与消化相关的胰淀粉酶活性。

（2）磷的分布及功能　在动物必需矿物质元素中，磷的含量也很大，其中约 80% 的磷以羟基磷灰石的形式存在于骨骼和牙齿中，其余则以有机磷形式存在血球中，另有极少数以无机磷形式存在于血浆中。除影响骨骼生成外，磷还以高能磷酸根形式参与多种物质代谢，并以高能磷酸键形式为机体贮存能量。

（3）钙、磷缺乏症　机体对钙、磷的需求不能得到满足时，就会表现为钙、磷缺乏症，如仔鹿表现为佝偻病，成年鹿发生骨质疏松，同时血液钙、磷含量下降。血钙缺乏时动物表现痉挛、抽搐等现象。磷缺乏时就会诱发舔食皮毛、咬耳朵甚至啃食泥土、砖头等，同时表现为食欲下降，生产力降低；还会导致母鹿卵巢萎缩、不孕、流产或产弱仔等现象。研究表明，日粮中的磷缺少 50%，动物不育症会增长 40%。

（4）钙、磷的需要量

1）公鹿：钙、磷与鹿茸生长关系密切，灰分占梅花鹿鹿茸干物质的 32%~36%，其中钙、磷含量最高，分别占 9.0%~13.0% 和 5.0%~7.0%。体重 100 千克公鹿日需摄入钙 10~15 克、磷 5~8 克。王峰（1992）研究表明，生茸期二锯公梅花鹿的饲料中添加 1.17% 的钙和 0.52% 的磷，即可获得较好效果。而配种期公鹿日粮中钙、磷水平分别达到 0.70%~0.75% 和 0.35%~0.40%，即可满足繁殖期需要。

2）母鹿：钙、磷也是母鹿妊娠期、泌乳期不可缺少的营养物质。以体重 70 千克母梅花鹿为例：妊娠期每天需要钙 10.3 克、磷 5.1 克；而泌乳鹿需要供给自身及泌乳的双重需要，所以对钙、磷的需要接近或与妊娠后期持平，日需钙量为 9.5~11 克。

3）幼鹿：幼鹿在生长发育阶段，骨骼生长也十分迅速，对钙、磷的需求较高。哺乳期每天需要钙 4.2~4.6 克、磷 3.1 克；育成期每天需要钙 5.2~6.8 克、磷 3.5~3.8 克。

● 【提示】成功经验显示，在鹿养殖过程中，(1.5~2)：1 是最合理的钙、磷比例，且利于吸收；另外钙、磷形态，消化道 pH 水平，维生素 D 水平及铁、镁等其他元素也会影响钙、磷的利用，需综合分析。

2. 镁

（1）镁的分布及功能　镁也是骨骼和牙齿的组成成分，成年鹿体内约 71% 的镁以磷酸盐和碳酸盐的形式存在于骨骼和牙齿中，其余则分散在肌肉、神经组织和体液中，维持着神经、肌肉的正常功能；此外镁还通过对酶的活化作用，参与糖和蛋白质代谢，与钙、磷代谢也有着互作效应（钙、磷含量过高会影响镁的利用，镁过高又直接导致钙、磷的沉积）；遗传物质 DNA、RNA 的合成也有镁参与。

（2）镁缺乏症　饲料中的镁缺乏时，若动物血清中的镁含量下降，低于临界水平时就会出现神经过敏、颤抖、肌肉痉挛、步态蹒跚等。镁缺乏症在极度镁缺乏地区多发生于幼龄动物，或在早春放牧时大量采食镁含量极低的牧草，导致体内镁耗尽，发生缺乏，当地称这种典型镁缺乏为"草痉挛"，可通过注射硫酸镁或在饲料中补充镁盐进行早期治疗。

（3）镁的需要量

1）公鹿：公鹿每天需镁在生茸前期为 2.3~2.6 克，生茸期为 2.7~2.9 克，配种期为 1.5~1.7 克，恢复期为 1.8~2.0 克。这是因为生茸期需为鹿茸生长提供所需的镁，而配种期和恢复期则不再负担，所以过了生茸期后公鹿虽然本身需镁并不多，也要有所下调。

2）母鹿：母鹿每天需镁在配种期和妊娠初期为 0.5~0.7 克，妊娠期为 0.8~1.0 克，泌乳前期为 1.7~1.9 克，泌乳后期为 1.4~1.7 克。

3）幼鹿：幼鹿对镁的需求量甚微，日粮中含量占 0.04%~0.05% 即满足其需求。

高效养鹿

● 【提示】 镁对鹿很重要，缺乏时严重影响其健康和生产性能，但因为鹿对镁的需求量并不大，如果饲料中镁含量过高也会降低鹿的采食量，诱发其他矿物质代谢障碍。

3. 钠和氯

（1）钠和氯的分布及功能 钠和氯在植物中含量极少，动物体内也无法贮存，所以动物所需的钠和氯都要通过在日粮中补加食盐来获得。钠和氯主要分布在细胞外液中，钠占动物体重的 0.18%~0.2%，其中约有 93% 的钠以氯化钠形式存在血清中，是维持细胞外液渗透压和酸碱平衡的主要离子，参与水的代谢。此外钠还与其他离子一起参与维持正常神经、肌肉兴奋；钠的重碳酸盐能防止鹿瘤胃酸性过高，而氯则是胃酸的主要成分，利于保持真胃适宜的酸性、提高胃蛋白酶活性，对杀死和消化进入真胃的微生物有重要作用；食盐还能刺激唾液分泌。

（2）钠和氯缺乏症 食盐缺乏时就会导致食欲减退、精神萎靡、被毛逆立、体重下降、母鹿泌乳量下降、幼鹿生长发育受阻。

（3）钠和氯的需要量 鹿的食盐供给量约占精料重量的 1.5%，占全部日粮重量的 0.5%~1.0% 即满足其需求。

4. 钾

（1）钾的分布及功能 植物性饲料中钾含量十分丰富，特别是幼嫩植物中钾含量更多，但是谷物种子中钾含量相对较少。钾主要存在于细胞内液中，与钠、氯及碳酸盐离子共同维持细胞内外的渗透压和保持细胞容积。

（2）钾缺乏症 作为草食动物，鹿极少有出现缺钾的，除非在泌乳期采食低钾日粮（含钾 0.06%~0.15%），可显著减少采食及饮水，同时表现为体重及泌乳量下降、异食癖、被毛无光泽、皮肤柔韧性差、血浆与乳中钾含量下降，持续缺钾导致动物发生全身肌无力、过敏等。另外试验表明，长期饲喂人工乳的犊牛也会发生缺钾症。

（3）钾的需要量 正因为鹿极少发生缺钾，所以钾在鹿的研究多属空白，目前可以借鉴和对照 NRC（1996）在牛上的研究成果，即钾需要量占日粮（干基）干物质的 0.55%~0.60%。

5. 硫

（1）硫的分布及功能 动物体内的硫主要以含硫氨基酸的形式存在，参与毛发、蹄、角等角蛋白的合成；硫还是硫胺素、生物素和胰岛素的组成成分，参与碳水化合物代谢；此外黏多糖、硫酸软骨素、硫酸黏液素、谷胱甘肽等也含有硫，并在其中起着重要作用。

（2）硫缺乏症　虽然鹿体内的硫多以有机物的形式存在，但因为鹿等反刍动物能通过瘤胃微生物将无机硫合成含硫氨基酸，进而为身体提供合成体蛋白、被毛、茸角蛋白及多种激素，所以身体正常时保证无机硫供应就不会发生硫缺乏。硫缺乏时动物表现为食欲减退、掉毛、多泪、流涎、生产性能下降。同时因为硫供应受阻，引起瘤胃微生物合成菌体蛋白的能力下降，瘤胃发酵受到影响，直观表现为对纤维类饲料的消化能力下降，产生的挥发性脂肪酸比例失调。鹿饲料中硫含量达 0.3% 时，鹿不会发生硫缺乏。

（3）硫的需要量

1）公鹿：公梅花鹿每天需硫在生茸前期为 6.8~7.8 克、生茸期为 7.0~9.7 克、配种期为 4.7~5.5 克、恢复期为 6.9~8.3 克即可满足需要。这是因为生茸期需为鹿茸生长提供所需的硫，而配种期和恢复期则不再负担，且配种期活动激烈，食欲下降，瘤胃微生物所需硫也会下降。

2）母鹿：母鹿每天需硫在配种期和妊娠初期为 2.7~3.6 克，妊娠期为 5.0~6.5 克，泌乳期为 5.5~6.5 克。这是因为妊娠期和泌乳期的母鹿需负担胎儿和仔鹿生长所需的硫，而配种期则不再负担，所以配种期母鹿所需硫的量是最低的。

3）幼鹿：随着仔鹿不断生长，对硫的需要量也不断提高，2~15 个月龄时，梅花公仔鹿对硫的日需要量为 3.5~4.5 克，而母仔鹿则 2.5~3.5 克即满足其需求。

> **【提示】** 鹿一般不会发生硫缺乏，但在换毛季节需适当补充硫酸钠等硫酸盐；之前提到的补充尿素等非蛋白氮时需注意供给硫，就是为了满足瘤胃微生物合成菌体蛋白所需。

二 微量矿物质元素

1. 铁

（1）铁的分布及功能　动物体 70% 的铁存在于血红蛋白和肌球蛋白中，20% 左右以铁蛋白的形式在肝、脾、骨髓等组织中贮存，其余的存在于细胞色素酶和多种氧化酶中。铁在体内的主要功能是作为氧的载体，如血红蛋白是运载氧和二氧化碳，肌红蛋白为缺氧条件下的肌肉提供氧，是碳水化合物代谢酶的活化因子，参与组成细胞色素氧化酶、过氧化物酶、过氧化氢酶、黄嘌呤氧化酶，催化各种生化反应。

（2）铁缺乏症　缺铁的典型症状是贫血，临床表现为生长慢、昏睡、可视黏膜变白、呼吸频率增加、抗病力弱，严重时死亡率高。做血液检查时，血红蛋白比正常值低。血红蛋白的含量可以作为判定贫血的标识，当血红蛋白低于正常值的 25% 时表现贫血，低于正常值的 50%~60% 时则可能表现出生理功能障碍。鹿在不同的生长阶段出现贫血的可能性不一样，因饲料中的含铁量超过鹿的需要量，且机体内红细胞被破坏分解时释放的铁有 90% 可被机体再利用，故成年鹿不易缺铁。缺铁的典型症状除贫血外，还有肝脏中的铁含量低于正常水平，时常伴有腹泻。仔鹿仅吃母乳，可能会发生缺铁性贫血，其症状是肌红蛋白和血红素减少而使肌肉颜色变得浅淡，皮肤和可视黏膜苍白，精神萎靡。

（3）鹿的需要量　日粮干物质中铁的含量，仔公鹿为 30~40 毫克 / 千克，母鹿妊娠期为 40~50 毫克 / 千克，母鹿泌乳期为 50 毫克 / 千克，公鹿生茸期为 60~70 毫克 / 千克。

> ● **【提示】** 鹿在患寄生虫、长期腹泻及饲料中锌过量时，也会发生缺铁症状，需认真辨识。

2. 铜

（1）铜的分布及功能　铜在动物体内主要分布于肝脏、脑、肾脏、胰、肌肉、骨骼、心脏、皮肤、毛中，其中肝脏是主要贮存部位，其铜浓度可作为铜的供给及吸收利用情况的反映。铜是动物体内细胞色素氧化酶、血浆铜蓝蛋白酶、赖氨酰氧化酶、过氧化物歧化酶、酪氨酸酶等关键酶的组成成分，广泛参与氧化磷酸化、自由基解毒、黑色素形成、结缔组织交联、铁和胺类氧化、尿酸代谢、血液凝固及毛的形成等生理过程。此外，葡萄糖代谢调节、胆固醇代谢、骨骼矿化、免疫功能、细胞生成和心脏功能等关键代谢也是必须有铜参加的。

（2）铜缺乏症　缺铜时会影响动物正常的造血功能，当血铜低于 0.2 微克 / 毫升时可引起贫血，缩短红细胞的寿命，降低铁的吸收率与利用率；使蛋白合成受阻，血管弹性降低，从而导致动物血管破裂死亡；长骨外层很薄，引起骨畸形或骨折；鹿的中枢神经髓鞘脱失，表现为"晃腰病"；

被毛中含硫氨基酸代谢遭破坏，毛中角蛋白双硫基的合成受阻，毛生长缓慢，毛质脆弱；会使鹿的免疫系统受损，免疫力下降，鹿繁殖力降低。饲料中铜分布广泛，尤其是豆科牧草、大豆饼、禾本科籽实及副产品中含铜较为丰富，所以鹿一般不易缺铜。但缺铜地区或饲粮中锌、钼、硫过多时，会影响铜的吸收，可导致缺铜症。

（3）**铜的需要量**　日粮干物质中铜的含量，仔公鹿为5~9毫克/千克，母鹿妊娠期为5~10毫克/千克，母鹿泌乳期为7~10毫克/千克，公鹿生茸期为20~25毫克/千克。

● **【提示】** 缺铜地区的牧地可施用硫酸铜化肥或直接给鹿补饲硫酸铜。为减轻高铜对环境的污染，目前氨基酸螯合铜被认为是一种理想的饲料添加剂。

3. 钴

（1）**钴的分布及功能**　动物体内的钴分布很广，其中肝脏、肾脏、脾脏及胰腺中含量较高。钴是维生素 B_{12} 能的重要组成成分，维生素 B_{12} 能促进血红素的形成，在蛋白质、蛋氨酸和叶酸等代谢中起重要作用；钴是磷酸葡萄糖变位酶和精氨酸酶等的激活剂，与蛋白质和碳水化合物代谢有关。鹿的瘤胃微生物能利用钴合成维生素 B_{12}。

（2）**钴缺乏症**　钴缺乏时，维生素 B_{12} 合成受阻，鹿表现食欲不振、生长停滞、体弱消瘦、黏膜苍白等贫血症状；机体中抗体减少，降低了细胞免疫反应。缺钴地区可给鹿补饲硫酸钴、碳酸钴和氯化钴。

（3）**钴的需要量**　按每千克日粮中钴的适宜水平，鹿对钴的具体需要量是仔公鹿为0.2~0.4毫克/千克，母鹿妊娠期为0.3~0.5毫克/千克，母鹿泌乳期为0.3~0.5毫克/千克，公鹿生茸期为0.9~1.5毫克/千克。

● **【提示】** 鹿发生钴中毒的主要表现是肝脏中钴含量增高，采食量和体重下降，消瘦、贫血，但日粮中钴含量超过需要量的300倍才会发生中毒。

4. 锰

（1）**锰的分布及功能**　锰主要存在于骨骼、肝脏、肾脏、脾脏、胰腺及垂体中，皮肤和肌肉中也有一定含量。锰是精氨酸、脯氨酸肽酶的成分，还是肠肽酶、羧化酶等多种酶的激活剂，参与碳水化合物、脂类、蛋白质的代谢；参与硫酸软骨素的形成，并影响磷酸酶的活性，促进骨骼生成；锰直接催化性激素前体，直接影响鹿的繁殖性能。

（2）锰缺乏症　锰缺乏时骨骼发育异常、出现繁殖障碍是其典型症状。仔鹿因缺锰使软骨组织增生，表现为关节肿大、食欲不振、生长缓慢、性成熟延迟。母鹿表现发情不明显、妊娠初期易流产、所产仔鹿体重低，母鹿的正常繁殖性能受到影响。锰缺乏还会抑制抗体的产生。

（3）锰的需要量　按每千克日粮中锰的适宜水平，鹿对锰的具体需要量是仔公鹿为30~40毫克/千克，母鹿妊娠期为30~50毫克/千克，母鹿泌乳期为40~50毫克/千克，公鹿生茸期为70~90毫克/千克。

> ●【**提示**】　锰严重过量时会导致鹿的机体内铁的贮存量减少，产生缺铁性贫血。

5.锌

（1）锌的分布及功能　鹿的机体和组织细胞中都含有锌，肌肉、肝脏、前列腺、血液、精液中锌的含量较高；锌还是碳酸酐酶、碱性磷酸酶、乳酸脱氢酶、羧肽酶等多种酶的组成成分和激活剂；此外锌还是胰岛素的组成成分，参与碳水化合物、脂肪、蛋白质代谢；甲状腺素受体的合成也受到锌的调节；锌还是胸腺素的组成成分，对细胞免疫有重要的调节作用；上皮细胞与被毛维持正常形态、生长和健康也与锌有着重要关系。可见锌在鹿体内分布广泛且起重要作用。

（2）锌缺乏症　缺锌的仔鹿食欲下降，生长发育受阻，严重缺锌时出现"侏儒"现象；缺锌的仔鹿，口鼻部、颈、耳、阴囊和后肢出现皮肤不完全角化损害，也可出现脱毛、关节僵硬和踝关节肿大。种公鹿缺锌时睾丸、附睾及前列腺发育受阻，影响精子生成，母鹿性周期紊乱，不易受孕或易流产。缺锌导致骨骼发育不良，长骨变短、增厚；使鹿的外伤愈合缓慢；引起免疫器官（淋巴结、脾脏和胸腺）功能明显减弱，免疫反应显著降低，影响机体免疫力。日粮中锌含量过高时会使鹿产生厌食现象，对铁、铜的吸收也有不利影响，导致贫血发生和生长迟缓。锌的来源广泛，幼嫩植物、酵母、鱼粉、麸皮、油饼类及动物性饲料中含锌均丰富。在生产中，常用硫酸锌、碳酸锌和氧化锌补饲，若采用氨基酸螯合物则效果更好。

（3）锌的需要量　按每千克日粮中锌的适宜水平，鹿对锌的具体需要量是仔公鹿为25~30毫克/千克，母鹿妊娠期为20~30毫克/千克，母鹿泌乳期为 30~40 毫克 / 千克，公鹿生茸期为 50~60 毫克 / 千克。

⚠️ 【注意】鹿对锌过量时的表现较敏感，高锌日粮对瘤胃微生物区有害，会造成瘤胃消化紊乱。

6. 碘

（1）碘的分布及功能　碘在鹿机体内分布广泛，约 80% 的碘存在于甲状腺，其余在血液、肌肉、骨骼、皮肤、肝脏、肾脏、肺、乳腺、卵巢、胎盘、睾丸等处。碘作为甲状腺和甲状腺素的重要组成部分，与鹿的基础代谢密切相关，与其健康、生长和繁殖均有重要关系。

（2）碘缺乏症　鹿从饲料和饮水中摄取所需的碘。远离海洋的内陆山区的土壤中一般含碘较少，所产饲料和饮水中碘的含量也极低，属于缺碘地区。我国缺碘地区面积较大，应该注意给当地动物补碘。各种饲料含碘量不同，沿海地区植物的含碘量高于内陆地区植物。海洋植物含碘丰富，如某些海藻含碘量高达 0.6%，海盐中含碘也丰富，故对鹿应饲喂粗盐为宜。

（3）碘的需要量　按每千克日粮中碘的适宜水平，鹿对碘的具体需要量是仔公鹿为 0.1~0.4 毫克 / 千克，母鹿妊娠期为 0.2~0.5 毫克 / 千克，母鹿泌乳期为 0.3~0.7 毫克 / 千克，公鹿生茸期为 0.8~1.5 毫克 / 千克。

● 【提示】鹿缺碘时常用碘盐补饲，如含 0.01% ~0.02% 碘化钾的食盐。

7. 硒

（1）硒的分布及功能　硒存在于鹿机体所有的体细胞中，以肌肉、骨骼、肝脏、肾脏中硒含量较高，且含量受硒进食量影响很大。硒是谷胱甘肽过氧化物酶的主要组成成分，对体内氢或脂过氧化物酶有较强的还原作用，在保护细胞膜结构的完整性和正常功能方面起着重要作用；对胰腺的功能也有重要影响；硒对维生素 E、维生素 A、维生素 C、维生素 K 等多种维生素的利用起着重要的调节作用。

（2）硒缺乏症　维生素 E 不足能诱发硒缺乏病，除呈现地域性发病外，还与季节有关，5~7 月是发病高峰期，主要危害仔鹿，这是因为幼龄动物抗病力较弱，对特殊营养物质的缺乏较为敏感。缺硒鹿主要症状为白肌病、心肌变性、胰脏组织损伤、生长迟缓、繁殖力减退等。可用亚硒酸钠维生素 E 制剂，做皮下或深度肌内注射；或将亚硒酸钠稀释后，拌入饲粮中补饲，来预防或治疗缺硒症。在饲料中鱼粉的硒含量较高，牧草次之，饼粕再次之，谷物类最少，如玉米中仅为 0.02 毫克 / 千克。抗氧化性是硒的生化作用的基础，硒与维生素 E 在抗氧化中有协同作用。

（3）硒的需要量　按每千克日粮中硒的适宜水平，鹿对硒的具体需要量是仔公鹿为 0.1~0.2 毫克 / 千克，母鹿妊娠期为 0.1~0.2 毫克 / 千克，母鹿泌乳期为 0.1 毫克 / 千克，公鹿生茸期为 0.15~0.20 毫克 / 千克。

⚠ **【注意】** 硒是重要的营养物质，缺乏会带来严重的问题，但其有效使用剂量不大，含量过高就会发生急性中毒，患鹿瞎眼、痉挛瘫痪、肺部充血，严重时因窒息而死亡。

8. 氟

（1）氟的分布及功能　氟主要存在于牙齿、骨骼、毛发中。成年鹿的牙齿及骨骼中含氟 0.04%~0.06%，对保护牙齿健康、增加牙齿强度、预防成年动物骨松症的意义重大，所以氟是牙齿生长和骨骼发育所必需的。

（2）氟缺乏症　鹿机体对氟的需要量很小，氟的吸收率也极高，可达 80% 左右，另外氟代谢后 60% 左右通过尿排出体外，当氟缺乏时，机体可以对尿液中的氟进行二次吸收利用，所以极少发生氟缺乏现象。

（3）氟的需要量　鹿基本不会发生氟缺乏症，所以氟的需要量一般指日粮中氟的安全含量。超过安全含量会导致鹿的牙齿严重磨损、齿髓腔暴露、骨质增生、骨膜肥厚且表面粗糙，骨上附生的骨疣、骨赘等使得鹿疼痛难忍，表现为跛行、三腿站立等，鹿的生产性能严重下降，甚至无法生产产品。借鉴牛、羊的安全耐受区间，建议鹿日粮中氟的安全含量为 20~40 毫克 / 千克。

⚠ **【注意】** 氟与骨粉、石粉中的钙质结合紧密，如果工艺不过关，饲料中采用未能将有效氟含量降到安全水平的骨粉，反而会带来了氟中毒。

第六节　维生素

维生素是动物代谢所必需而需要量又极少的一类低分子有机化合物

的总称。虽然不是身体各器官的原料，也不提供机体所需的能量，但维生素以辅酶和催化剂形式参与机体代谢调节，缺乏时就会诱发某些特定的亚临床症状，也会影响机体健康和生产性能，补充后症状才能消失。一般来说，在动物体内无法合成维生素，必须由日粮提供或者由日粮提供其前体物。鹿作为反刍动物可以通过瘤胃微生物合成 B 族维生素和维生素 K 等。维生素种类很多，化学结构也有较大差异，一般根据溶解性将其分为脂溶性和水溶性两大类。

一 脂溶性维生素

凡是能溶于油脂及脂溶性溶剂的维生素统称为脂溶性维生素，包括维生素 A、维生素 D、维生素 E、维生素 K。

1. 维生素 A

（1）维生素 A 的分布及功能　维生素 A 只存在于动物性饲料中，植物性饲料中含有维生素 A 原——类胡萝卜素，其中 β-胡萝卜素的生理效力最高，它们在动物体内可转变为维生素 A。理化特性纯净的维生素 A 为黄色片状结晶体，是不饱和的一元醇，有视黄醇、视黄醛和视黄酸 3 种衍生物。维生素 A 可在肝脏中大量贮存，在阳光照射下、在空气中加热蒸煮时或与微量元素及酸败脂肪接触条件下，维生素 A 和胡萝卜素极易被氧化破坏而失效。动物正常的生长发育（包括胎儿生长）、精子发生、维持骨骼和上皮组织的生长发育、保持机体免疫力都需要维生素 A。维生素 A 是视觉细胞内的感光物质——视紫红质的组成成分，能维持动物在弱光下的视力。

（2）维生素 A 缺乏症　缺少维生素 A，在弱光下，视力减退或完全丧失，患"夜盲症"。维生素 A 与黏液分泌上皮的黏多糖的合成有关，缺乏时导致上皮组织干燥和过度角质化，易受细菌侵袭感染多种疾病，如泪腺上皮组织角质化，发生"干眼症"，严重时角膜、结膜化脓溃疡，甚至失明；呼吸道或消化道上皮组织角质化，幼龄动物易引起肺炎或下痢；泌尿系统上皮组织角质化，易产生肾结石和尿道结石。维生素 A 能调节碳水化合物、脂肪、蛋白质及矿物质代谢，可有效促进幼龄动物的生长，缺乏时会影响体蛋白合成及骨组织的发育，造成幼龄动物精神不振，食欲减退，生长发育受阻，长期缺乏时肌肉、脏器萎缩，严重时死亡。维生素 A 参与性激素的形成，缺乏时导致繁殖力下降，种公鹿性欲差，睾丸及附睾退化，精液品质下降，严重时出现睾丸硬化；母鹿发情不正常，不易受孕，妊娠母鹿流产、难产、产生弱胎或死胎。维生素A与成骨细胞活性有关，影响骨骼的合成，缺乏时导致软骨骨化过程受到破坏；骨骼造型不全，且易过分增厚，压迫中枢神经，出现运动失调、痉挛、麻痹等神经症状。

需额外补充维生素A的情况：①日粮中粗饲料含量过低；②日粮以大量玉米青贮和少量牧草为主；③粗饲料品质低劣；④更多地接触到传染性病原体；⑤处于免疫活性可能降低的时期（围产期）。

（3）维生素A的需要量　鹿对维生素A的具体需要量是公仔鹿为3200~4500国际单位/（头·天），母仔鹿为2400~3200国际单位/（头·天），母鹿妊娠期为2400~3200国际单位/（头·天），母鹿泌乳期为10000~14000国际单位/（头·天），公鹿生茸期为7500~10000国际单位/（头·天）。为了保证鹿对维生素A的需要，应饲喂富含维生素A或胡萝卜素的饲料，也可补饲维生素A添加剂。青绿饲料和胡萝卜中胡萝卜素含量最多，红（黄）心甘薯、南瓜与黄色玉米中也较多，冬季注意饲喂优质干草和青贮饲料。

●**【提示】** 维生素A具有增强机体免疫力和抗感染的能力，过量时也会发生中毒，但在鹿等反刍动物一般不会发生过量。

2. 维生素D

（1）维生素D的分布及功能　维生素D是一种激素原，是产生钙调激素的必需前体物，以天然形式存在，且对动物营养有着重要作用，主要为维生素D_2（麦角钙化醇）和维生素D_3（胆钙化醇）。维生素D_2仅存在于植物性饲料中，生长中的植物不含维生素D_2，但随着植物成熟，其中的维生素D_2原经紫外线照射而转化为维生素D_2。此外，酵母中也含有维生素D_2。维生素D_3是动物皮肤内的7-脱氢胆固醇经紫外线照射转变而来的。维生素D的生理功能主要是参加机体的钙、磷代谢，特别是增强小肠酸性，调节钙、磷比例，促进钙、磷的吸收，直接作用于成骨细胞，促进钙、磷在骨骼和牙齿中的沉积，有利于骨骼钙化。还可刺激单核细胞增殖，使其获得吞噬活性，成为成熟巨噬细胞。维生素D影响巨噬细胞的免疫功能。

（2）维生素D缺乏症　缺乏维生素D，会导致钙、磷代谢失调，仔鹿患"佝偻症"，常见行动困难，不能站立，生长缓慢。尤其是妊娠母鹿和泌乳母鹿会患"软骨症"，骨质疏松，骨骼脆弱，易折断，弓形腿。公鹿生茸期缺乏维生素 D，生茸期就会缩短，为保证高产公鹿在生茸高峰期钙的供应，必须保证维生素 D 的供应，否则鹿茸品质和鹿体健康将受很大影响。为保证鹿对维生素 D 的需要量，要饲喂富含维生素 D 的饲料，如经阳光晒制的干草等。加强动物的舍外运动，多晒太阳，促使动物被毛、皮肤、血液、神经及脂肪组织中大量的 7- 脱氢胆固醇转变为维生素 D_3。对于缺乏维生素 D 的病鹿可在饲粮中补饲维生素 D_3，严重时也可注射维生素 D。

（3）维生素 D 的需要量　鹿对维生素 D 的具体需要量，公仔鹿为 450~750 国际单位 /（头·天），母仔鹿为 400~500 国际单位 /（头·天），母鹿妊娠期为 1000~1400 国际单位 /（头·天），母鹿泌乳期为 750~1000 国际单位 /（头·天），公鹿生茸期为 800~1200 国际单位 /（头·天）。

> ●【提示】维生素 D 在体内必须转变成 1, 25-（OH）$_2$-D_3，才能发挥其生理作用，该过程是在肝脏和肾脏中完成的。因此肝脏、肾脏发生病变时，可导致维生素 D 缺乏。

3. 维生素 E

（1）维生素 E 的分布及功能　维生素 E 又名生育酚，是一系列叫作生育酚和生育三烯酚的脂溶性化合物的总称。其中 α- 生育酚活性最高，也是饲料中维生素 E 最普遍的形式。维生素 E 多存在于植物组织中，谷物胚、胚芽、油中含量丰富，豆类及蔬菜中含量丰富，青绿饲料和优质干草都是维生素 E 的良好来源。维生素 E 为黄色油状物，无氧条件下对热较稳定。维生素 E 的主要功能是作为脂溶性细胞抗氧化剂，可阻止过氧化物的产生，保护维生素 A 和必需脂肪酸等，尤其保护细胞膜免遭氧化破坏，从而维持膜结构的完整性和改善膜的通透性。维持正常的繁殖机能，维生素 E 可促进性腺发育，调节性机能，促进精子的生成，提高其活力，增强卵巢机能。维生素 E 是细胞色素还原酶的辅助因子，参与机体内的生物氧化；维生素 E 还参与维生素 C 和泛酸的合成；参与 DNA 合成的调节及含硫氨基酸和维生素 B_{12} 的代谢等。维生素 E 能增强机体免疫力和抵抗力。研究表明，维生素 E 可促进抗体的形成和淋巴细胞的增殖，提高细胞免疫反应，降低血液中免疫抑制剂皮质醇的含量，提高机体的抗病能力，它具有抗感染、抗肿瘤与抗应激等作用。添加适量维生素 E，能改善肉质，可使肉用动物增重加快，并减少肉的酸败，有利于改善和保持肉的色、香、味等品质。

（2）维生素 E 缺乏症　维生素 E 具有保护生殖器官正常机能的作用，缺乏时公鹿睾丸发育不良，精原细胞退化，精子活力降低，畸形率升高，造成不育；母鹿性周期紊乱，不易受孕或发生妊娠停止、流产、死胎。缺乏维生素 E 会导致免疫功能下降，还会导致维生素 A 因为氧化而功能障碍。幼鹿缺乏维生素 E 时表现为急性或亚急性肌肉营养不良，急性的表现为心肌病变，突然死亡；亚急性表现为骨骼肌变性，运动发生障碍。缺乏维生素 E 时，不能维持毛细血管结构的完整性和中枢神经系统的机能健全性。

（3）维生素 E 的需要量　鹿对维生素 E 的具体需要量，公仔鹿为 35~45 国际单位 /（头·天），母鹿妊娠期为 80~120 国际单位 /（头·天），母鹿泌乳期为 80~120 国际单位 /（头·天），公鹿生茸期为 100~200 国际单位 /（头·天）。

● **【提示】** 维生素 E 缺乏的典型症状之一是白肌病，发现该症状要综合评估维生素 E 与硒的含量，因为二者是协同作用的。

4. 维生素 K

（1）维生素 K 的分布及功能　维生素 K 是一组有抗出血作用的醌化物的总称，其中最重要的是维生素 K_1 和维生素 K_2。维生素 K_1 主要在绿叶植物、鱼粉及动物肝脏中含量丰富，维生素 K_2 存在于微生物体内。维生素 K_1 为黄色油状物，维生素 K_2 是浅黄色晶体、耐热，但对光敏感。维生素 K 的功能主要有参与体内氧化还原反应及氧化磷酸化过程；维生素 K 可催化肝脏中凝血酶原和凝血质的合成，凝血酶原通过凝血质的作用转变为具有活性的凝血酶，并将血液中的可溶性纤维蛋白原转变为不溶性的纤维蛋白，以维持正常的血液凝固机能；维生素 K 与钙结合蛋白的形成有关，并参与蛋白质和多肽的代谢；促进肠道蠕动和分泌机能；延缓糖皮质激素在肝脏中的分解，具有利尿、强化肝脏解毒、降低血压的功能。

（2）维生素 K 缺乏症　维生素 K 缺乏时动物血液中的凝血酶原含量下降，引起多个组织器官出现出血倾向或出血，导致动物发生贫血或死亡。

（3）维生素 K 的需要量　成年鹿瘤胃微生物可以合成大量维生素 K，所以成年鹿一般不会发生维生素 K 缺乏症，目前对其需要量的研究尚属空白。

● 【提示】 仔鹿凝血缺陷和成年鹿长期采食发霉草料、摄入大量双香豆素时，需要适当补充维生素 K。

二 水溶性维生素

凡是能溶于水的维生素统称为水溶性维生素，主要包括 B 族维生素和维生素 C。

1. 维生素 B_1

（1）维生素 B_1 的分布及功能 维生素 B_1 又称为硫胺素，纯净的硫胺素为白色，并有硫的味道，广泛存在于谷物、谷物副产品、豆粕及啤酒酵母中。它是几种能量代谢途径中的重要辅酶，特别是对碳水化合物代谢的调节作用显著，主要功能是促生长、助消化，另外还参与维持神经组织及心肌的正常功能，调节胆碱酯酶活性，参与氨基酸代谢的调节。

（2）维生素 B_1 缺乏症 维生素 B_1 缺乏时会损害鹿对碳水化合物及脂肪的利用率，导致鹿食欲减退，消化紊乱，并出现后肢麻痹、颈强直、震颤等神经炎症状。严重时可借鉴牛的治疗方法，如注射硫胺素（2.2 毫克 / 千克体重），情况会有所好转。

（3）维生素 B_1 的需要量 成年鹿瘤胃微生物可以合成大量维生素 B_1，所以一般不会发生维生素 B_1 缺乏症，目前对其需要量的研究尚属空白。仔鹿每千克日粮中应该含有 5~10 毫克维生素 B_1。

⚠ 【注意】 在饲料结构不当或其他疾病引起瘤胃发酵异常时，鹿的瘤胃微生物产生的硫胺素受到破坏，也会导致成年鹿缺乏维生素 B_1。

2. 维生素 B_2

（1）维生素 B_2 的分布及功能 维生素 B_2 又称为核黄素，是许多氧化还原酶类辅基的成分，具有促进生物氧化的作用。研究表明，饲料中的维生素 B_2 几乎 100% 会在瘤胃中被破坏，然后由瘤胃微生物合成提供给机体，所以成年鹿的饲料中不必额外添加维生素 B_2。

（2）维生素 B_2 缺乏症 仔鹿瘤胃发育不完善，微生物无法满足机体所需的维生素 B_2 的量，就会发生维生素 B_2 缺乏症。发生缺乏时仔鹿会出现生长停滞，食欲减退，被毛粗乱，眼角分泌物增多，伴有腹泻。另外，仔鹿还会发生口腔黏膜出血、口角唇边溃烂等。

（3）维生素 B_2 的需要量 成年鹿不需额外添加维生素 B_2，仔鹿每千克日粮中应该含有 5 毫克维生素 B_2。

> ●【提示】谷物、麦麸、豆饼、青绿饲料、酵母中维生素 B_2 含量丰富，但在仔鹿阶段仍要注重维生素 B_2 的添加，除饲料中自然所含之外，需要时还应及时添加维生素 B_2。

3. 维生素 B_3（泛酸）

（1）维生素 B_3 的分布及功能 维生素 B_3 又称为泛酸，主要参与构成辅酶 A，与蛋白质、脂肪和碳水化合物三大营养物质的代谢均有密切关系，主要作用是维持消化系统健康；维生素 B_3 还通过促进氨基酸与血液中白蛋白的结合刺激动物体内抗体的形成，从而提高动物的抗病能力。维生素 B_3 广泛存在于鹿的饲料中，其中苜蓿干草、米糠、花生饼、酵母、麦麸、青绿饲料中含量均很丰富。

（2）维生素 B_3 缺乏症 维生素 B_3 缺乏时，幼鹿食欲不受影响，但是生长发育受阻，体质衰弱，典型症状是运动失调，前期表现为后腿僵直、痉挛、站立时后躯发抖等，长期缺乏最终会导致后躯瘫痪。

（3）维生素 B_3 的需要量 成年鹿瘤胃微生物合成的维生素 B_3 是日粮中水平的 20~30 倍，所以健康成年鹿一般不会发生维生素 B_3 缺乏症，因此关于成年鹿对泛酸需要量的研究也属于空白。仔鹿可借鉴牛的研究成果，一般每千克日粮泛酸含量应达到 2.2~2.5 毫克。

> ●【提示】日粮中所含泛酸一般都满足鹿的需求，所以在保证日粮品质时，可不必额外添加。

4. 生物素

（1）生物素的分布及功能 20 世纪 30 年代从熟蛋黄中分离出的一种酵母生长必需因子，被命名为生物素。大多数绿叶植物均含有较多的生物素，酵母中的生物素可达 0.2 毫克/100 克，但谷物籽实中的生物素水平不高。生物素以辅酶形式直接或间接参与碳水化合物、蛋白质和脂类代谢过程中的脱羧、羧化、脱氢反应；生物素还参与溶菌酶活化并与皮脂腺功能有关。

（2）生物素缺乏症 生物素缺乏时动物表现皮肤炎症、脱毛、蹄损伤等症状，仔鹿缺乏生物素可导致后躯瘫痪。

（3）生物素的需要量　瘤胃微生物能合成生物素，所以健康成年鹿一般不会出现生物素缺乏症，关于成年鹿对生物素需要量的研究也属于空白，但是幼鹿瘤胃发育不完全，特别是应用代乳料饲喂的仔鹿，可能出现生物素缺乏症。仔鹿可借鉴犊牛的研究成果，一般每千克日粮中生物素的含量应达到 0.1 毫克。

> ●　**【提示】** 日粮中含有生物素利用率低的高粱等饲料，以及口服磺胺类药物均影响瘤胃微生物的生长，所以也都可能导致生物素缺乏。

5. 维生素 B_5（烟酸）

（1）维生素 B_5 的分布及功能　维生素 B_5 又称为烟酸、尼克酸，在小肠内可转化为辅酶，然后参与蛋白质、脂肪和碳水化合物三大营养物质的代谢，尤其与体内功能代谢关系密切。维生素 B_5 广泛存在于鹿的饲料中，其中酒糟、发酵液及油饼类饲料中含量丰富，谷物副产品、青草中也很多。

（2）维生素 B_5 缺乏症　缺乏时鹿表现失重、腹泻、呕吐、皮炎、正常红细胞数量低等。

（3）维生素 B_5 的需要量　成年鹿瘤胃微生物能合成维生素 B_5，所以健康成年鹿不会发生维生素 B_5 缺乏症，关于成年鹿对维生素 B_5 需要量的研究也属于空白；但是幼鹿瘤胃发育不完全，饲喂低色氨酸日粮可产生维生素 B_5 缺乏症。仔鹿可借鉴其他家畜的研究成果，一般每千克日粮维生素 B_5 的含量应达到 10~20 毫克。

> ●　**【提示】** 日粮能量浓度过高或含有腐败脂肪时，都将增加仔鹿对维生素 B_5 的需要。

6. 维生素 B_{11}（叶酸）

（1）维生素 B_{11} 的分布及功能　维生素 B_{11} 也称为叶酸，是已知生物活性最多的一种维生素，在中性环境中比较稳定，酸、碱、氧化剂对维生素 B_{11} 均有破坏作用。维生素 B_{11} 广泛存在于自然界动、植物体及微生物中，奶、豆科植物、深绿色植物、小麦胚芽中均含量丰富，谷物中含量不高。维生素 B_{11} 是细胞形成、核酸生物合成的必需物质，以辅酶形式参与一碳单位的转移，还是维持免疫系统正常功能的必需物质。

（2）维生素 B_{11} 缺乏症 维生素 B_{11} 缺乏时会导致巨红细胞性贫血；幼鹿生长受阻、食欲减退；种鹿繁殖及泌乳功能下降。

（3）维生素 B_{11} 的需要量 对于成年鹿，饲料中的维生素 B_{11} 和微生物合成的维生素 B_{11} 已经能够满足其需求，一般不会发生缺乏症，所以对其需要量的研究属于空白；但是幼鹿瘤胃发育不完全，特别是应用代乳料饲喂的仔鹿，可能产生维生素 B_{11} 缺乏症。仔鹿可借鉴牛的研究成果，一般每周肌内注射 20 毫克或每千克日粮中补充 2 毫克。

> ● **【提示】** 维生素 B_{11} 作为辅酶参与生化代谢中的一碳转移，而蛋氨酸又可作为甲基供体，所以补充维生素 B_{11} 可以节省蛋氨酸，这在鹿的营养上有很实际的意义。

7. 维生素 B_{12}（钴胺素）

（1）维生素 B_{12} 的分布及功能 维生素 B_{12} 也称为钴胺素，是所有维生素种类中需要量最低的一种，但其作用却最为强大。植物性饲料中不含有维生素 B_{12}，微生物是维生素 B_{12} 唯一的天然来源，健康成年鹿瘤胃微生物可合成自身需要的维生素 B_{12}。维生素 B_{12} 是不稳定甲基代谢所必需的物质，能促进蛋白质与 DNA 的生物合成，与叶酸协同其辅酶作用，参与一碳单位的代谢，在糖和丙醛代谢中起重要作用，参与髓磷脂的合成，在维护神经组织中起重要作用，参与血红蛋白的合成，控制恶性贫血。

（2）维生素 B_{12} 缺乏症 维生素 B_{12} 与维生素 B_{11} 协同作用明显，所以缺乏时会导致巨红细胞性贫血；还会表现为厌食、饲料营养利用率下降、动物营养不良。

（3）维生素 B_{12} 的需要量 对于成年鹿，微生物合成的维生素 B_{12} 已经能够满足其需求，一般不会发生缺乏，所以对其需要量的研究属于空白；但是幼鹿瘤胃发育不完全，特别是应用代乳料饲喂的仔鹿，可能产生维生素 B_{12} 缺乏症。仔鹿每千克日粮中应该含有 25 微克维生素 B_{12}。

> ● **【提示】** 瘤胃微生物合成维生素 B_{12} 必须有钴作为其关键原料，所以发生维生素 B_{12} 缺乏时，日粮中钴缺乏的可能性极大，需对日粮中的钴含量精确测定，适当补充。

8. 维生素 B_4（胆碱）

（1）维生素 B_4 的分布及功能 维生素 B_4 也称为胆碱，饲料中天然的

维生素 B_4 主要以磷脂的形式存在，以绿色植物、豆饼、花生饼、谷实类、酵母、鱼粉、肉粉及蛋黄中含量最为丰富，因此一般不易缺乏。作为卵磷脂的成分，维生素 B_4 在脂肪代谢过程中能促进脂肪酸的运输，提高肝脏利用脂肪酸的能力，从而防止脂肪在肝脏中的过度积累；维生素 B_4 是构成乙酰胆碱的主要成分，在神经递质的传递过程中起着重要作用；维生素 B_4 还是机体内重要的甲基供体。

（2）**维生素 B_4 缺乏症**　当日粮中动物性饲料不足，缺少维生素 B_{11}、维生素 B_{12}、锰或烟酸过多时，常导致维生素 B_4 的缺乏。大多数动物缺乏维生素 B_4 的典型症状是出现脂肪肝，幼鹿缺乏时表现为肌肉无力、肝脏出现脂肪浸润、肾脏出血、胫骨短粗及神经功能障碍等。一般通过氯化胆碱的形式补充维生素 B_4。在饲喂低蛋白高能量饲粮时，常用氯化胆碱进行补饲，同时应适当补充含硫氨基酸和锰。

（3）**维生素 B_4 的需要量**　成年鹿一般不会发生维生素 B_4 缺乏，所以对其需要量的研究属于空白；但是幼鹿瘤胃发育不完全，特别是应用代乳料饲喂的仔鹿，可能出现维生素 B_4 缺乏症。借鉴犊牛的研究成果，仔鹿每千克日粮中应该含有 1000 微克维生素 B_4。

● 【提示】鹿可利用蛋氨酸等含硫氨基酸和甜菜碱等合成维生素 B_4。因此，饲粮中补饲廉价的维生素 B_4 和甜菜碱，对于节省蛋氨酸具有一定的经济意义。

9. 维生素 C

（1）**维生素 C 的分布及功能**　维生素 C 也称为抗坏血酸，是一种含有 6 个碳原子的酸性多羟基化合物，能防止坏血病。结晶形式的抗坏血酸在干燥空气中较稳定，但是加热、金属离子均能加快其被破坏的速度。水果、番茄、绿色蔬菜、青绿饲料、块根中维生素 C 含量均很丰富。鹿能在肝脏、肾脏、肾上腺及肠中利用单糖合成维生素 C。维生素 C 的主要功能是参与体内的羟基化作用，有助于胶原蛋白如骨组织、结缔组织、软骨、牙质、皮肤等的合成；参与体内氧化还原反应，保护巯基，使其维持很好的解毒功能，保护不饱和脂肪酸避免其氧化，促进造血功能；参与体内某些氨基酸的氧化反应；可促进维生素 B_{11} 变为具有活性的四氢叶酸，并刺激肾上腺皮质激素等多种激素的合成；改善病理状况，提高心肌功能，减轻维生素 A、维生素 B_1、维生素 B_{12}、维生素 E 及维生素 B_3 不足导致的缺乏症；

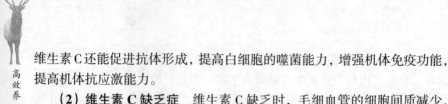

维生素C还能促进抗体形成，提高白细胞的噬菌能力，增强机体免疫功能，提高机体抗应激能力。

（2）维生素 C 缺乏症　维生素 C 缺乏时，毛细血管的细胞间质减少，通透性增强而引起皮下、肌肉、肠道黏膜出血；骨质疏松易折，牙龈出血，牙齿松脱，创口溃疡不易愈合，患坏血病；动物食欲下降，生长阻滞，体重减轻，活动力丧失，皮下及关节弥漫性出血，被毛无光，贫血，抵抗力和抗应激力下降。

（3）维生素 C 的需要量　在鹿饲养过程中一般不用补饲，但鹿若处在高温、寒冷、运输等应激状态下，机体合成维生素 C 的能力下降，而消耗量却增加，此时必须额外补充。

> ● **【提示】** 日粮中能量、蛋白质、维生素 E、硒和铁等不足时，也会增加鹿对维生素 C 的需要量。

第七节　水

相较于前面介绍的几大营养物质，水更容易获得，所以往往容易被忽视。实际上水是重要的营养物质，大多数动物水的摄入量远高于能量、蛋白、脂肪。幼龄动物体重的 80% 是水，成年动物水也占到体重比例的 60% 左右。因此充分认识水的营养生理作用，保证饮水供给和饮水卫生对鹿的健康和生产具有十分重要的意义。动物在饥饿状况下几乎失去全部脂肪、50% 以上的蛋白质和 40% 以上的体重仍能生存，但是失去 20% 的水即可导致死亡。可见和大多数动物一样，水是鹿十分重要的营养物质，生产中必须注意供给。

一　水的营养生理作用

水无色、无味，是一种结构不对称而且具有偶极离子的极性分子，化学性质稳定。因此，水在动物营养生理过程中表现出的很多性质和作用都与此密切相关。水的营养生理作用如下。

（1）水是鹿机体的主要组成成分　水是机体细胞的一种主要结构物质。早期发育的胎儿含水量达 90% 以上，初生幼鹿达 80% 左右，成年鹿体内也有 50%~60% 的水，鲜鹿茸中含水量也在 50.75%~66.67%。

（2）水是很好的溶剂　鹿体内水的代谢与电解质代谢紧密结合。此外水在胃肠道中作为转运半固态食糜的中间媒介，还作为血液、组织液、细胞及分泌液、排泄物等的载体。所以鹿体内各种营养物质的吸收、转运和代谢废物的排出必须溶于水才能进行。

（3）水是一切化学反应的介质　伴随着水的结合或释放，水参与了鹿体内的一切生化反应。

（4）调节体温　水比热大、导热性好、蒸发热高，所以水能储蓄热能，迅速传递热能和蒸发散失热能，利于鹿的体温调节。

（5）润滑作用　鹿的关节囊内、体腔内和各器官间组织液中的水分，可以减少关节和器官间的摩擦力，起到润滑作用。

此外水对神经系统的保护性缓冲作用也是非常重要的。

二　水的来源及流失

1. 水的来源

（1）饮水　和绝大多数动物一样，饮水是鹿获得水最重要的来源。饮水多少与鹿的种类、生理状态、生产水平、饲料构成成分、环境温（湿）度等有关。在环境温度不足以引起热应激时，饮水量随着采食量的增加而上升。鹿在采食过程或稍后即需要饮水，天气炎热时，饮水频率和数量都要增加，如果不能自由、足量获得饮用水，鹿的生产性能即会受到影响。

（2）饲料水　饲料水是鹿获得水的另一重要来源。这是因为各种饲料中都包含着一定比例的水分，尤其是青绿饲料含水量更是达到 90% 左右。

（3）代谢水　动物体细胞中有机物质在氧化分解、合成过程中所产生的水即为代谢水，也称为氧化水。鹿是反刍动物，其瘤胃微生物发酵饲料也需要大量水，但代谢水一般只占机体需水量的 10% 以下。

2. 水的流失

（1）粪和尿的排泄　粪和尿中水分含量很高，正常情况下成龄梅花鹿日排尿量达 4~5 千克，占其日排出水分的 50% 以上；粪中的日排出水分也在 1.00~1.75 千克。

（2）呼吸和皮肤排出　肺脏通过呼吸，以水蒸气形式排出水分，当环境温度高或运动量增加时，呼吸道排水量提高；出汗和体表蒸发是水分通过皮肤排出的主要方式，也受到环境温度的影响。

（3）由产品排出　与高产奶牛相比，母鹿产奶量不高，泌乳期母鹿从乳汁中排出的水分为 691~867 毫升/（头·天）；公鹿产品仅为鹿茸，割茸前其中的水分仍在体内循环，割茸时也只是一次性流血及鹿茸中失水，适

当补充饮水即可。

三 鹿的需水量及影响因素

1. 鹿的需水量

水对鹿特别重要，保证饮水对保证鹿体健康、提高生产力具有重要意义。夏季梅花鹿每天需饮水 8~10 升，马鹿需饮水 10~15 升；冬季每天的饮水量则大约降到夏季的一半。

> ⚠️ **【注意】** 我国东北、西北冬季严寒，水槽经常冻冰，往往无法保证鹿的饮水量，需要饲养者想方设法加以解决。

2. 影响鹿需水量的因素

（1）鹿自身因素 年龄不同，需水量不同。按单位体重计算，幼鹿的平均需水量是成年鹿的 2 倍。母鹿妊娠期、哺乳期较非繁殖期的需水量要高，生产力高的公鹿较生产力低的公鹿需水量高。

（2）饲料因素 鹿的干物质采食量越高，需水量也越高。一般情况下，鹿饮水量是其干物质采食量的 5~6 倍；饲料中的蛋白质、粗纤维、矿物质含量越高时，需水量也越高。

（3）环境因素 环境温度与鹿的饮水量也呈正相关，温度高时呼吸、皮肤蒸发水量也大，机体所需水量也相应提高。环境温度下降、湿度增加时，对水的需求量下降。

四 鹿对水质的要求

人工养殖条件下的鹿需要洁净的饮水，饮水质量应达到《无公害食品畜禽饮用水水质标准》（NY 5027—2001）的要求，一般以泉水、井水为好。要求水质透明、无色、无异味、清洁，温度以 2~12℃为宜，pH 6.5~8.0，无毒、无害，固形物含量低于 0.25%。矿物质、藻类、细菌等含量过高均能影响鹿的生产性能，需采取过滤、煮熟、加漂白粉等多种手段进行处理。

> ● **【提示】** 鹿对缺水极为敏感，如果脱水 5% 则食欲减退，脱水 10% 则表现生理异常，脱水 20% 即可导致死亡。此外，若鹿的饮水量突然增大，应检测其饲料中的食盐是否严重过量，以免导致疾病发生。

——第五章——
鹿的饲料及营养调控技术

维持鹿的基本生理活动及生产所必需的营养物质，均需要通过饲料获得，所以饲料的质量直接影响着鹿的体况、产茸能力及繁殖力等。圈养条件下，鹿仍有很广的食性，耐粗饲，适应性强，对植物性粗饲料有很好的消化吸收能力，其主要食物来源是野生植物或栽培植物的局部或全部及农副产品，所不同的是圈养鹿应科学地饲喂一定比例的动物性饲料，以补充氨基酸等营养的不足，从而获得更好的生产性能。因产品的特殊性，鹿饲料主要分粗饲料、精饲料、添加剂饲料三大类，与其他动物不尽相同。

第一节 粗饲料

粗饲料是指干物质粗纤维含量超过18%，粗蛋白质含量低于20%，能值低于2500千卡/千克（1卡≈4.186焦），适口性差、容重相对较小的一类饲料。粗饲料中纤维素含量高，但鹿是反刍动物，所以能很好地消化利用；粗饲料中蛋白质含量低，可通过蛋白质补充；粗饲料适口性不如精饲料，但其容重小，同样营养价值的粗饲料，较精饲料更易使鹿产生饱腹感，所以与精饲料相比，粗饲料也有自身优点，在养鹿业中不可或缺。鹿的粗饲料主要包括青饲料、青贮、树嫩枝、落叶、干草、秸秆、秕谷及谷壳等。

一 青饲料

青饲料种类繁多，但均属植物性饲料，包括天然牧草、栽培牧草、蔬菜类饲料等，富含叶绿素，含水量一般大于60%。青饲料中含有优质的蛋白质，一般赖氨酸含量较多，所以优于谷物籽实蛋白质。青饲料能成为鹿提供维生素来源，特别是胡萝卜素，可达 50~80 毫克 / 千克。青饲料中矿物质占鲜重的 1.5%~2.5%，特别是钙、磷比例适宜，所以以青饲料为主的动物不易缺钙，这在养鹿业中尤为重要。

（1）天然牧草 我国天然草场面积很大，生长着优良的牧草，适宜发展传统畜牧业，同样适于发展养鹿业。牧草干物质中无氮浸出物含量为 40%~50%；粗蛋白质含量稍有差异，禾本科牧草粗纤维含量约为 25%；在钙、磷方面是钙多于磷。因此总的来看，豆科草的营养价值较高；禾本科牧草粗纤维含量高，但适口性较好，也是优良的牧草；菊科牧草往往有特殊香味，动物不喜采食。

（2）栽培牧草与青饲作物 豆科牧草在我国有 2000 年的栽培历史，是优质青饲料，不仅用于传统畜牧业，也是新兴养鹿业的优质饲料，主要有紫花苜蓿、紫云英、苕子、蚕豆苗皮、大豆苗等。栽培豆科牧草对鹿非常适宜，其特点是营养价值高，适口性好，特别是干物质中蛋白质含量高，且消化利用率一般在 78% 以上；其缺点是早春草质幼嫩，鹿若贪青多采食，易发生瘤胃膨胀。专门栽培作为青饲和放牧的禾本科牧草，在国内有青饲玉米、青饲高粱、小麦草、苏丹草、燕麦、大麦等。该类牧草一般大量用于饲喂牛、羊等家畜，但因其优点很多，所以特别适宜作为鹿的粗饲料，广泛栽培可解决粗饲料来源问题。蔬菜类饲料包括叶菜类、根茎瓜类的茎叶，如甘蓝、白菜、甘薯藤、胡萝卜茎叶，其中尤以甘薯藤最为突出。近几年我国南方养鹿业发展很快，因当地人居住的地方一般不宜种植牧草，所以农副产品是粗饲料的主要来源，而甘薯藤产量大，且适口性好，作为鹿的粗饲料是非常有潜力的，除干、鲜饲喂外还可通过青贮方法加工。

饲用青饲料应注意以下 4 个问题：

1）防止亚硝酸中毒。

2）防止氢氰酸和氰化物中毒，主要由马铃薯幼芽、高粱苗、玉米苗等所含的氰甙在鹿的瘤胃中转化而来。

3）草木樨中毒，主要由牧草霉败时产生的双香豆素所致。

4）防止残留农药中毒。

二 嫩枝叶、落叶

林区的树木嫩枝叶、落叶，除少数不能饲用外，多数都适宜作为鹿的粗饲料。有的优质嫩枝叶还是鹿很好的蛋白质和维生素来源，如洋槐、穗槐、银合欢等树叶，按干物质计其粗蛋白质含量高于20%。适宜用作鹿饲料的树种还有柞、杨、柳、榛、桦、椴、桃、梨、楸、胡枝子及松等数百种针、阔叶树种，鹿都喜食，且消化利用率高。据分析，柳、桦、榛、赤杨等树的青叶中胡萝卜素含量可达270毫克/千克，松等针叶中含有丰富的维生素C、维生素D、维生素E及钴胺素等，并含有铁等微量元素。

　　树木的干黄落叶被收集后，一样适于用作鹿的饲料，落叶中营养成分不高，主要以纤维素等为主，但其容重小，鹿采食后有饱腹感，且因鹿为反刍动物，对落叶的消化利用率很高，所以树木的干黄落叶也是鹿很好的饲料来源。树叶一般在春季时营养价值较好，特别是蛋白质含量为全年最高，但在夏、秋季节粗脂肪和粗纤维含量上升，无氮浸出物变化不大。有的树叶含有单宁，有涩味，但对鹿影响不大，且少量的单宁可起到收敛健胃的作用。我国南方地区竹林成片，适当地割取嫩竹枝叶，不但可为鹿提供粗饲料，还可改善通风、透光，促进竹的生长。树木的嫩枝叶虽适于作为鹿的粗饲料，但长期割取，可影响树木的生长，破坏森林、破坏环境，所以提倡用牧草及农副产品代替。

三 蒿秕饲料

　　蒿秕饲料是蒿秆和秕壳的简称，蒿秆指的是秸秆和叶，秕即秕谷，蒿秕来源于谷类作物，如小麦、大麦、黑麦、稻谷、燕麦等，也包括豆秸等其他农作物秸秆、荚皮。总的来说，蒿秕的可消化蛋白含量较低，粗纤维含量高，因此蒿秕不是优质饲料，其主要用途在于填充和稀释高浓度精饲料，但对鹿而言也是必需的粗饲料。

1. 秸秆类

秸秆类主要有稻草、玉米秸、麦秸、豆秸、谷草、高粱秸等。

　　（1）稻草　是我国南方的主要粗饲料，其营养价值低于麦秸、谷草等，牛、羊消化利用率为50%左右，经试验同样适宜作为鹿的粗饲料，消化利用率约为51%。稻草中含粗蛋白质3%~5%、粗脂肪1%左右，消化能低于8.37兆焦/千克，灰分较高，但钙、磷含量小，尤其缺钙，所以饲喂稻草时应补充钙。稻草经发酵处理后，其消化利用率可提高20%以上。

　　（2）玉米秸　具有光滑的外皮，质地坚硬，鹿对玉米秸粗纤维的消化利用率在65%左右，对无氮浸出物的消化利用率在60%左右，玉米秸的饲用价值低于稻草。为了提高其饲用价值，可把晚玉米秸的上部作为饲料，下部作为燃料。玉米秸青绿时胡萝卜素含量较多，每千克为3~7毫克。生长期短的春播玉米秸，比生长期长的春播玉米粗纤维含量少，易消化，同一株玉米，上部比下部营养价值高，叶片较茎秆营养价值高，易消化，鹿较喜食，玉米梢的营养价值稍优于玉米芯，和玉米苞叶的营养价值相仿。青玉米梢营养价值优于玉米秸，产量也很高，因其含一定糖分，所以鹿较喜食，且粗纤维含量不是很高，因而消化利用率很高，割青梢后玉米穗的干燥率高于不割青梢的玉米，由于割青梢改善了果穗后期的通风和光照条件，反而提高了实际产量，又为鹿提供了优良的饲料，对于贪青晚熟品种的玉米，早期割梢能够提高果穗干燥率，从而提高果穗的实际产量。由于饲喂需要或因生产季节的限制，未等玉米成熟即行青刈，成为青刈玉米。青刈玉米青嫩多汁，适口性好，适于作为鹿的青饲料，可鲜喂，也可制成草或青贮供冬、春季饲喂。

（3）**麦秸** 小麦是我国仅次于水稻、玉米占第三位的粮食作物，其秸秆量在麦类秸秆中也最多，但因麦秸难消化，所以是质量较差的粗饲料。麦秸含有很高的粗纤维，经粉碎氨化、碱化加工处理后，仍可适于鹿的饲喂，这既解决了一部分粗饲料来源，又为麦秸找到了出路。从营养价值和粗蛋白质的质量来看，大麦秸要优于小麦秸，春播小麦优于秋播小麦。另外，荞麦秸、燕麦秸也是较好的饲料，尤以燕麦秸饲用价值最高。

（4）**豆秸** 即收获后的大豆、豌豆、豇豆等豆科作物成熟后的副产品，叶大部分已经凋落，主要是茎及少数部分干枯黄叶，维生素已分解，蛋白质减少，茎已木质化，但与禾本科秸秆比较，豆科秸秆粗蛋白质含量与消化利用率都较高。一般来说，鹿对风干大豆秸的消化能为 6.82~7.03 兆焦 / 千克，所以大豆秸等豆科秸秆特别适于喂鹿，尤其是豆秸上往往还有豆荚，其营养价值有所提高。

（5）**谷草** 粟的秸秆通称谷草，是营养价值丰富的粗饲料，可消化粗蛋白质、可消化总养分含量均高于麦秸、稻草等，是比较优质的禾本科秸秆，一直是马、牛、羊的优质粗饲料。经试验，喂鹿一样适宜，谷草的产量也很高，北方地区 7 月下旬播种的粟，可亩产干草 300 千克以上，若青割则可亩产干草 500 千克左右，特别是开始抽穗时收割的干草，含粗蛋白质 9%~10%、粗脂肪 2%~3%，质地柔软，适口性好。

2. 秕壳类

秕壳类是农作物籽实脱壳后的副产品，包括谷壳、高粱壳、豆荚、花生壳、棉籽壳等，除花生壳、稻壳外，荚壳营养成分一般高于其秸秆，尤以豆荚中的大豆荚最具代表性，是一种比较好的粗饲料。豆荚含无氮浸出物 12%~50%、粗纤维 53%~40%、粗蛋白质 5%~10%，饲用价值较好，适于鹿利用；稻壳价值较低，一般不用于喂鹿；棉籽壳含少量棉酚，饲喂时可搭配青绿饲料和其他饲料等，饲喂价值较高，但需预防棉酚中毒。

第二节 精饲料

精饲料是指蛋白质、能量含量高，粗纤维含量低，适口性好，在饲喂时用量不大，却能提供大部分营养的饲料。精饲料营养丰富，适口性强，消化利用率高，含有鹿生茸、妊娠、泌乳和生长发育不可缺少的营养成分。精饲料可分能量饲料和蛋白质饲料两大类。

一 能量饲料

1. 谷物籽实及其加工副产品

谷物籽实基本都属于禾本科植物种子，含有丰富的无氮浸出物，占干物质的 70%~80%，其中淀粉占 80%~90%，所以有很高的消化利用率，另外其消化能很高。能量饲料中蛋白质含量一般较低，仅在 8.9%~13.5% 之间（占干物质），这样能量与蛋白质的比就明显偏高，需要补充以平衡蛋白质，且谷物籽实中赖氨酸和蛋氨酸等必需氨基酸含量明显较低，所以单独饲喂能量饲料，必将影响茸鹿的生产性能，因此该类饲料应与优质蛋白质补充饲料一同使用。谷物中钙含量一般低于 0.1%，而磷的含量却为 0.31~0.45%，钙、磷比明显不合理，影响钙的吸收，所以需要在饲料中添加矿物质元素予以平衡，以免导致鹿发生钙代谢病。谷物籽实类饲料也非常缺乏维生素 A、维生素 D。但 B 族维生素含量却十分丰富，特别是米糠、麦麸及谷皮中 B 族维生素含量最高。

（1）玉米　属于能量饲料，其能量一般高于 16.32 兆焦 / 千克，在各种谷物居首位。玉米中蛋白质水平在 8.9% 左右，所以以玉米为主的精料，必须补充蛋白质饲料。另外，玉米的蛋白质品质较低，赖氨酸、蛋氨酸、色氨酸缺乏。但玉米适口好，且种植面积广，产量高，所以应用比较普遍。

（2）小麦　其加工副产品麦麸在饲料中应用广泛。麦麸蛋白质含量较高，可达 12.5%~17%，B 族维生素丰富，核黄素与硫胺素含量分别是 3.55 毫克 / 千克、8.99 毫克 / 千克。但麦麸中钙、磷的含量极不平衡是其最大缺点，干物质中钙为 0.16%，而磷为 1.31%，二者比例为 1：8，钙、磷吸

第五章　鹿的饲料及营养调控技术

收受到影响，所以麦麸在用作饲料时应特别注意补充钙，以调整钙、磷平衡。麦麸质地松软，适口性好，且比重较轻，适合填充反刍动物的胃容积，不仅在能量上满足其需要，更让其有饱腹之感。

（3）糙米 其加工副产品米糠，营养价值变化大，不稳定。干物质中一般含粗灰分 11.9%、粗纤维 13.7%。但其粗蛋白质含量为 13.85% 左右，粗脂肪甚至可达 14.4%，优点很突出，但因为其脂肪多为不饱和脂肪酸，易氧化酸败，所以不耐贮存。另外米糠中钙、磷比同样失调，不利于吸收，所以使用时更应注意补充钙。

（4）燕麦 粗纤维含量高达 10.9%，是其不利于用作精饲料的原因之一，另外其脂肪含量也很低，约为 4.4%，无氮浸出物含量在主要的几种谷物饲料中为最低（67.6%）。但其粗蛋白质含量达 13.2%，大大高于一般的谷物，优点突出，其钙、磷比在常见谷物中也最佳，所以适合选用。

（5）高粱 作为能量饲料其发热量大，消化利用率高，其无氮浸出物含量为 81.6%，粗脂肪含量也高于玉米、小麦、燕麦等，粗蛋白质含量（9.4%）介于各种谷物之中，所以高粱作为精饲料是有优势的，但其含单宁较高，动物采食过多，易发生单宁中毒，另外高粱的钙、磷比例也不理想，需加钙以平衡钙、磷的量。

（6）大麦 是一种重要的能量饲料，粗蛋白质含量比较多，约 12%，同时其质量也较高，赖氨酸含 0.52% 以上，可消化养分高于燕麦，无氮浸出物含量多，可大量用于喂茸鹿，稍加粉碎即可。

（7）荞麦 属于蓼科植物，与其他谷物不同科。荞麦不仅籽实可以作为能量饲料，绿色体也是优良的青饲料，其籽实有一层粗糙的外壳，约占重量的 30%，故粗纤维含量高，为 12% 左右，而其他方面的营养价值却很高，所以能量仍很高。不过荞麦籽实含有一种物质——感光咔啉，动物采食后，易发生皮肤过敏。

2. 块根、块茎及瓜类饲料

块根、块茎及瓜类饲料包括胡萝卜、甘薯、木薯、饲用甜菜、芜菁甘蓝、马铃薯、菊芋块茎、南瓜等。块根、块茎、瓜类的最大特点是水分含量高，达 75%~90%，去籽南瓜可达 93.6%，干物质含量少，但从干物质的营养价值来看，它们都属于能量饲料，其干物质粗纤维含量较低，有的在 2.1%~3.24%，有的在 8%~12.5%，无氮浸出物含量达 67.5%~88.1%，且大多为易消化的糖分、淀粉或聚戊糖，所以消化能较高，为 13.8~15.8

兆焦 / 千克。

块根、块茎、瓜类饲料的能量及营养价值，按干物质计各种类间差异较小，按鲜重计则能量相差较大。该类饲料的缺点明显，如甘薯、木薯的粗蛋白质只有 4.5% 和 3.3%，且以非蛋白质含氮物质为主；但其优点同样突出，如南瓜中核黄素含量可达 13.1 毫克 / 千克，甘薯和南瓜含有胡萝卜素，而胡萝卜中含量更高，此外块根与块茎中钾盐含量丰富。

（1）甘薯 又名番薯、红苕、地瓜、山芋、红（白）薯等，是我国种植最广、产量最大的薯类作物，其块根富含淀粉。用作饲料时，不论生、熟，动物均爱吃，尤其对抓膘和泌乳期间的动物，有促进消化、蓄积体脂和增加泌乳量的作用。薯干与豆饼或酵母混合用作基础日粮时，其饲用价值相当于玉米的 87%。

⚠ **【注意】**黑斑甘薯味苦，含毒性物质，禁用。

（2）马铃薯 又名土豆、山药蛋等，其物质中淀粉含量达 80%，可作为能量饲料。茸鹿对其干物质消化利用率为 80%，粗蛋白质的消化利用率为 45%，无氮浸出物的消化利用率为 85%。马铃薯一般经熟制后饲喂效果好。

⚠ **【注意】**日晒后变绿的块茎，因含有毒物质，故禁喂。

（3）木薯 又称树薯等，作为饲料用的主要是经过处理后的木薯淀粉，无氮浸出物含量为 70%，可用作能量饲料，但其蛋白质水平低，且氨基酸水平不佳，缺乏蛋氨酸、光氨酸和色氨酸。

（4）胡萝卜 虽列入能量饲料，但因其鲜样中水分含量高，容积大，所以生产中并不依靠它来提供能量，主要是在冬季作为多汁饲料和胡萝卜素补充料。

● **【提示】**胡萝卜有一定的增乳效果。

（5）芜菁甘蓝 在我国很少用作饲料，但芜菁甘蓝的干物质能量水平高，消化能可达 15.7 兆焦 / 千克，在有些地方已经推广。

（6）饲用甜菜 含干物质 8%~11%、糖 5%~11%，其所含无氮浸出物主要是蔗糖，也含少量淀粉与果胶，喂量不宜过多，也不宜单一饲喂。刚收获的甜菜不宜马上饲喂，否则易引起下痢，不过鹿在一年四季均可饲喂青贮甜菜。

3. 糟渣类饲料

该类饲料是酿造、制糖、食品工业的副产品，含水量高达 60%~90%；干物质中粗纤维含量高，且变化幅度大，为 4.9%~40.3%，高出原料数倍，能值较低。糟渣类饲料中的粗蛋白质较其原料中的粗蛋白质要高 20%~30%，容积大，质地松软，有填充胃肠作用，使鹿有饱腹感，可促进胃肠蠕动和消化。

（1）酒糟 是制酒工业及酒精工业的副产品，粗纤维含量高且因原料不同而变化幅度较大，粗纤维含量占干物质的 4.9%~37.5%，无氮浸出物含量低，占 40%~50%，粗蛋白质含量高，约在 20% 以上，可作为茸鹿的优良饲料，酒糟营养含量稳定，但不齐全，饲喂过多可引起便秘。所以饲喂茸鹿时应与谷实、饼粕类、糠麸等搭配，并辅以贝粉、骨粉等，以及青绿饲料，但饲喂量一般不超过 40%，对妊娠后期的母鹿应减量，以防止母鹿早产或流产。

（2）甜菜渣 是制糖工业的副产品，其纤维含量较高，粗蛋白质含量较低，且干渣吸水量大，体积可膨胀 3 倍，因此饲喂前需加足够水，浸泡开方可，建议干渣饲喂量为 2~3 千克。

（3）糖蜜 又称糖浆，是制糖工业的副产品，主要成分为糖，占 50%~60%，粗蛋白质约占干物质的 13.1%，灰分为 8%~9%。糖蜜不仅自身营养价值高，能量高且易消化，有甜味，可改善饲料味道，提高适口性，还可提高鹿的瘤胃微生物的活性，所以会增加菌体蛋白。改进鹿的饲喂效果，常在糖蜜中加尿素，制成氨化糖蜜，其营养成分为干物质 76.4%、糖 65.3%、氨 0.87%、钙 1.65%、镁 0.61%、钠 0.10%、钾 5.19%、氯 2.18%、硫 0.73%、铜 10.7 毫克 / 千克、锌 11.6 毫克 / 千克、铁 247 毫克 / 千克、锰 82 毫克 / 千克、钴 27 毫克 / 千克，饲喂量可占饲料的 3%~4%。

4. 草籽、树实类

草籽、树实类自古以来就是农家的自采饲料，即于春、夏季割幼嫩茎叶，早秋采集籽实饲喂牲畜，当然这些籽实同样适合作为鹿的饲料，田间、地头、沟沿、坡丘、荒甸、山林中，都有大量有价值的野生杂草和树木生长，草籽、树实营养价值一般较高，可代替部分谷物或糠麸类饲料，以补充能量饲料的不足，常用的有白草籽、沙枣、橡子、野燕麦、苋菜、野山药、稗子等。此类饲料以橡子最为突出，具有较大的利用价值，橡子中的淀粉含量比玉米低15%左右，单宁含量约10%，而粗蛋白质、粗脂肪含量则相差无几，可以作为优秀的补充饲料。此外橡子含有单宁，适当控制采食量可有效调整鹿的肠道健康，提高生产性能。

> ● 【提示】 杂粮种植量越来越少，价格不断攀升，所以除特别原因外，杂粮不会作为饲料。常用于配制精饲料的谷物为玉米及小麦加工的副产物，其他饲料原料也要在关注能量水平的同时，适当考虑其适口性及体积大小。

二 蛋白质饲料

干物质中粗纤维含量低于18%，粗蛋白质含量在20%以上的豆类、饼粕类，以及动物性蛋白质饲料等均属于蛋白质饲料。蛋白质饲料不仅蛋白质含量丰富、品质优良，各种必需营养均较谷实类多，而且生物学价值高，可达70%以上，无氮浸出物含量低，占干物质的27.9%~62.8%，维生素含量与谷实类相似，但不同之处在于有些豆类中脂肪含量高，因为蛋白质与碳水化合物的消化能差别不大，所以这类饲料的能量价值与能量饲料差别不大。总之，该类饲料营养丰富，特别是蛋白丰富，易消化，能值高。

1.豆类

豆类为豆科植物籽实，主要有大豆、黑豆、蚕豆、豌豆等。其突出的营养优点是：蛋白质品质较好，赖氨酸含量较高，为1.08%~2.88%；可消化蛋白质比谷实类高3~4倍，因此消化能较高。其缺点是：蛋氨酸含量不足，仅0.07%~0.73%；未熟化豆类会含有含一些有害物质，如抗胰蛋白酶、抗甲状腺肿诱发因素、皂素与抗血凝集素等，这些物质如果不经处理会影响适口性、消化利用率；豆类中钙含量低，钙、磷比例失调，且缺乏核黄素，维生素A、维生素D等，使用时应注意钙和维生素的添加。

（1）大豆 富含蛋白质和脂肪，干物质中粗蛋白质含量为40.6%~46%，脂肪含量为11.9%~19.7%，易消化，蛋白质的生物学价值也是植物蛋白中最高的，赖氨酸含量高达2.09%~2.56%，蛋氨酸为0.29%~0.73%。大豆中的粗纤维含量少，脂肪含量高，因此能值较高，钙、磷含量少，胡萝卜素和维生素D、硫胺素、核黄素含量也不高，但优于谷物。大豆一般可占泌乳鹿饲料的20%。

（2）蚕豆 其蛋白质、淀粉含量均很丰富，脂肪含量低于大豆，但无氮浸出物含量高于大豆，为47.3%~57.5%，是大豆的2倍多，粗蛋白质含量为23%~31.2%，总营养价值与大豆相近。蚕豆适宜用来饲喂鹿，饲料中的添加比例一般在15%左右。

（3）豌豆 也是以蛋白质和淀粉为主要成分。其无氮浸出物含量高达47.2%~59.9%，蛋白质含量为20.7%~33.6%，因此能值较高，与谷物类相当，其蛋白质含量低于大豆，但氮的利用率高于大豆。

2. 饼粕类饲料

饼粕类饲料是油料籽实提取油后的副产品。用压榨法榨油后的副产品通称"饼"，用溶剂提取油后的副产品通称"粕"，该类饲料有大豆饼、豆粕、棉籽饼、菜籽饼、花生饼、芝麻饼、向日葵饼、亚麻籽饼等。

（1）豆饼和豆粕 大豆饼和豆粕是我国最常用的植物性蛋白质饲料。豆粕较机榨豆饼适口性差，饲后有腹泻现象，经加热处理，不良作用即可消失。大豆饼粕中含赖氨酸2.5%~3.0%、色氨酸0.6%~0.7%、蛋氨酸0.5%~0.7%、胱氨酸0.5%~0.8%；含胡萝卜素较少，仅0.2~0.4毫克/千克；硫胺酸素和核黄素为3~6毫克/千克，在常见饲料原料中含量居中；烟酸和泛酸稍多，为15~30毫克/千克左右；胆碱含量最为丰富，达2200~2800毫克/千克。因为受赖氨酸和蛋氨酸含量限制，其生物学效价受一定影响，添加蛋氨酸与赖氨酸可提高其利用率。

（2）棉籽饼 是棉籽提取油后的副产品，一般含有32%~37%的粗蛋白质。棉籽饼中含赖氨酸1.48%、色氨酸0.47%、蛋氨酸0.54%、胱氨酸0.61%、硫胺素和核黄素4.5~7.5毫克/千克、烟酸39毫克/千克、泛酸10毫克/千克、胆碱2700毫克/千克，胡萝卜素含量极少。

（3）菜籽饼 油菜为十字花科植物，种子中粗蛋白质含量为20%左右，榨油后油脂含量减少，粗蛋白质含量增加到30%以上。菜籽饼含赖氨酸1.0%~1.8%、色氨酸0.5%~0.8%、蛋氨酸0.4%~0.8%、胱氨酸0.3%~0.7%、硫胺素1.7~1.9毫克/千克、泛酸8~10毫克/千克、胆碱6400~6700毫克/千克。菜籽饼中含有芥子甙（或称硫甙），芥子甙在不同条件下，会生成异硫氰酸酯，严重影响适口性，经去毒处理后可保证饲喂安全。

> ⚠ **【注意】** 鹿对菜籽饼毒性不敏感，饲喂量可控在15%左右，但也要同其他饲料共同使用，才能收到较好效果。

（4）花生饼　带壳花生饼含粗纤维 15% 以上，饲用价值低。国内一般都去壳榨油，去壳后的花生饼所含蛋白质、能量较高，饲用价值仅次于豆饼。含赖氨酸 1.5%~2.1%、色氨酸 0.45%~0.61%、蛋氨酸为 0.4%~0.7%、胱氨酸 0.35%~0.65%、硫胺素和核黄素 5~7 毫克 / 千克、烟酸 170 毫克 / 千克、泛酸 50 毫克 / 千克、胆碱 1500~2000 毫克 / 千克，含胡萝卜素和维生素 D 极少。

【提示】　花生饼本身无毒，但因贮存不善可染黄曲霉，故切忌发霉和长期贮存。

（5）亚麻籽饼　亚麻又称为胡麻，在我国东北和西北栽培较多。其种子榨油后的副产品即亚麻籽饼，适当处理后是很好的蛋白质饲料。亚麻籽饼中含赖氨酸 1.10%、色氨酸 0.47%、蛋氨酸 0.47%、胱氨酸 0.56%、胡萝卜素 0.3 毫克 / 千克、硫胺素 2.6 毫克 / 千克、核黄素 4.1 毫克 / 千克、烟酸 39.4 毫克 / 千克、泛酸 16.5 毫克 / 千克、胆碱 1672 毫克 / 千克。因为赖氨酸等养分不足，所以应适当补充或与其他蛋白质饲料混合饲喂。

【提示】　饼粕类饲料的营养全价性不如加工前，特别是脂肪含量低，另外有的产品中含有一定量的有害物质，需控制饲喂量，如棉籽粕在仔鹿精料中以 20% 左右、在成年鹿精料中以 30% 左右为宜。

3. 动物性蛋白质饲料

动物性蛋白质饲料，蛋白水平高、氨基酸平衡性好，是优秀的蛋白质饲料来源。因为鹿是反刍动物，需经训练才能逐渐采食，再加上存在国外用动物性产品饲喂反刍动物引起的争议，故不建议在鹿饲料中添加鱼粉或肉骨粉等产品。但可在仔鹿代乳粉、公鹿生茸期饲料、母鹿妊娠期和泌乳期饲料中添加乳清粉或限制性氨基酸，以优化鹿群健康状况及生产性能。

【提示】　水解羽毛粉、蚕蛹粉等养分充足，与鹿的亲缘关系远，相信经过试验和实践的摸索，会成为优秀的鹿用动物性蛋白质饲料。

三 添加剂及其他饲料

因为常规饲料中含量较低而无法满足鹿需求，为保持鹿的机体健康、正常生长发育、生产产品又必须摄入的矿物质、维生素及特定保健物质等，需通过常规饲料之外的形式添加，这些添加物统称为饲料添加剂。饲料添加剂有着严格的标准及不同生产时期的针对性，不然可能因为添加不足而起不到补充的作用，也可能因为添加过量或饲喂时期不当导致动物不适或中毒。饲料添加剂一般包括生长促进剂、保健剂、饲料保质剂、风味调节剂等。

> 【提示】 因饲料添加剂针对性强，相对于常规饲料添加量低，且具有一定的风险性，所以不建议养殖者自行配制、使用，需要的可以到专门机构或企业购买。

第三节 梅花鹿的饲料配方示例及营养调控技术

学习成功的饲料配方，掌握适宜的营养调控技术，是培育健康鹿群、提高整体效益的有效途径。以下介绍了梅花鹿多个生产时期成功的饲料配方及新兴的营养调控技术，供养殖者探讨、借鉴。

一 梅花鹿的饲料配方示例

（1）仔鹿的饲料配方 见表5-1。

表 5-1 梅花鹿断乳仔鹿和育成鹿精饲料配方*

饲　料	含　量	营 养 水 平	含　量
玉米面（%）	31	粗蛋白质（%）	28.0
豆饼（粕）（%）	44	总能/（兆焦/千克）	17.34
黄豆（熟）（%）	13.0	代谢能/（兆焦/千克）	11.37
麦麸（%）	9.0	钙（%）	0.77
食盐（%）	1.5	磷（%）	0.56
矿物质（%）	1.5		

*表中所列饲料和营养水平数据，均为风干基础上测定的，若无特殊说明，下表皆同。

（2）生茸期梅花鹿的饲料配方 见表5-2、表5-3。

表 5-2　公梅花鹿生茸期精饲料配方

饲料和营养水平		1岁公鹿	2岁公鹿	3岁公鹿	4岁公鹿	5岁公鹿
饲料	玉米面	29.5	30.5	37.6	54.6	57.6
	大豆饼（粕）	43.5	48.0	41.5	26.5	25.5
	大豆（熟）	16.0	7.0	7.0	5.0	5.0
	麦麸	8.0	11.0	10.0	10.0	8.0
	食盐	1.5	1.5	1.5	1.5	1.5
	矿物质饲料	1.5	1.5	2.4	2.4	2.4
营养水平	粗蛋白质（%）	27.0	26.0	24.0	19.0	18
	总能/（兆焦/千克）	17.68	17.26	17.05	16.72	16.72
	代谢能/（兆焦/千克）	12.29	12.08	12.12	12.20	12.25
	钙（%）	0.72	0.86	0.96	0.92	0.91
	磷（%）	0.55	0.61	0.62	0.58	0.57

表 5-3　公梅花鹿生茸期精料供给量

[单位：千克/（头·天）]

饲　　料	2岁公鹿	3岁公鹿	4岁公鹿	5岁以上公鹿
豆饼、黄豆	0.7~0.9	0.9~1.0	1.0~1.2	1.2~1.4
玉米面	0.3~0.4	0.4~0.5	0.5~0.6	0.6~0.7
麦麸类	0.12~0.15	0.15~0.17	0.17~0.2	0.2~0.22
食盐	0.02~0.025	0.025~0.03	0.03~0.035	0.035~0.04
碳酸钙	0.015~0.02	0.02~0.025	0.025~0.03	0.03~0.035

（3）梅花鹿种公鹿饲料配方　见表 5-4、表 5-5。

表 5-4　梅花鹿种公鹿配种期饲料配方

饲　　料	含　　量	营养水平	含　　量
玉米面（%）	50.1	粗蛋白质（%）	20
豆饼（%）	34.0	总能/（兆焦/千克）	16.55
麦麸（%）	12.0	代谢能/（兆焦/千克）	11.20
食盐（%）	1.5	钙（%）	0.92
矿物质（%）	2.4	磷（%）	0.6

表 5-5　梅花鹿种公鹿配种期精料供给量

[单位：千克/（头·天）]

饲　料	2岁公鹿	3岁公鹿	4岁公鹿	5岁以上公鹿
豆饼、豆科籽实	0.5~0.6	0.6~0.7	0.6~0.8	0.75~1.0
禾本科籽实	0.3~0.4	0.4~0.5	0.4~0.6	0.45~0.6
糠麸类	0.1~0.13	0.13~0.15	0.13~0.17	0.15~0.2
糟渣类	0.1~0.13	0.13~0.15	0.13~0.17	0.15~0.2
食盐/克	0.015~0.02	0.015~0.02	0.02~0.025	0.025~0.03
碳酸钙/克	0.015~0.02	0.015~0.02	0.02~0.025	0.025~0.03

（4）公梅花鹿越冬期饲料配方　见表 5-6。

表 5-6　公梅花鹿越冬期精饲料配方

	饲料和营养水平	1岁公鹿	2岁公鹿	3岁公鹿	4岁公鹿	5岁以上公鹿
饲料	玉米面（%）	57.5	52.0	61.0	69.0	74.0
	大豆饼（粕）（%）	24.0	27.0	22.0	15.0	13.0
	大豆（熟）（%）	5.0	5.0	4.0	2.0	2.0
	麦麸（%）	10.0	10.0	10.0	11.0	8.0
	食盐（%）	1.5	1.5	1.5	1.5	1.5
	矿物质（%）	2.0[①]	1.5	1.5	1.5	1.5
	粗蛋白质（%）	18.0	17.9	17.0	14.5	13.51
营养水平	总能/（兆焦/千克）	16.30	16.72	16.72	16.26	15.97
	代谢能/（兆焦/千克）	12.29	11.91	12.41	12.37	12.41
	钙（%）	0.79	0.65	0.65	0.61	0.61
	磷（%）	0.53	0.39	0.39	0.36	0.35

①1岁公鹿处于生长发育期，对矿物质营养的需求量相对较高。

（5）母梅花鹿精饲料配方　见表 5-7。

表 5-7　母梅花鹿精饲料配方

饲料和营养水平		配种期和妊娠初期	妊娠中期	妊娠后期	哺　乳　期
饲料	玉米面（%）	67.0	56.2	48.9	33.9
	大豆饼（粕）（%）	20.0	14.0	23.0	30.0
	大豆（熟）（%）	－	12.0	14.0	17.0
	麦麸（%）	10.0	14.0	10.0	15.0
	食盐（%）	1.5	1.5	1.5	1.5
	矿物质（%）	1.5①	2.3	2.6	2.6
营养水平	粗蛋白质（%）	15.35	16.83	20	23.32
	总能/（兆焦/千克）	16.51	16.89	16.89	17.35
	代谢能/（兆焦/千克）	11.41	12.29	12.25	12.29
	钙（%）	0.62	0.88	0.99	1.02
	磷（%）	0.36	0.58	0.61	0.67

① 配种期和妊娠前期所用的矿物质饲料含磷量应高于其他时期。

● 【提示】　新入门的养鹿者可以按照本章的配方实例进行饲料调制，有经验的养殖者和鹿场可以对比借鉴。

二 梅花鹿的营养调控技术

应用科学的饲料加工工艺，调整营养要素水平、比例，调控营养物质消化、代谢，提高其利用率，促进动物生产性能提高的技术措施，叫作营养调控技术。养殖梅花鹿过程中常用的现代营养调控技术如下。

1. 全混合日粮（TMR）技术

全混合日粮技术，就是在不改变日粮原料和各原料配比的前提下，将传统饲养方式下精、粗分饲的各种饲料原料经充分搅拌、混合（制粒），加工成为一种能同时提供精、粗饲料和各种营养要素的日粮，便于动物采食（彩图 11）。其优势既有类似"营养超市"能一次获得所有需要的营养，又避免了传统饲养模式下鹿等反刍动物先采食精饲料时，精料在瘤胃内快速降解产酸，导致瘤胃 pH 下降，而采食粗饲料后，又因粗饲料降解速度慢，致使瘤胃 pH 上升。这样形成不稳定的瘤胃环境，不利于瘤胃微生物增殖，致使菌体蛋白产量下降，同时精饲料适口性好，采食量大还可能诱发瘤胃酸中毒；而粗饲料适口性差，采食量低难以满足动物正常消化功能所需的纤维素摄入，易导致瘤胃迟缓、反刍紊乱等疾病的发生。梅花鹿的全混合日粮技术，就是满足梅花鹿对能量、蛋白质、脂肪、纤维素、矿物质、维生素等多种营养物质需求，设计、筛选特定生理时期的全混合日粮配方，并借鉴其他家畜的全混合饲料配制工艺，如配方设计→原料称重→粉碎→混合→出料，配方设计→原料称重→粉碎→混合→调质→制粒→出料。生产普通全混合日粮和颗粒化全混合日粮，提供给生茸期公鹿、泌乳期母鹿和仔鹿。研究表明，该技术可有效提高梅花鹿的采食量，特别是保证了适口性相对较差的粗饲料采食量，营养物质利用率明显升高，生产性能也显著提高，经济效益与社会效益均较好。

2. 日粮中适宜的精、粗饲料比

精饲料、粗饲料因其自身的物理化学性质不同，所以营养功能也有很大差异。无论是传统的精、粗分饲的饲养方式，还是全混合日粮饲养方式，均需重视这一关键指标。其实质就是根据动物不同生理时期特征，科学配方既满足其营养的需求，又要充分考虑饲料费用，做到以最理想的成本，给动物提供最佳的营养。研究表明，生茸期梅花鹿精、粗饲料比为55：45较适宜，而休闲期用45：55的配比则完全可以获得理想的生产性能并降低饲养成本。仔鹿的消化系统和其他系统一样是慢慢成长的，甚至还有些滞后，比如瘤胃的发育，所以仔鹿适宜的精、粗饲料比也是在不断变化，从一开始的完全采食母乳到逐渐采食适口性好的精、粗饲料，直至断乳后，精饲料比例逐渐下降，粗饲料比例逐渐提高。母鹿妊娠期需要稳定有效的营养供给，所以该时期日粮的精、粗饲料比也要稳定、适宜，不宜随意变化，以免引起应激。另外精、粗饲料比的确定还要根据饲料原料的自身特性加以具体制订，以免套用后偏差太大。

3. 仔鹿代乳料技术

因为母鹿无乳、产仔数多而缺乳、有恶癖拒绝哺乳或仔鹿早期培育需要，仔鹿的饲养方式由吃母乳然后过渡到采食常规日粮，改变为采食人工配制的代乳粉（料），该代乳料既能提供母乳提供的能量、蛋白质、脂肪，又能提供氨基酸、糖、纤维素、微量元素、维生素等，仔鹿的生长发育效果与母乳相近甚至更好（彩图12）。这是因为经过一段时间后母鹿泌乳量下降、干物质降低，且仔鹿逐渐长大，需要的营养物质更多，而代乳料能够足量、稳定地提供仔鹿生长发育所需的各种营养物质，促进仔鹿生长发育。研究表明，应用全脂奶粉、葡萄糖、维生素、微量元素添加剂、淀粉、盐配制的仔鹿代乳料，能够获得与母乳喂养相同或更好的生长效果。饲喂量以能满足鹿的需要，略有剩余即可。

4. 仔鹿补饲技术

和牛、羊一样，仔鹿在生长发育过程中也会存在母乳分泌量减少，而生长发育所需的营养逐渐增多的情况。对牛、羊幼崽饲喂人工配制的日粮，有效满足其需要，促进幼崽生长发育性能提高的补饲技术已获得普遍应用（彩图 13）。目前仔鹿补饲技术虽有探索，但是适宜的营养水平、配方有待科学筛选、确定。

5. 优化青贮技术

适宜的青、粗饲料经过粉碎、压实、密封，充分发酵后就会成为可以长期保存的饲料，即为青贮饲料。青贮饲料把秸秆或其他粗饲料里的淀粉或糖，转换为酸香浓郁的挥发性脂肪酸，还能有效保持其中的水分，软化植物秸秆细胞壁，增强其适口性，还有部分纤维素会在青贮过程中被微生物转化为适宜被吸收的营养。除传统青贮技术外，还有在青贮中加糖、加盐、加尿素、青贮促进剂等多种高科技青贮技术。这些方法做出的青贮既保持了原有的优势，又能使青贮中的营养有益增加，更适于采食和利用。例如，在青贮饲料中添加尿素，使得尿素与青贮饲料一同被采食，为瘤胃提供合理的氮源和碳架，促进菌体蛋白合成，还有部分尿素在与青贮饲料一同发酵时，被有益微生物转化为菌体蛋白，直接被鹿采食利用。而青贮促进剂则能有效促进青贮饲料快速发酵，使得优选的菌种在青贮饲料中快速增殖，降低其他杂菌定植的可能性，抑制青贮饲料的腐败，获得发酵快、营养好的结果。还有一种不用搭建青贮塔、槽、池的简易快速青贮法，就是应用专用或厚度适宜、韧性好的塑料膜袋，将粉碎适当、搅拌均匀的青贮饲料，放入其中压实，之后严格密封、厌氧发酵即可，一样可以获得满意的效果，但需注意以下 3 点。

1）塑料膜袋口径不能太小，要达到圆筒直径 1~1.5 米、高 1.8~2 米，否则会被冻透而无法保障发酵温度，发酵就会停止。

2）要在气温尚可、利于发酵时进行，否则气温已下降，塑料膜又无法向设施青贮那样提供较好的保温，就会导致青贮失败。按照科学的方法调制青贮，既能有效保存饲料不使其变质，又能保存营养成分，利于动物采食利用，才是很好的饲料调制技术，才可以有目的地进行营养调控。

3）注意不要发生塑料袋因被划破而漏气，导致发酵失败。

6. 日粮酸碱度调控技术

日粮在梅花鹿瘤胃内发酵会产生以挥发性脂肪酸为主的酸性物质，脂肪酸经吸收进入血液，当瘤胃中快速发酵的营养物质比例较高时，进入血液中的酸性物质过多，就会使鹿体内的酸碱平衡被打破，从而发生"酸中毒"。另外在冬季和春季，梅花鹿粗饲料资源匮乏，多以酸性较强的青贮饲料作为粗饲料，若青贮饲料饲喂过多再叠加精饲料比例增加就会导致妊娠期母鹿和生茸前期公鹿出现酸中毒，主要表现为"血液酸中毒"，继发流产或公鹿蹄匣软化，被垫砖磨破，受坏死杆菌侵染发生"腐蹄病"。这时候要注意药物治疗，还可通过降低青贮饲料饲喂比例，用部分干草替代或补饲部分小苏打（碳酸氢钠），中和饲料中的酸，降低酸中毒的发病率。这是被实践证明了可有效调控饲料酸碱的技术。

7. 人工控制瘤胃发酵技术

瘤胃是梅花鹿至关重要的消化器官，其发酵效率、发酵类型等直接影响营养物质在梅花鹿体内的消化吸收和代谢。合理控制瘤胃发酵是提高鹿饲料利用率，促进生长发育，提高生产性能的重要措施。

（1）影响瘤胃发酵的主要因素　包括以下 5 个方面：

①碳水化合物在瘤胃中的降解速度。

②蛋白质在瘤胃的降解速度。

③脂肪在瘤胃的降解速度。

④饲料通过瘤胃的速度。

⑤影响瘤胃合成的过程。

（2）人工控制瘤胃发酵的途径　目前较为广泛应用的主要有以下 3 种：

①提高营养价值较高的低级挥发性脂肪酸的比例和产量，降低无营养价值的甲烷产量。

②减少高品质蛋白质和氨基酸在瘤胃中的降解，用非蛋白氮作为合成菌体蛋白的原料。

③通过改变饲料种类和瘤胃环境来促进瘤胃微生物能最大地生长，增加单位时间内微生物的营养产量。

（3）常用到的调控方法

1）饲养程序：

①改变饲喂顺序：研究发现，与先喂精饲料后喂粗饲料相比，先喂

粗饲料后喂精饲料对瘤胃发酵有促进作用，这种方式饲喂后不久瘤胃 pH 下降不严重，乙酸比例升高，进入小肠总氮量不变，并且过瘤胃蛋白比例增加。

②增加饲喂次数（频率）：增加日饲喂次数能有效地防止瘤胃发酵紊乱，并获得较为理想的瘤胃菌体蛋白产量。

2）改变日粮成分：即改变日粮中的精、粗饲料比。

3）饲料加工处理技术：

①饲料加工粉碎：易于动物采食、咀嚼，可有效减少其在瘤胃中的停留时间，但是粉碎颗粒过小又会导致物理有效纤维比例降低，难以刺激瘤胃产生反应，导致反刍受到影响，直至发生瘤胃运动迟缓等疾病。所以合理掌握饲料粉碎粒度也是进行梅花鹿营养调控的关键技术，一般来说粗饲料粉碎粒度介于 5~40 毫米之间较为合理。

②热处理：加热温度如果仅限于蛋白质变性，溶解度降低，则不易受到瘤胃微生物作用，会增加过瘤胃蛋白数量，使其在肠道消化吸收，对鹿的营养是有利的；如果加热温度过高、时间过长，则有不利影响。

4）化学处理技术：

①化学试剂保护蛋白：研究表明，应用乙醛或单宁处理饲料，可有效增加含硫氨基酸，提高过瘤胃蛋白比例，丹宁还能有效降低瘤胃产甲烷菌数量，降低甲烷产量，促进营养物质的吸收利用，能有效增加动物生产性能。

②甲醛处理：可有效保护饲料中的多聚不饱和脂肪酸，使其在小肠中的吸收率增加，可有效提高肉和鹿乳中多聚不饱和脂肪酸的含量。

③用氢氧化钠和氨结合高压处理粗饲料：可提高粗饲料在瘤胃中的降解度，不仅有效地为瘤胃微生物提供氮源，还提供了充足的能量，所以利于瘤胃菌体蛋白产量的提升。

5）添加活性剂调控瘤胃发酵：

①补加改善瘤胃发酵的活性剂：国内外研究表明，应用碳酸氢钠或氧化镁等缓冲物质，可增加瘤胃液稀释度，控制 pH，使挥发性脂肪酸中的乙酸增多，利用瘤胃微生物合成菌体蛋白的效率提高。

②补加瘤胃发酵抑制剂：以瘤胃素钠为例，补加该产品可提高瘤胃中的丙酸比例，增加过瘤胃蛋白量，有效控制瘤胃发酵，显著提高饲料利用率和动物的平均日增重。

8. 非蛋白氮（NPN）技术

不以蛋白质或氨基酸形式存在的氮叫作非蛋白氮（NPN）。反刍动物可以通过瘤胃细菌利用非蛋白氮作为日粮蛋白质的补充料，合成菌体蛋白。反刍动物日粮中非蛋白氮的营养调控技术，主要是调控来自日粮的非蛋白氮，使之能够被有效利用，主要包括以下几个方面。

（1）对分解尿素的瘤胃细菌活性的调节　尿素在瘤胃内很快被分解而释放出氨，致使瘤胃中氨浓度急剧升高，瘤胃微生物来不及利用这些尿素氮而容易造成氮源的浪费，并会引起氨中毒，这是尿素利用上的主要弱点。唯有通过调节瘤胃内尿素分解细菌的活性，使尿素在瘤胃内缓慢分解，才可能提高鹿对非蛋白氮的利用效率。

（2）在日粮中添加脲酶活性增强剂　尿素是脲酶的诱导物，当瘤胃中尿素含量较高时，能促使脲酶的活性增强；反之，当尿素含量很低时，则脲酶活性减弱。因此，当日粮中蛋白质很低而又未添加尿素时，可以通过增强脲酶的活性，来提高瘤胃对尿素氮的再循环。

（3）在日粮中添加脲酶活性抑制剂　当在日粮中添加了尿素，为使尿素在瘤胃内被微生物缓慢分解，可考虑适当添加脲酶活性抑制剂以避免瘤胃内氨氮浓度急剧升高。

（4）糊化淀粉以缓释尿素　众所周知，淀粉在瘤胃中的发酵速度较快，能给瘤胃微生物提供质量较高的可利用能，所以淀粉能更有效地使瘤胃微生物将尿素转化为微生物蛋白，其中熟淀粉比生淀粉效果更好。通过将淀粉糊化并将尿素扩展在糊化的淀粉中，可以起到使瘤胃微生物对能量和氨氮利用趋于同步的效果。

（5）采用化学合成的缓释尿素　目前用化学合成的缓释尿素有双缩脲、异丁叉二脲、羟甲基脲和磷酸脲等。这些合成的缓释尿素比普通尿素释放氨的速度要慢，可以提高瘤胃微生物对它们的利用效率。

9. 氨基酸调控技术

蛋白质的基本功能单位是氨基酸，科学实施氨基酸营养调控技术可以使梅花鹿养殖获得事半功倍的效果。具体调控技术大致包括以下两个方面。

（1）氨基酸平衡技术（理想蛋白模型）　因为氨基酸的含量不同、功能各异，所以人们把含量少、决定动物生长的氨基酸叫作限制性氨基酸。满足限制性氨基酸的需求，合理降低其他氨基酸供应的饲料蛋白质组成，称作理想蛋白模型。如果饲料中蛋白质组成不合理，氨基酸就会失衡，即使蛋白质水平不低，还是会发生限制性氨基酸缺乏，导致生产性能下降的结果。最新研究表明，梅花鹿的第一、第二限制性氨基酸分别为赖氨酸和蛋氨酸。优先满足以上两种氨基酸的供应，即使日粮蛋白质水平适量下调，也仍能获得与高蛋白日粮一样的生产性能。

（2）过瘤胃氨基酸保护技术　氨基酸组成的饲料蛋白质大部分在瘤胃中降解为氨，然后再次被瘤胃微生物合成菌体蛋白，这不仅要耗费大量能量也使部分氨基酸被降解后，以尿素的形式排出体外，造成极大的浪费。通过对氨基酸进行钝化或形成不易在瘤胃环境下降解的包膜，就能实现氨基酸过瘤胃，而这种膜又会在肠道中崩解，使饲料蛋白质在消化酶的作用下降解为氨基酸，从而被小肠吸收利用，这就是过瘤胃氨基酸保护技术。已有产品在牛、羊生产中使用，相关技术和产品在梅花鹿上的应用还有待进一步研究。

10. 营养调控剂添加技术

梅花鹿养殖业除了应用普通饲料提供常规营养物质，还需要通过添加数量极少的营养调控剂来满足鹿对矿物质、维生素等营养的需求。这些营养物质虽然在鹿体内和饲料中的含量均极小，但是作用重要，缺乏就会诱发一些特殊的疾病，或严重影响生产性能的发挥。现有的梅花鹿营养调控剂主要是补充并调控以下两大类营养成分在日粮中的供给。

（1）矿物质　碳、氢、氧和氮 4 种元素主要以有机化物形式存在，其余的元素统称为矿物质或矿物质元素。矿物质是一类无机营养物质，存在于鹿体内的各种组织中，广泛参与体内各种代谢过程。矿物质元素在机体的生命活动中起着重要的调节作用，尽管只占身体很小的比例，也不供应机体生命活动所需的能量、蛋白质和脂肪等，但是缺乏时鹿就会发生生长障碍或生产能力大幅度下降，甚至发生死亡。已知的鹿必需常量矿物质元素有钙、磷、钾、钠、氯、镁、硫共 7 种；微量矿物质元素有铁、铜、钴、锌、锰、硒、碘、钼、氟、铬、镉、硅、矾、镍、锡、砷、铅、锂、硼、溴共 20 种，需要量极低，生产上基本不会出现缺乏，可通过在饲料中按比例添加含有该矿物质的盐或氨基酸螯合物进行补充，一般来讲，氨基酸螯合物的效果更好。需要特别强调的是，常量矿物质元素中的钙、磷在补充时要注意适宜的比例，比例失衡时即使所含总量满足也会发生吸收障碍导致的缺乏现象。研究表明，梅花鹿日粮中钙、磷比以 $1:(1.5\sim2)$ 是最合理的。

（2）**维生素** 维生素是维持动物正常生理功能所必需的低分子有机化合物。维生素既不是动物体能量的来源，也不是构成动物组织器官的物质，但它是动物体新陈代谢的必需参加者，作为生物活性物质，在代谢中起调节和控制作用。维生素可分为脂溶性和水溶性两大类。脂溶性维生素包括维生素 A、维生素 D、维生素 E、维生素 K；水溶性维生素包括 B 族维生素和维生素 C。脂肪缺乏时会发生脂溶性维生素吸收障碍，饲料受到酸、碱、氧化剂作用时也会破坏该类维生素的活性，通过日粮补充可以缓解脂溶性维生素缺乏导致的症状，但是如果光照不足还是会发生与维生素 D 缺乏或缺钙引起的仔鹿软骨病等症状，所以除了保证日粮中维生素的绝对含量外，提供适宜的环境条件也是十分重要的。另外需要注意，鹿如果长期采食被霉菌感染的牧草或粗饲料，就会发生由双香豆素引起的维生素 K 失活，表现出维生素 K 缺乏导致的症状。成年梅花鹿瘤胃微生物发酵可产生足够的 B 族维生素，而仔鹿需要加以补充。冬季气温较低，瘤胃微生物合成效率下降，而日粮中能量、蛋白质、维生素 E、硒和铁等不足时，动物对维生素 C 的需要量也会增加，此时可通过添加单体维生素 C 或加喂青绿饲料，进行维生素 C 的额外补充。

● 【提示】 新兴的营养调控技术，在很多方面是对传统养殖技术的补充，了解掌握后，可以帮助养鹿者获得事半功倍的效果。

第六章

鹿的饲养与管理关键技术

在品种相同、养殖环境与饲料条件无明显差异的前提下，不同的养殖者，所养动物的健康状况、生产性能、经济效益等均不相同。这是因为除了动物、圈舍等因素外，养殖者对动物的饲养管理技术差异很大，即动物获得的饲料营养、繁育、护理、卫生、疾病防治等技术的差异，直接影响着养殖的成功与否。

第一节　鹿的饲养与管理原则

一　鹿的饲养原则

（1）**青粗饲料为主，精饲料为辅**　鹿属于草食性动物，在野生或放牧条件下能采食多种木本植物的枝叶和大量的草本植物的茎、叶、花和果实。人工养殖条件下，可饲喂农作物的秸秆、副产品及青贮饲料。因此，配制饲料时应充分利用广泛的饲料来源，采取多种原料搭配，在满足其营养需要的同时降低饲料成本。生产中尽可能利用当地成本低、数量多、来源较稳定的各种青粗饲料，在枯草期或生产旺期适当增加精饲料以满足鹿对营养的需求。

（2）**合理搭配饲料，保证营养的全价性**　根据鹿对营养的需求，采用多种饲料合理搭配，既能保证日粮营养价值的全价性和适口性，又可提高饲料的利用率，进而保证鹿的正常生长发育、繁殖及产茸，并增强茸鹿体质，提高经济效益。

（3）坚持饲喂的规律性 长期进化使鹿采食、饮水、反刍、休息都有一定的规律性。在人工饲养条件下，要遵循"五定"原则，即每天定时、定量、定质（保证饲料质量）、定人（不频繁更换饲养员）、定序（投喂饲料要有先后顺序）地饲喂精、粗饲料，使鹿建立稳固的条件反射，有规律地分泌消化液，促进对饲料的消化吸收。

目前，各鹿场多实行每天饲喂 3 次、自由饮水的饲喂方式。饲喂时先投精饲料，待其采食完再投粗饲料。每次喂的饲料，以在短时间内吃完为宜。如果有剩料应取出，并减少下次的饲喂量。投料要均匀，防止强壮鹿欺负瘦弱鹿，导致采食不均。喂饲时间随季节而变化，但应保持相对稳定。

总之，在鹿的饲养过程中，必须严格遵守饲喂的时间、顺序和次数，不应随便提前、拖后和改变，否则会打乱鹿的进食规律，造成消化不良，引发胃肠疾病，使鹿的生长发育缓慢，生产性能下降。在生产旺季和冬季注意夜间补饲，保证鹿的营养需要。

（4）饲料变更应坚持循序渐进 鹿的生产季节性明显，不仅表现在公鹿生茸和母鹿繁殖上，而且也表现在营养需要和消化机能上。由于季节不同，鹿所采食的饲料种类也有差异，因此在饲养实践中要随季节和生产需要变更饲料种类。一般夏、秋季以青绿粗饲料为主，冬、春季节则加喂贮备的粗饲料和精饲料。但由于鹿对饲料的采食具有一定的习惯性，瘤胃微生物对其生活环境也有一定的适应性，因此，在增减饲料量和变更饲料种类时，要逐渐进行，使鹿的消化机能及瘤胃微生物逐渐适应变化。如果增加饲料量过急或突然变换饲料种类，就会增加瘤胃负担，影响消化机能和饲料利用率，不仅造成浪费，也是引起鹿胃肠疾病的重要原因。

（5）保证饮水供给 水对鹿饲料的消化吸收、营养运输、代谢和调节整个机体生理机能等方面都具有极为重要的作用。鹿在采食后，饮水量大而且次数多，因此，每天应供给鹿足够的清洁饮水。夏季高温时节要注意加大水量，冬季北方以饮温水为宜。养鹿场要尽量为鹿群创造自由随意的饮水条件，保证鹿能自由饮水且终日不断。

二 鹿的管理原则

管理鹿群的目的是保证鹿的健康和鹿群生产性能的发挥。为此，必须制定科学的规章制度和技术措施，并严格落实实施。

（1）保证鹿群的饲料供应 饲料是养鹿的物质基础，要求数量足、质量好。养鹿场要有稳定的饲料基地和畅通的饲料采购渠道，尽可能因地制宜，就地解决以降低饲养成本。矿物质饲料、动物性饲料、维生素饲料及其他添加剂饲料，要预先备齐，并要弄清成分和含量，不能盲目添加。否则，不仅造成经济浪费，有时还会引起副作用。

（2）合理布局与分群管理 鹿场的布局应科学合理，生活区和生产区不能混杂。在生产区内，公鹿舍设在上风向，母鹿舍设在下风向，幼鹿舍居中，避免配种期发情母鹿的气味刺激生产群的公鹿，引起其顶斗和伤亡。

分群是科学饲养的前提。养鹿场应按鹿的性别和年龄分成公鹿群、母鹿群、生产群、育成群、幼鹿群、育种核心群、后备群、淘汰群等若干群，进行分群、分圈饲养管理，以避免混养时出现强欺弱、大欺小、健欺残的现象，使不同的鹿均得到正常的生长发育，利于生产性能的发挥和病、弱鹿体况的恢复。一般按照成年公鹿每群25~30头、成年母鹿每群20~25头、育成鹿每群30~35头、幼鹿每群35~40头，每群各占一个圈舍比较适宜。

（3）加强卫生防疫制度，坚持经常防疫消毒 鹿的抗病力很强，在良好的卫生防疫条件下很少发病和死亡，否则一旦发病就很难治愈。养鹿场必须认真贯彻以预防为主、防重于治、防治结合的兽医卫生方针，切实建立和执行卫生防疫制度。在大门设防疫池，路边要挖防疫沟；保证饲料和饮水清洁卫生；圈舍用砖铺地，要勤打扫并保持干燥；粪便要妥善处理，病鹿尸体要焚烧或深埋；圈舍及喂饮用具要定期严格消毒；鹿群要定期检疫和注射疫苗；对患传染病的鹿及时隔离治疗或坚决淘汰；饲养人员无传染病。长期坚持严格的卫生防疫制度，不断净化鹿群，利于鹿群保持良好的健康状态，促进生产潜力的发挥。

（4）为鹿群创造适宜的生活条件 鹿喜欢在冬暖夏凉的环境下生活，因此，鹿舍内应经常保持干燥、通风、空气新鲜。夏季注意防暑，冬季防寒保温。鹿的神经类型极其敏感，经常竖耳听声，稍有骚动就会惊慌失措、乱动乱窜，甚至会翻越高墙，发生危险。因此，在日常管理中，一定要保持鹿舍安静，尽量避免外界环境的干扰，为鹿创造适宜的生活条件。

（5）保证鹿群有适当的运动 鹿在圈养条件下，活动受到很大限制，运动量不足，需人为驱赶鹿群，适当增加其运动量，可增强体质，提高抗病力。种公鹿运动量充足还能提高精液品质、配种能力和繁殖效果。繁殖群母鹿适当地运动可保证适宜的配种体况和胎儿的正常发育，避免发生难产。适当地运动对幼鹿的生长发育更为重要。因此，养鹿场应坚持每天在圈内驱赶鹿群运动 1.5~2 小时，有条件的可结合放牧加强其运动。

（6）加强对鹿群的驯化　加强鹿的驯化，是实现科学养鹿的前提和根本保证。驯化可以克服鹿的野性，降低对环境刺激的敏感性，使其对人产生信任感。通过建立条件反射，使鹿听从指挥，从而实现对鹿群的科学饲养管理和有效的疾病防治。

从仔鹿出生后 10~20 天起就应做好人鹿亲和的驯化工作。平时要经常有意识地使用驯化信号、口令和仔鹿喜欢吃的食物作为诱饵，以使已形成的条件反射和驯化程度不断得到巩固和提高。

（7）随时注意观察鹿群，及时处理异常情况　饲养员要熟悉和掌握鹿的基本情况，随时注意观察，发现鹿采食、反刍、排泄、体温、鼻唇镜、精神状态等出现异常时，要及时采取有效的防治措施，从而保证生产正常进行。

（8）对饲养人员开展技术培训　实践证明，养鹿者的文化素质和技术水平对鹿的生产性能有直接影响。目前许多鹿场缺乏专业技术人员，饲养人员文化水平低，很难适应养鹿技术发展的需要，制约了养鹿新技术的推广应用，这是导致鹿生产力低、死亡率高的主要原因。因此，各养鹿场应加强技术队伍建设，坚持对饲养人员开展技术培训，不断提高其文化素质和技术水平，为优化饲养管理，实现优质高效创造条件。

第二节　鹿的差异化饲养与管理

一 幼鹿的饲养与管理

幼鹿正值快速生长发育阶段，如果长期饲养管理不当，将对它的体型、生理机能和生产性能等产生长远的不良影响。因此，对幼鹿进行科学的培育是提高鹿群质量，保证全活全壮，加速养鹿业发展的重要环节。

按照习惯，将幼鹿分为 3 个阶段：从出生至 3 月龄（哺乳期）的仔鹿称为哺乳仔鹿；断乳后至当年年底的幼鹿称为断乳仔鹿；当年出生的仔鹿转入第二年称为育成鹿。关于幼鹿的营养需要和饲养管理按照哺乳仔鹿、断乳仔鹿和育成鹿叙述如下。

1. 幼鹿的生长发育与营养需要特点

幼鹿阶段的生长强度大，营养物质代谢旺盛，因此，对营养物质的需要量较高，特别是对蛋白质、矿物质的需求量较高。生长初期主要是骨骼和急需参加代谢的内脏器官的发育，后期主要是肌肉生长和脂肪沉积。因此，对 1~3 月龄的幼鹿必须提供较高营养水平的日粮，保证营养物质的全价性，能量与蛋白质比例适当，钙、磷比例以（1.5~2）：1 为宜；4~5 月龄的幼鹿，营养物质代谢更旺盛，此时应注意蛋白质饲料的供给，适当增加日粮中谷物的比例。由于幼鹿消化道容积小，消化系统的生理机能弱，因此其日粮的营养浓度要高，并且要容易消化。

采用科学饲养管理措施培育幼鹿会收到良好的效果。整个哺乳期内，公梅花鹿仔鹿日增重可达 200~300 克，母梅花鹿仔鹿日增重可达 170~270 克；母马鹿仔鹿日增重可达 350~500 克，公马鹿仔鹿日增重数据有待进一步验证。

在断乳期内，如果饲养条件好，幼鹿断乳后的日增重可以达到 150~200 克。因为幼鹿生长发育的可塑性较大，因此饲养管理条件对其体型和生产性能有显著影响。如果在幼鹿育成阶段，日粮营养先优后劣，则促进早熟组织和器官的发育，抑制晚熟组织和器官的发育，长成成年鹿时四肢细长，胸腔浅窄，以后很难补偿。如果日粮营养先劣后优，则抑制早熟部位的发育，促进晚熟部位的发育，也会出现畸形的体型。因此，必须保证营养物质的供给均衡合理。

试验研究表明，梅花鹿育成期精饲料适宜的能量浓度应为 17.14~17.97 兆焦 / 千克，适宜的蛋白质水平为 28%，适宜的蛋白质能量比应为 16.40~17.22 克 / 兆焦。同时，梅花鹿育成期精饲料的能量浓度与蛋白质水平对于蛋白质消化利用率、能量消化利用率和粗纤维消化利用率的互作效应显著，饲喂低能量浓度或低蛋白质水平的定量精饲料时，粗饲料的采食量比饲喂高能量浓度或高蛋白质水平时有所提高，饲料中蛋白质消化利用率、能量消化利用率和粗纤维消化利用率均随着精饲料浓度的提高而有所提高。此外，梅花鹿育成前期与育成后期相比较，前期对日粮中蛋白质的消化利用率较后期高，对粗纤维的消化利用率较后期低。

2. 哺乳仔鹿的饲养管理

（1）初生仔鹿的护理　初生仔鹿（出生 1 周内的仔鹿）的生理机能和抗御能力还不健全，急需人为辅助护理。对初生仔鹿护理的好坏，直接影响到仔鹿的成活率。护理的关键是设法帮助仔鹿尽早吃到初乳，保证仔鹿得到充分休息。

1）及时清除黏液及断脐：优良母鹿产仔后，主动舔抚幼仔，仔鹿周身的黏液羊水很快被舔干，产后 15~20 分钟即可站立吃奶。个别母性强的母鹿产后卧地舔舐黏液，使仔鹿在站立以前就吃到初乳。在实践中也有一些母性不强的母鹿，因为产仔受惊吓或其他原因（如初产母鹿惧怕新生仔鹿、有恶癖母鹿扒咬仔鹿、难产母鹿应激弃仔）而不照顾仔鹿，使仔鹿躯体的黏液不能及时得到清除，也就不能很快站立和吃到初乳。特别是初春早晚和夜间气温低，这种情况下，仔鹿体表潮湿，体温散失快，易发衰弱和疾病。必须及时用软草或洁净布块擦干仔鹿，或找已产仔的温驯母鹿代为舔干。

⚠ **【注意】** 清除黏液时应首先清除口及鼻孔中的黏液，以免仔鹿窒息死亡。

给初生仔鹿喂过 3~4 次初乳后，需要检查脐带，如果未能自然断脐，可实行人工辅助断脐，并用 5% 的碘酊进行严格消毒，然后进行打耳号、称重、测量体尺和产仔登记等工作。此外，平时要特别注意仔鹿的卫生管理，使用的器具、垫草要预先消毒处理。对早春时节出生的仔鹿要特别注意做好保温防潮工作，产圈和保护栏里要垫软干草。

2）及早哺喂初乳：初乳是母鹿在分娩后 5~7 天内所分泌的色深黄而浓稠的乳汁，不仅干物质含量高，而且富含蛋白质、维生素 A、脂肪酶、溶菌酶、抗体、磷酸盐和镁盐，对仔鹿的健康与发育具有极为重要的生理作用。仔鹿在生后 10~20 分钟就能站立寻找乳头，吃到初乳，最晚不能超过 8~10 小时。仔鹿由于某种原因不能自行吃到初乳时，人工哺乳也可收到良好效果。挤出的鹿初乳或牛、羊初乳应立即用于哺喂（温度 36~38℃），日喂量应高于常乳，可喂到仔鹿体重的 1/6，每天不少于 4 次。

3）合理代养仔鹿：代养是提高仔鹿成活率可靠而有效的措施。当初生仔鹿得不到亲生母鹿直接哺育时，可寻找一头性情温驯、母性强、泌乳量高的刚产仔母鹿作为保姆鹿，共同哺育亲生仔鹿和代养仔鹿。在大批产仔期，大部分温驯的经产母鹿都可能被用来作为保姆鹿，但一般应选择产仔 1~2 天以内的母鹿作为保姆鹿，代养容易获得成功。优点是分娩不久的母鹿母性强，易于接受自产以外的仔鹿；被代养的仔鹿能吃到初乳，有利于自身的生长发育。

● **【提示】** 保姆鹿自产仔鹿与被代养的仔鹿应日龄、强弱相近，哺乳量均衡，才能达到发育一致。

代养方法是将选好的保姆鹿放入小圈，送入周身用保姆鹿的粪尿或垫草擦拭过的代养仔鹿（消除异味），如果母鹿不扒不咬，而且前去嗅舔，可认为能接受代养。继续观察代养仔鹿能否吃到乳汁，哺过2~3次乳以后，代养就算成功。

代养初期，体弱仔鹿自己哺乳有困难时，需人工辅助并适当控制保姆鹿自产仔鹿的哺乳次数和时间，以保证代养仔鹿的哺乳量。

代养期间，除细心护理好仔鹿外，对保姆鹿要加强饲养，喂给足够的优质催乳饲料以促进泌乳。还应注意观察母鹿的泌乳量能否满足2头仔鹿的需要，如果仔鹿哺乳次数过频，哺乳时边顶撞边发出叫声，哺乳后腹围变化不大，说明哺乳量不足，应另找代养母鹿，防止2头仔鹿都受到影响或导致仔鹿死亡。代养仔鹿的单圈饲养时间要适当延长7~10天，并精心管理，白天和夜间都要有人辅助仔鹿哺乳，当2头仔鹿都已强壮时，可拨入哺乳母鹿大群。

双胎仔鹿往往比一般单胎仔鹿体质弱小，有的双胎仔鹿为一强一弱，也应按仔鹿代养的方式加强护理，否则，很难保证双仔全活。

4）科学进行仔鹿人工哺乳：仔鹿出现下列情况而又找不到代养母鹿时需要进行人工哺乳，如产后母鹿无乳、缺乳或死亡；有恶癖母鹿母性不强，拒绝仔鹿哺乳；初生仔鹿体弱不能站立；从野外捕捉的初生仔鹿；为了进行必要的人工驯化。

人工哺乳主要是利用牛乳、山羊乳等直接喂给仔鹿，目前有短期人工哺乳和长期人工哺乳两种方法。短期人工哺乳的目的是使仔鹿达到能自行吸吮母乳的程度；长期人工哺乳是对仔鹿进行全哺乳期人工哺乳。

> ● 【提示】 在人工哺乳工作中，仔鹿能否吃到初乳是至关重要的。实践证明，仔鹿能吃到初乳就能正常生长发育，反之则容易患病。在进行仔鹿大群人工哺乳驯化的鹿场，使每头仔鹿都能吃到用冷藏方法保存的奶牛初乳，其成活率在95%以上。

人工哺乳的方法是先将经过消毒的乳汁（初乳或常乳）装入清洁的奶瓶，安上奶嘴冷却到36~38℃，用手把仔鹿头部抬起固定好，将奶嘴插入仔鹿口腔，压迫奶瓶使乳汁慢慢流入，不能强行灌喂，防止呛入气管。如果仔鹿出现挣扎，需适当间歇，哺喂数次后仔鹿即能自己吸吮。也可利用输液装置，去掉注射针头，保留调节器即可代替奶瓶。大群人工哺乳时可使用哺乳器，能节省人力。

⚠ 【注意】 在人工哺乳时，要用温湿布擦拭按摩仔鹿的肛门周围或拨动鹿尾，促进排粪，以防仔鹿出现排泄障碍导致生病或死亡。

通过人工哺乳的仔鹿性情温驯，成活率高达95%，鹿群可驱赶放牧，易于饲养管理。具体做法是：每15~17头仔鹿1个圈舍，3~5日龄喂牛初乳450克/（头·天），6日龄后日喂牛乳750克/（头·天），每5天调整1次喂量，每昼夜喂乳4次（白天间隔5小时，夜晚间隔7小时）；20日龄开始补饲青苜蓿和混合精料（豆饼30%、玉米面40%、麦麸15.5%、食盐2%、矿物质2.5%及维生素A和锌、锰、铁、钴等微量元素）；30日龄达到最高哺乳量1200克/（头·天）；40日龄饲料采食量逐渐增加，45日龄开始减乳量；46日龄起每天喂乳3次（980克/（头·天）），61日龄后每天喂乳2次（720克/（头·天）），到80或90日龄前（喂乳300克/（头·天））断乳。在管理方面让7日龄前的仔鹿尽量多睡眠，7日龄后稍增加活动，30日龄后每天上、下午各放牧1小时，60日龄后每天上、下午各放牧2小时。人工哺乳期在草架上经常放鲜苜蓿，供仔鹿自由采食。

人工哺乳的时间、次数和哺乳量应根据原料乳的成分、含量、仔鹿日龄、初生重和发育情况决定。实际应用时可参考表6-1、表6-2、表6-3。

表6-1 牛乳和山羊乳化学成分比较（%）

种 类	干物质	脂 肪	蛋白质	乳 糖	灰 分	水 分
牛常乳	12.7	3.9	3.4	4.7	0.7	87.3
山羊乳	12.9	4.1	3.2	4.8	0.8	87.1

表6-2 牛初乳和常乳化学成分比较

种 类	干物质（%）	脂肪（%）	糖类（%）	灰分（%）	维生素A/毫克	酸度（%）	酸度（°T）[1]
牛初乳	20~24	14~16.4	5.1~5.4	2.1~2.3	1.0	6.464	35~40
牛常乳	12.7	3.4	3.7	4.8	0.7	6	16~19

① °T即吉尔里耳度，表示牛乳的酸度，指滴定100毫升牛乳样品，消耗0.1摩尔/升的氢氧化钠的量。

表 6-3   梅花鹿仔鹿人工哺育牛乳的喂量   （单位：克）

日　　龄		1~5	6~10	11~20	21~30	31~40	41~60	61~75
喂乳次数		6次	6次	5次	5次	4次	3次	2次
初生重	5.5 千克以上	480~960①	960~1080	1200	1200	900	720~600	600~450
	5.5 千克以下	420~900①	840~960	1080	1080	870	600~450	520~300

① 1~5 日龄为逐渐增加量，其他日龄各栏为变动范围。

若遇母鹿产后患病或死亡，找不到代养母鹿或牛、羊初乳时，也可配制人工初乳来哺喂仔鹿。配方为：鲜牛乳 1000 毫升、鲜鸡蛋 3~4 个、鱼肝油 15~20 毫升、沸水 400 毫升、精制食盐 4 克、多维葡萄糖适量。配制方法是：先把鸡蛋黄用开水冲开，加入食盐和多维葡萄糖搅匀，再将牛奶用四层纱布过滤后煮沸，待温度降至 45℃左右时，将冲开的鸡蛋液和鱼肝油一并倒入，搅拌均匀，凉至 36~38℃，即可喂仔鹿。另一种方法是用常乳 1000 毫升，加入 20 毫升鱼肝油，150 毫克 / 天土霉素，连喂 5 天，以后每头仔鹿土霉素的喂量降至 50 毫克 / 天。

进行仔鹿人工哺乳时必须注意以下事项：

① 人工哺乳的卫生要求比较严格，坚持做好乳汁的消毒，防止乳中出现细菌和发生酸败；哺乳用具必须经常消毒，保持清洁，用后要洗刷干净。

② 乳的温度对仔鹿的消化吸收有一定影响，人工哺乳时必须定时、定量、定温，通常保持在 36~38℃，乳汁温度低会造成腹泻，定时饲喂利于仔鹿形成稳定的条件反射。

③ 30 日龄以内的仔鹿应适当补给鱼肝油和维生素，以促进生长发育。

④ 为了防止仔鹿患肠炎，应定期在乳中加入抗生素类药剂。

⑤ 人工哺乳仔鹿最好在哺乳室或单圈内进行，且要尽量引导仔鹿自行吸吮，不应开口灌喂。

⑥ 哺乳时也不能使仔鹿受到惊吓，防止乳汁进入瘤胃，造成消化不良。

⑦ 采取人工协助排粪措施。

⑧ 平时要经常注意观察哺乳仔鹿的食欲、采食量、粪便和健康状况，以便发现问题及时处理。

⑨ 适当训练仔鹿提早采食精、粗饲料，以便适时断乳。

⑩ 结合哺乳应对仔鹿进行正规调教，培养理想骨干鹿，切不可与之顶撞相戏，防止养成恶癖。

（2）哺乳仔鹿的补饲与管理

1）哺乳仔鹿的一般管理：在产仔哺乳期，一些鹿场采用多圈连用，把几个母鹿舍互相连通，将母鹿群分为产前、待产和产后3组。临产母鹿进入待产（产仔）圈产仔，产后设法使仔鹿吃到初乳，并注射疫苗、打耳号，再连同母鹿一起调入产后圈。这种做法的优点是：可保证母鹿产仔时不受干扰，便于管理人员记录和及时发现并处理难产等问题，同时利于仔鹿吃上初乳，防止大龄仔鹿偷乳和有恶癖母鹿扒咬仔鹿。

在产后圈内的一侧设仔鹿保护栏，面积：梅花鹿仔鹿为0.5米²/头，马鹿仔鹿为1.5米²/头。一侧设几个仔鹿通道，梅花鹿仔鹿的通道宽14~16厘米，马鹿仔鹿的通道宽25~28厘米。在栅栏一端设有小门，供人员检查、护理、治疗、补饲时出入。栅栏用木板围成，保持较黑暗为宜，以利于保持仔鹿安静。

保护栏内要经常保持清洁干燥，并铺垫干草，为仔鹿创造一个干燥温暖、安全又安静的环境，并能防止母鹿咬伤、扒伤或舔伤仔鹿。

仔鹿在15日龄左右开始采食饲料，并出现反刍现象。此时其消化能力还很弱，抗病力也较低，很容易发生胃肠疾病，特别是食入污秽不洁的草料和粪块更易发生仔鹿白痢。为此，要坚持每天清扫圈舍，定期更换垫草，并在保护栏内专设料槽进行补饲。

通常情况下，仔鹿大部分时间在保护栏内固定的地方伏卧休息，很少出来活动，应定时轰赶，逐渐增加其运动量。同时要注意观察仔鹿的精神、食欲、排粪等活动状况，发现有异常现象应及时采取治疗措施。

饲养人员要精心护理仔鹿，抓住仔鹿可塑性大的特点，随时调教驯化，可结合补饲慢慢接近仔鹿，并逐步用声响和呼唤进行调教，使仔鹿不惧怕人，注意发现和培养骨干鹿。驯化时不要随意与仔鹿嬉戏，防止其产生恶癖。通过初步调教，建立简单的条件反射，为断乳后的驯化放牧打好基础。

2）哺乳仔鹿的补饲：随着仔鹿日龄的增长，母鹿乳汁提供的营养物质不能满足仔鹿生长发育的需要，应对仔鹿尽早补饲。饲料中粗纤维的含量对刺激瘤胃发育产生良好的作用。因此，补饲的意义不仅在于补充营养，而且可促进仔鹿消化器官的发育和消化能力的提高，使仔鹿断乳后能很快适应新的饲料条件，对培育耐粗饲、适应性强的鹿具有重要意义。

15~20 日龄的仔鹿便可随母鹿采食少量饲料。从这时起，仔鹿保护栏内应设小料槽，投给营养丰富易消化的混合精饲料。混合精饲料中各成分的比例为：豆粕 60%（或豆饼 50%、黄豆 10%），高粱（炒香磨碎）或玉米 30%，细麦麸 10%，食盐、碳酸钙和仔鹿添加剂适量。用温水将混合精饲料调拌成粥状，初期每晚补饲 1 次，后期每天早、晚各补饲 1 次。补饲量逐渐增加，要少给，不限量，并及时撤走剩料，要防止仔鹿采食腐败饲料后生病。

吉林农业大学的养鹿场按玉米面 40%、豆饼 40%、麸皮 15.5%、矿物质 1.5%、维生素与生长素适量，配制混合日粮，获得了良好效果。

● 【提示】哺乳仔鹿不必单独补给粗饲料，可随母鹿自由采食，但应投给一些质地柔软的青干饲料。

3. 断乳仔鹿的饲养管理

从 8 月中旬断乳到当年年底的仔鹿称为断乳仔鹿（断乳幼鹿）。由于断乳仔鹿要经受饲料条件和环境条件双重变化的影响，必须加强饲养管理，使其顺利度过断乳关。

（1）断乳仔鹿的驯化与断乳方法

1）断乳前的驯化：在断乳前的一段时期，应结合对仔鹿的补饲，有计划有目的地给仔鹿提供精饲料和一些优质的青绿多汁饲料，逐渐增加其采食量，使瘤胃容积逐渐增大，提高对粗纤维的消化能力，增强断乳后对饲料的适应能力。同时，结合仔鹿补饲和利用母鹿采食精饲料的机会，驯化母仔分离，养成母仔分离后行动自如的习惯，以达到安全分群的目的。

2）断乳方法：通常采用一次性断乳分群法，即断乳前逐渐增加补饲量和减少母乳的哺喂次数，到 8 月中下旬，将当年出生的仔鹿一次全部拨出，断乳分群。但对出生晚、体质弱的仔鹿，可推迟到 9 月 10 日进行二次断乳分群，以保证其正常发育和成活。分群时，应按照仔鹿的性别、日龄、体质强弱等情况，每 30~40 头组成 1 个断乳仔鹿群，饲养在远离母鹿的圈舍里。在养鹿实践中，有的场家采用把仔鹿留在原圈，将母鹿拨出，利用产仔小圈四周挂草帘将公母仔鹿分开单养的做法。

实践证明，公仔鹿的生长发育速度比母仔鹿快，年耗精饲料量比母仔鹿多 36 千克左右，因此断乳后公母仔鹿分群饲养既利于各自的生长发育，也可以降低饲养成本，而且便于管理。断乳后的公母仔鹿混养是不科学的。

（2）断乳仔鹿的饲养与管理 仔鹿断乳第一周为独立生活适应期。刚断乳时仔鹿思恋母鹿，鸣叫不安，食欲差，采食量少，3~5天后才能恢复正常。因此，饲养员要进行耐心的护理，经常进入鹿圈呼唤和接近仔鹿群，做到人鹿亲和，抓紧做好人工调教工作，既可缓解仔鹿焦躁不安的情绪，使其尽快适应新的环境和饲料条件，又为以后生产技术的实施奠定基础。断乳初期仔鹿的消化道仍缺乏足够的锻炼，消化机能尚未完善，特别是出生晚、哺乳期短的仔鹿不能很快适应新的饲料条件。因此，日粮应由营养丰富、容易消化的饲料组成，特别要选择哺乳期内仔鹿习惯采食的多种精、粗饲料；粗饲料既要新鲜易消化有营养，又要多样化，逐渐增加饲料量，防止一次采食饲料过量引起消化不良或消化道疾病；饲料的加工调制要精细，将大豆或豆饼制成豆浆、豆沫粥或豆饼粥，饲喂效果比浸泡饲喂要好。

根据仔鹿食量小、消化快、采食次数多的特点，初期日喂4~5次精、粗饲料，夜间补饲1次粗饲料，以后逐渐过渡到成年鹿的饲喂次数和营养水平。9月中旬~10月末，正是断乳仔鹿采食高峰期，饲喂方法同成年鹿，根据上顿采食情况确定下顿投喂量，其精饲料配方见表6-4。

表6-4　梅花鹿断乳仔鹿和育成鹿精饲料配方

饲　　料	含　　量	营养水平	含　　量
玉米面（%）	31	粗蛋白质（%）	28.0
豆饼（粕）（%）	44	总能 /（兆焦 / 千克）	17.34
黄豆（熟）（%）	13.0	代谢能 /（兆焦 / 千克）	11.37
麦麸（%）	9.0	钙（%）	0.77
食盐（%）	1.5	磷（%）	0.56
矿物质（%）	1.5		

4~5月龄的幼鹿便进入越冬季节，由于粗饲料多为干枝叶、干草和农副产品，应供给一部分青贮饲料和其他含维生素丰富的多汁饲料，并注意矿物质的供给，必要时可喂给维生素和矿物质添加剂，防止佝偻病的发生，在梅花鹿断乳仔鹿的日粮中加入食盐5~10克和碳酸钙10克左右（马鹿加倍），能收到较好效果。

由于幼龄梅花鹿对饲料的选择性较强，因此将青草和农作物秸秆粉碎发酵后的饲喂效果较好。发酵后的饲料产生乳酸香味，既能提高采食量，又能提高利用率。此外，要经常观察幼鹿的采食和排粪情况，发现异常随时调整精、粗饲料比例和日粮量。

仔鹿断乳4周后，在舍内驯化的基础上，按照每天先舍内后过道（走廊），坚持驯化1小时，逐渐增强驯化程度，尽快达到人鹿亲和，保证鹿群的稳定，能有效减少幼鹿伤亡事故的发生。

在整个断乳期内，要保持舍内、饲料和饮水的清洁，达到舍内无积粪、无脏水、无积雪。保证饲料优质易消化，严禁饲喂腐败变质、酸度过高、水分过大、沙土过多的饲料，预防代谢性疾病和消化系统疾病的发生。越冬期保持圈内干燥，棚舍内铺垫草（干软的树叶或干草），做好保暖防寒工作，供幼鹿伏卧休息，以确保其安全越冬。

总之，为断乳仔鹿创造良好的饲养条件，采用正确的管理方法，能够把幼鹿培育成前胸宽阔、后躯发达、腹部下垂、被毛光亮、体态优美、膘情适中、生产潜力大的优秀鹿群。

4. 育成鹿的饲养管理

断乳仔鹿转入第二年即为育成鹿，此时鹿已完全具备独立采食和适应各种环境条件的能力，也不像哺乳期和断乳期那样容易患病，饲养管理无特殊要求，因此往往得不到应有的重视，以致影响预期的培育效果。

育成鹿虽然度过了初生关和断乳关，但仍处于从幼鹿向成年鹿过渡的生长发育阶段，此期饲养的好坏，将决定以后生产性能的高低。育成鹿的饲养管理虽然较仔鹿粗放，但是营养水平不能降低。根据育成鹿可塑性大、生长速度快的特点，可有计划地进行定向培育，争取培育出体质健壮、生产力高、抗病力强、耐粗饲的理想型鹿群。

（1）育成鹿的营养需要特点 试验研究表明，育成期梅花鹿的精饲料中能量浓度与蛋白质的含量，对蛋白质、能量和粗纤维的消化利用率具有显著的互作效应。混合精饲料中适宜的能量浓度应为17.138~17.974兆焦/千克，适宜的蛋白质水平应为28%。育成期梅花鹿精饲料的饲喂量为0.8~1.4千克/（头·天），育成期马鹿精饲料的饲喂量为1.8~2.3千克/（头·天）。具体饲喂量应视鹿的体型大小和粗饲料质量而定，如果精饲料过多，也会影响鹿消化器官特别是瘤胃的发育，进而降低了对粗饲料的适应性；青饲料过少则不能满足育成鹿生长发育的需要。

舍饲育成鹿的基础粗饲料是树叶、青草，以优质树叶为最好。此时，可用适量的青贮饲料替换干树叶，替换比例视青贮饲料的水分含量而定。水分含量在80%以上，青贮饲料替换干树叶的比例应为2:3，但在早期

不宜过多使用青贮（特别是低质青贮）饲料，否则鹿胃容量不足，有可能影响生长。育成鹿的日粮配方参见表 6-5~ 表 6-8。

表 6-5　公梅花鹿生茸期精饲料配方

	饲料和营养水平	1 岁公鹿	2 岁公鹿	3 岁公鹿	4 岁公鹿	5 岁公鹿
饲料	玉米面（%）	29.5	30.5	37.6	54.6	57.6
	大豆饼、粕（%）	43.5	48.0	41.5	26.5	25.5
	大豆（熟）（%）	16.0	7.0	7.0	5.0	5.0
	麦麸（%）	8.0	11.0	10.0	10.0	8.0
	食盐（%）	1.5	1.5	1.5	1.5	1.5
	矿物质饲料（%）	1.5	1.5	2.4	2.4	2.4
营养水平	粗蛋白质（%）	27.0	26.0	24.0	19.0	18
	总能 /（兆焦 / 千克）	17.68	17.26	17.05	16.72	16.72
	代谢能 /（兆焦 / 千克）	12.29	12.08	12.12	12.20	12.25
	钙（%）	0.72	0.86	0.96	0.92	0.91
	磷（%）	0.55	0.61	0.62	0.58	0.57

注：每千克精饲料中另加生茸期公鹿专用添加剂 20 克。

（2）育成公鹿的饲养管理

1）育成公鹿的饲养要点：饲养育成公鹿时，应尽可能多喂给青饲料，但对于 1 岁以内的后备育成公鹿仍需喂给适量的精饲料。精饲料喂量和营养水平，视青粗饲料的质量和公鹿的采食量而定（表 6-5）。

饲养后备育成公鹿时，必须限制容积大的多汁饲料和秸秆等粗饲料的喂量。8 月龄以上的育成公鹿，青贮饲料的喂量以 2~3 千克 /（头·天）为限。青割类及根茎类多汁饲料的饲喂量也应参照此标准。

2）育成公鹿的管理要点：育成鹿处于由幼鹿转向成年鹿的过渡阶段，一般育成期为 1 年，公鹿的育成期更长些。对育成公鹿的管理，应抓好以下几个环节。

① 公、母鹿分群饲养：公、母仔鹿合群饲养时间以 3~4 月龄为限，以后由于公、母的发育速度、生理变化、营养需求、日粮配合、生产目的和饲养管理条件等不同，必须分开饲养。

② 做好防寒保温工作：处于越冬期的育成公鹿，体躯小，抗寒能力

仍较差，应采取必要的防寒措施并提供良好的饲养管理条件。特别是北方地区，更要积极采取防寒措施，堵住鹿舍墙壁的风眼，尽量使鹿群栖息处避开风口和风雪袭击，以减少体热的散失，从而减少死亡率。

③ 加强运动，促进育成公鹿生长发育：育成公鹿尚处于生长发育阶段，可塑性大，应将加强其运动作为一项经常性措施。这对增加育成公鹿的采食量，促进发育，增强体质，防止疾病发生都有重要作用。圈养舍饲鹿群每天必须保证在圈舍被轰赶运动2~3小时。

④ 搞好鹿舍内外卫生：育成公鹿舍内应保持清洁干燥，及时清除粪便，冬季要有足够垫草，鹿舍、料槽和水锅要定期消毒，防止疾病发生。

⑤ 继续加强对鹿群的调教驯化：圈养舍饲的育成公鹿群，虽已具有一定的驯化程度，但已形成的条件反射尚不稳定，当遇到异常现象时，仍易惊恐炸群，应激反应强烈，不利于正常的生长发育和饲养管理技术的顺利实施。因此，必须继续对其加强调教驯化，巩固原有的驯化成果，建立新的更复杂的条件反射，增强其对各种复杂环境的适应能力，为确保安全生产打好基础。放牧饲养的育成公鹿群，虽然驯化程度较高，但仍具有脚轻善跑、易被惊扰的缺点，可结合放牧继续深入调教驯化。

（3）育成母鹿的饲养管理

1）育成母鹿的饲养要点：母鹿到了18个月龄即可以参加初配，此时饲喂足够的优质粗饲料，基本能满足其营养需要。如果粗饲料品质差，应适当补喂精饲料，以满足母鹿生殖器官发育的营养需要。

育成母鹿受胎后，一般在分娩前2~3个月就应加强营养，来满足胎儿快速增长和为泌乳贮备的营养需要，尤其要保证维生素A、维生素E、钙和磷的供给。因此，妊娠后期应供给品质优良的粗饲料，精饲料要参照标准，合理搭配，并注意适口性，根据母鹿的膘情逐渐增加至2~4千克/（头·天），适应产后大量采食精饲料的需要，但也不宜过肥。

2）育成母鹿的管理要点：确定育成母鹿的初配期，应根据育成母鹿的出生月龄和发情状况确定其是否参加配种，参加配种前，必须加强饲养管理，提高日粮的营养水平，保证母鹿正常发情排卵，使配种期达到适宜的繁殖体况。其余的管理要点与育成公鹿的相同。按照标准要求，育成母鹿在出生后30月龄达到体成熟才能参加配种。在实际生产中人们从经济利益出发，让育成母鹿出生后18月龄就参加配种，从繁育角度看，弊大于利。

二 公鹿的饲养与管理

生产优质高产鹿茸，繁殖优良后代，提高鹿群整体水平，是我国饲养公鹿的主要目的。因此，必须通过科学饲养管理，保证公鹿具有良好的繁殖体况和种用价值，延长其寿命和生产年限。

公鹿正值快速生长发育阶段，如果长期饲养管理不当，将对它的体型、生理机能和生产性能等产生长远的不良影响。因此，对幼公鹿进行科学培育是提高公鹿群质量，保证其全活全壮，加速养鹿业发展的重要环节。

1. 公鹿按生产时期的划分

公鹿的生理和生产随季节更替而明显变化。在春、夏季节，公鹿食欲良好，代谢旺盛，一般从 3~4 月开始脱盘生茸，并逐渐开始换毛。随着饲料条件的改善，公鹿体况逐渐增强，被毛光亮，生茸旺期体况最佳。秋季公鹿性活动增强，争偶角斗频繁发生，食欲减退。同时大公鹿因配种活动而消耗能量，明显消瘦。配种期结束后到第二年 1 月，公鹿的性活动处于相对静止状态，性欲减弱并逐渐消失，同时食欲开始增强，采食量大大增加，体况逐渐恢复。

根据公鹿在不同季节的生理特点和代谢变化规律，结合生产实际把公鹿的饲养管理划分为生茸前期、生茸期、配种期和恢复期 4 个阶段。其中，生茸前期和恢复期基本上处于冬季，所以又称为越冬期。

在北方，公梅花鹿在 1 月下旬~3 月下旬为生茸前期，4 月上旬~8 月中旬为生茸期，8 月下旬~11 月中旬为配种期，11 月下旬~第二年 1 月中旬为恢复期。公马鹿的各个时期比公梅花鹿提前 15 天左右。我国南方各省，由于气候差异，公鹿各时期的划分略有不同。以广东省饲养的公梅花鹿为例，其各个时期划分如下：生茸前期为 1 月下旬~3 月上旬，生茸期为 3 月中旬~8 月上旬，配种期为 8 月下旬~12 月上旬，恢复期为 12 月下旬~第二年 1 月中旬。

各个时期并非截然分开，而是互相联系、互相影响，每一时期都以上一时期为基础。因此，在饲养管理过程中，必须根据公鹿不同时期的营养需要特点，实行科学管理，才能收到较好效果。

2. 生茸期的饲养与管理

（1）生茸期的营养需要特点　鹿茸的主要成分是蛋白质，所以生茸期的公鹿对蛋白质的需求较高。实践表明，一般饲养水平的公鹿，如果适当提高日粮水平和可消化蛋白的供给量，则体重、茸重均有增长；对于高产公鹿，充分满足其对蛋白质的需求，可显著促进鹿茸的生长发育。因此，在饲养时应注意提高鹿的营养水平，特别是蛋白质的供给量。如果营养不足，就会造成鹿茸生长缓慢、毛粗质劣。

据分析，梅花鹿二杠鲜茸日增重 14 克左右，三杈鲜茸日增重 44 克左右；而一副生长 93 天的四杈马鹿茸鲜重 14.65 千克，平均日增重 158 克，其中干物质约占 30%，其中含氮有机物所占比例最高，其次是矿物质和维生素。从鹿茸成分和增重情况看，公鹿生茸期需要大量蛋白质、矿物质和维生素。同时，生茸初期正逢春季换毛，对胱氨酸、蛋氨酸等含硫氨基酸的需要量增加。因此，日粮蛋白质与含硫氨基酸的比例合理对鹿提前换毛有良好作用。实践证明，可消化粗蛋白质达到日粮消化有机物的 18%，才能满足鹿换毛的需要。梅花鹿（1~5 岁）生茸期饲粮中，总消化能达到 16.72 兆焦／千克，可消化粗蛋白质水平达到 18% 以上，钙含量 0.6%，磷含量 0.3%，才能满足需要。据报道，成年公梅花鹿每生长 1 克鲜茸，需要能量（净能）4.60 千焦和蛋白质 0.2 克。

（2）生茸期的饲养要点　公鹿生茸期正值春、夏季节，饲料条件转好，但公鹿面临着脱花盘（即骨质残角，又称角帽）、长新茸和春季换毛，且鹿茸生长迅速，需要营养较多，采食量较大。因此，本时期饲养管理的好坏，不仅直接关系着脱盘和鹿茸的生长，对公鹿体况和换毛影响也较大。

为满足公鹿的生茸需要，日粮配合必须科学合理，要保证日粮营养的全价性，提供富含维生素 A、维生素 E 的青绿多汁饲料和蛋白质饲料，精料中要提高豆饼和豆类的比例，供给足够的豆科青割牧草及品质优良的青贮饲料和青绿枝叶饲料；也可用熟豆浆拌精饲料，或把精饲料调制成粥料，以优化日粮适口性、消化利用率和生物学价值。要保证矿物质饲料（如复合添加剂等）的足够供给。由于鹿消化吸收脂肪的能力差，大量脂肪在胃肠道内与饲料中的钙起皂化反应，形成不能被机体吸收利用的脂肪酸钙，从粪中排出，便造成浪费，甚至造成新陈代谢紊乱，导致缺钙，使生茸受阻。因此，精饲料中不应有含油量高的籽实。公梅花鹿生茸期适宜的精饲料配方详见表 6-6。

表6-6　公梅花鹿生茸期精饲料的供给量

[单位：千克/（头·天）]

饲　料	2岁公鹿	3岁公鹿	4岁公鹿	5岁以上公鹿
豆饼、豆类	0.7~0.9	0.9~1.0	1.0~1.2	1.2~1.4
谷物	0.3~0.4	0.4~0.5	0.5~0.6	0.6~0.7
糠麸类	0.12~0.15	0.15~0.17	0.17~0.2	0.2~0.22
食盐	0.02~0.025	0.025~0.03	0.03~0.035	0.035~0.04
矿物质	0.015~0.02	0.02~0.025	0.025~0.03	0.03~0.035

应根据生茸初期、生茸旺期及后期鹿茸的长势，合理调配日粮及饲喂量，保证日饲喂的均衡性。白天喂3次精、粗饲料，夜间补饲1次粗饲料。要定时、定序饲喂。增加饲料时要逐渐进行，可按每3~5天加料0.1千克的幅度进行，至生茸旺期加到最大量，公梅花鹿始终保持旺盛的食欲，防止加料过急而发生顶料现象或胃肠疾病。

精饲料日饲喂量：对于梅花鹿而言，2岁公鹿为0.8~1.55千克，3岁公鹿为0.8~1.85千克，4~5岁公鹿为0.5~2.1千克，6岁以上公鹿为0.5~2.5千克，育成公鹿为0.9~1.2千克；对于马鹿而言，育成公鹿为1.2~1.8千克，2~3岁公鹿为1.4~3.0千克，4~5岁公鹿为1.8~3.5千克，6岁以上公鹿为2.3~5.0千克。公鹿生茸初期正值早春季节，此时天气变化无常，气温较低，昼夜温差大，鹿茸生长缓慢；在生茸中后期，公鹿新陈代谢旺盛，鹿茸生长发育快，营养需要多。因此，为满足公鹿换毛和生茸的需要，需供给一定量的青贮饲料。在3~4月，早晚喂干草，中午饲喂青贮饲料；进入5月后，每天早晨和中午饲喂青贮饲料，夜间投喂干草。粗饲料的日饲喂量：对于公马鹿，应早晨喂干草2~3千克，中午喂青贮饲料5~6千克，傍晚喂干草5~6千克；而公梅花鹿则早晨喂干草1~2千克，中午喂青贮饲料2~3千克，傍晚喂干粗饲料2~3千克。草原放牧的公鹿生茸初期和中期粗饲料及青贮饲料的日补饲量为：公梅花鹿2~3千克，公马鹿5~9千克，精饲料适量补饲。

实践证明，在生茸期合理利用尿素和鱼粉等特殊饲料，能使公鹿食欲旺盛，换毛和增膘快，脱盘早而整齐，通常使梅花鹿脱盘时间提前5~7天。同时，鹿茸生长速度快，茸质肥嫩粗壮，产茸量显著增加。鱼粉日饲喂量约占精饲料量的10%，即母梅花鹿为75~100克，公梅花鹿为200~250克，直接与精饲料混拌均匀饲喂即可。

收完头茬茸之后，开始饲喂营养丰富的青割饲料，可减少日粮中1/3~1/2的精饲料。收完再生茸之后，生产群公鹿可停喂精饲料，但要注意投喂优质的粗饲料，借以控制膘情，降低性欲，减少因争偶顶撞造成的伤亡。2~3岁公鹿尚未发育成熟，性活动也较低，因此可不停料。

生茸期间，还应保证鹿获得水和盐的足量供应，每头梅花鹿日供水7~8千克、食盐15~25克；每头马鹿每天供水14~16千克，食盐25~35克。水槽内应始终装满水，并保持清洁，随时除去水面上的毛屑和杂物。将食盐颗粒直接加入精饲料中不宜搅拌均匀，应先溶于水再均匀拌入饲料中；也可制成盐砖或设置盐槽，任鹿自由舔食；也可将定量食盐放入水槽中，每周放1次，使鹿随饮水摄入盐。

生茸期间的饲料搭配和饲喂量的增减，应根据气候变化、饲料条件变化和公鹿脱角生茸期的生理变化灵活掌握，按脱角先后顺序和鹿茸生长状况调整日粮水平。严禁采取老少不分、强弱不分、一刀切的错误做法。调制精饲料时，以浸泡时间在3小时以内为宜，水分要适宜，调拌要均匀，防止干湿不均或发生酸败。典型鹿场调制精饲料的经验做法是：冬季采用疏松型，防止冻成块；春、秋季采用湿润型，改善适口性；夏季采用粥型，防止酸败。

在生茸旺季，为了充分均衡满足公鹿的营养需要，应适当延长饲喂间隔时间，以日出前和日落时饲喂为宜。在日照时间长、光线强、气温高、昼夜温差小的炎热夏季要给予充足清洁的饮水。

（3）生茸期的管理要点 不同年龄的公鹿其消化生理特点、营养需要和代谢水平不同，脱盘时间和鹿茸生长发育速度也有差异。因此，应将公鹿群按年龄分成育成鹿群、不同锯别的壮年鹿群、老龄鹿群等若干群，实施分群饲养管理，以便于掌握日粮水平、饲喂量及日常生产安排，便于实施一定的技术措施，可减少收茸期验茸拨鹿的劳动消耗和对鹿群的惊扰，提高劳动效率。舍饲公鹿每群以20~25头为宜；放牧的公鹿应采用大群放牧、小群补饲的方式，将年龄相同、体况相近的公鹿30~40头组成一群进行管理和补饲。

为了防止生茸期公鹿受惊乱跑而损伤鹿茸，舍内要保持安静，尽量谢绝外人参观。饲养员饲喂及清扫要有规律，时间固定，进出鹿圈时动作要轻、稳，提前给予信号，为生茸公鹿创造良好的生活和休息环境。同时，饲养人员结合饲喂清扫，进行人鹿亲和的调教驯化，提高抗应激能力，便于实施科学的饲养管理。生茸期间应专人值班，注意看管鹿群，及时制止公鹿间的角斗和顶撞，防止鹿群聚堆撞坏鹿茸。对有扒、啃茸恶癖的公鹿，应隔离饲养或临时拨入尚未生茸的育成公鹿群中去。值班人员要经常检查鹿舍和围栏，对损坏、铁丝和钉子等要及时处理。

生茸期间，每天早饲前后是观察鹿群的最佳时间，值班人员、饲养人员要做到细心观察鹿群。观察脱盘及鹿茸的生长发育情况，认真做好脱盘记录；注意鹿茸生长状态，以便适时组织收茸，发现花盘压茸，应寻找适当时机人工拔掉，以免影响生茸或出现怪角；观察采食饲料情况，判断饲喂量是否适宜；观察公鹿的精神状态和行走步态；观察反刍、呼吸状态、粪便性状和鼻镜是否正常，判断鹿健康状况，发现问题及时处理。

生茸初期正值冬末春初，是病原微生物滋生，传染病和常见病多发的流行季节，应做好卫生防疫工作。在开春解冻后，应对鹿舍、过道、饲槽、水槽进行一次重点消毒。圈舍、车辆用具等用 1%~4% 热烧碱（氢氧化钠）溶液或新配制的 10%~20% 生石灰乳剂消毒，也可将前两者按各占50% 配比后用于消毒；经常保持饲槽、水槽、饮水及精、粗饲料的清洁卫生。消毒时间在上午为宜，经全天日照，药效发挥效果好。

夏季气候炎热，为预防鹿中暑，在运动场内应设若干荫棚，必要时可进行人工降水（雾）。南方养鹿地区，有条件的可设置淋浴设备或浴池。同时，应随时注意调节舍内的温度和湿度，及时清除舍内的排泄物、积水及剩余的粗饲料残渣，以利于鹿的健康和鹿茸的生长发育。

3. 配种期的饲养与管理

公梅花鹿的配种期为 8 月下旬~11 月中旬，公马鹿的配种期比公梅花鹿早 10~15 天。公鹿配种期的饲养管理目标，一是保持种公鹿有适宜的繁殖体况、良好的精液品质和旺盛的配种能力，适时配种，繁殖优良后代。二是使非配种公鹿维持适宜的膘情，准备安全越冬。因此，收茸后应将公鹿重新组群进行饲养和管理。

（1）配种期营养需要特点 精液品质好、性欲旺盛、配种能力强、使用年限长是判断种公鹿繁殖力的主要指标。种公鹿的繁殖力除受遗传因素和环境因素影响外，还受日粮营养水平的影响。精液中含有大量的蛋白质，这些优质蛋白质直接或间接来源于饲料。另外，亚麻酸、亚油酸、花生油酸等不饱和脂肪酸，是合成种公鹿性激素的必要物质，饲料中这些物质严重不足时，将影响公鹿的繁殖能力。维生素 A 能够促进精子成熟，参与性激素的合成，必须全部从饲料中获得，不足时公鹿的精液品质差，性欲不强。维生素 E（也称为生育酚）是维持动物正常性功能和性规律所必需的物质，如果缺乏，公鹿生殖上皮和精子的形成将发生病理变化，导致繁殖功能紊乱。维生素 B_{12} 在机体内同叶酸的作用相互关联，影响机体所必需的活性甲基的形成，从而直接影响蛋白质的代谢和造血机能。如果缺乏，易造成贫血、生长停滞、公鹿睾丸萎缩、性欲减弱、繁殖力降低。维生素 C 也是维持种公鹿性机能的营养物质。微量元素硒与维生素 E 有相似作用。饲料中缺磷，将影响精子的形成，缺钙也降低繁殖力。

可见日粮中必须保证蛋白质全价，矿物质丰富，维生素充足，脂肪及碳水化合物含量适宜，才能保证配种公鹿的精液品质和旺盛的性机能；另外，还要防止种公鹿过肥，以利于提高其繁殖力。

处于配种期的生产群公鹿，要通过减少或停饲精饲料等限制性饲养措施，控制膘情，维持适宜体况，降低性欲，减少顶撞伤亡，准备安全越冬。梅花鹿种公鹿配种期精饲料的配方见表 6-7。

表 6-7　梅花鹿种公鹿配种期精饲料的配方

饲　　料	含　　量	营 养 水 平	含　　量
玉米面（%）	50.1	粗蛋白质（%）	20
豆饼（%）	34	总能 /（兆焦 / 千克）	16.55
麦麸（%）	12	代谢能 /（兆焦 / 千克）	11.2
食盐（%）	1.5	钙（%）	0.92
矿物质（%）	2.4	磷（%）	0.6

（2）配种期的饲养要点　饲养种公鹿的目的是保证其健壮的体质，充沛的精力，产生大量优良品质的精液，延长使用年限，并且能将其优良性状稳定地遗传给后代。因此，养好种公鹿是发展养鹿业的一项重要工作。

由于精子从睾丸中形成到在附睾中发育成熟要经过 8 周的时间，因此，在配种期到来之前 2 个月（即生茸后期）就应加强对公鹿的饲养，促进精子的形成与成熟，使种公鹿在配种季节达到良好的膘情，具有良好的精液品质和旺盛的配种能力。

由于受性活动的影响，公鹿在配种期，食欲急剧下降，争偶角斗时常发生，同时由于配种负担较重，公鹿体力和能量消耗很大，经过配种期后其体重减少15%~20%。因此，饲养管理技术和日粮营养水平特别重要。在拟定配种期日粮时，要着重提高饲料的适口性、催情作用和蛋白质的生物学价值，力求饲料多样化、品质优、无腐败，确保营养的全价性。实践证明，配种期的公鹿喜欢采食一些甜、苦、辣或含糖及维生素丰富的青绿多汁饲料。为此，粗饲料以鲜嫩为主，应投给苜蓿草、瓜类、根茎类、鲜枝叶、青割全株玉米等优质的青绿多汁饲料和大麦芽等催情饲料。精饲料以豆粕、玉米、大麦、高粱、麦麸等合理搭配成混合料较好。精饲料的日饲喂量：梅花鹿种公鹿为1.0~1.4千克，马公鹿为2.0~2.5千克。实际投喂时根据种公鹿的膘情调整饲喂量，如果膘情好，可少喂精饲料以避免过肥，也有利于保持其配种能力；如果膘情差，粗饲料质量又低，就必须多喂精饲料。精饲料在投喂30分钟后，需要将剩料清除。

如果喂给优质的粗饲料和混合精饲料，粗蛋白质含量达到12%即能满足需要；如果粗饲料品质低劣，粗蛋白质含量需达到18%~20%。矿物质和维生素对精子的形成、精液品质及对公鹿的健康都有良好作用，不可缺乏，必要时可补喂矿物质和维生素添加剂，满足公鹿的需要。梅花鹿种公鹿配种期的精饲料供给量见表6-8。

表6-8　梅花鹿种公鹿配种期的精饲料供给量

[单位：千克/（头·天）]

饲　　料	2岁公鹿	3岁公鹿	4岁公鹿	5岁以上公鹿
豆饼、豆科籽实	0.5~0.6	0.6~0.7	0.6~0.8	0.75~1.0
禾本科籽实	0.3~0.4	0.4~0.5	0.4~0.6	0.45~0.6
糠麸类	0.1~0.13	0.13~0.15	0.13~0.17	0.15~0.2
糟渣类	0.1~0.13	0.13~0.15	0.13~0.17	0.15~0.2
食盐	0.015~0.02		0.02~0.025	0.025~0.03
碳酸钙	0.015~0.02		0.02~0.025	0.025~0.03

（3）配种期的管理要点　种用公鹿和非种用公鹿应分别进行饲养和管理，以避免锯茸时出现混乱状态，从而稳定鹿群。配种期间，水槽应设盖，以便控制饮水，防止公鹿在顶架或交配后过度喘息时马上饮水，因呛水造成伤亡或丧失配种能力、降低生产性能。此外，配种期的公鹿常因磨角争

斗损坏圈门出现逃鹿或串圈现象，并经常扒泥戏水，容易污染饮水。因此，配种开始以前要做好圈舍检修，配种期间对水槽定期洗刷和消毒，保持饮水清洁。圈舍要经常打扫，保持地面平整，及时维修圈舍地面和饲养设施，定期进行鹿舍消毒，防止坏死杆菌病的发生。

（4）非配种公鹿的饲养要点　非配种公鹿（生产公鹿）进入配种期，也出现食欲减退、角斗顶架、爬跨其他公鹿等性冲动现象。为了降低配种期生产群公鹿的性反应，减少争斗和伤亡，在收完头茬茸之后，应根据鹿的膘情和粗饲料质量适当减少精饲料量，争斗激烈时停喂一段时间的精饲料。生产实践证明，提前减少精饲料或适时停喂精饲料，可使生产群公鹿的膘情下降，性活动和性欲表现都有所降低，顶撞、爬跨和角斗现象显著减少，从而避免伤亡。配种后期公鹿食欲恢复较快，有利于增膘复壮和安全越冬。

生产群公鹿在配种期的日粮应以青绿饲料为主，充分供给适口性强或含糖和维生素丰富的青绿多汁饲料。在饲养过程中，要不断改进饲养技术和饲喂方法，增加饲料种类，保证饲料多样化。饲喂瓜类、根茎类多汁饲料时，先洗净切碎后饲喂。青割饲料切短后，每天多次投喂，能提高采食量。通过科学饲养，保持中等膘情。对老弱病残群或老年公鹿，不能停喂精饲料。

（5）非配种公鹿的管理要点　在配种期到来之前，对不参加配种的生产群公鹿按年龄、体况分群。非配种公鹿和后备种用公鹿应养在远离母鹿群的上风头圈舍内，防止受母鹿气味刺激引起性冲动而影响食欲。

配种期间，必须加强对生产群公鹿的看管，控制其顶撞和爬跨，防止激烈顶撞及高度喘息的公鹿马上饮水，发现被穿肛或撞伤的鹿，应及时妥善处理。

在配种期，伤残病弱鹿除单独组群外，还应安排饲养经验丰富、责任心强的专人饲喂，改善饲养条件，并积极配合药物治疗，使其迅速恢复体况，提高膘情，以确保安全越冬。对失去生产价值的鹿予以淘汰。

在配种初期，处于统治地位的"鹿王"会顶撞和损伤其他公鹿，后期"鹿王"因体力消耗、机体消瘦而影响配种效果，将受到其他公鹿的威胁。将败阵的"鹿王"拨出单圈饲养或养在幼鹿群中。

4. 越冬期的饲养与管理

（1）越冬期的营养需要特点　鹿的越冬期包括配种恢复期和生茸前期

2个阶段，由于公鹿不配种、不生茸，因此此期又称生产淡季或休闲期。种公鹿和非配种公鹿经过2个月的配种期，体重下降，体质瘦弱，胃容积相对缩小，腹部上提。越冬体重要比秋季时下降15%~20%。

越冬期公鹿的生理特点是：性活动逐渐低落，食欲和消化机能相应提高，热能消耗较多，并为生茸贮备营养物质。科学研究表明，在生产淡季，1~3岁公梅花鹿的单位代谢体重与营养物质的日需要量呈正相关，4岁后则有逐渐降低的趋势。在生产淡季饲喂较低营养水平的精饲料，而在生茸准备期和生茸期加强营养，同样会得到理想的鹿茸产量。

根据上述特点，在配制越冬期日粮时，应以粗饲料为主，精饲料为辅，逐渐加大日粮容积，提高热能饲料比例，锻炼鹿的消化器官，提高其采食量和胃容量。同时必须供给一定数量的蛋白质和碳水化合物，以满足瘤胃微生物生长和繁殖需要的营养。在配制精饲料时，配种恢复期应逐渐增加禾本科籽实饲料，而在生茸前期则应逐渐增加豆饼或豆科籽实饲料。

（2）越冬期的饲养要点 公鹿在越冬期饲养管理的目标是迅速恢复体况，增加体重，保证安全越冬，并为生茸贮备营养。因此，日粮配合应既能满足鹿体越冬御寒的营养需要，也要兼顾增重复壮的营养要求。精饲料中玉米、高粱等热能饲料应占50%~70%，豆饼及豆科籽实等蛋白质饲料占17%~32%。精饲料日饲喂量：种用公梅花鹿为1.5~1.7千克，非种用公梅花鹿为1.3~1.6千克，3~4岁公梅花鹿1.2~1.4千克；种用公马鹿2.1~2.7千克，非种用公马鹿为1.9~2.2千克，3~4岁公马鹿1.9~2.1千克。粗饲料应尽量利用落地树叶、大豆荚皮、野干草及玉米秸等。用干豆秸、野干草、玉米秸粉碎发酵后，混合一定量的精饲料能提高鹿对粗纤维饲料的利用率。

北方地区冬季寒冷，昼短夜长，要增加夜间补饲，均衡饲喂时间，日喂4次饲料。清晨和日落，中午和半夜，是投料和鹿采食的最佳时间。

加强老弱病残鹿的饲养，保证其安全越冬，是越冬期公鹿饲养管理的一项重要内容。在配种结束后和进入严冬前分别对鹿群进行一次调整，挑选出体质弱、膘情差和病残的鹿组成老弱病残鹿群，设专人饲养管理。公梅花鹿越冬期的精饲料配方见表6-9，饲喂量见表6-10。

表 6-9　公梅花鹿越冬期的精饲料配方

饲料和营养水平		1岁公鹿	2岁公鹿	3岁公鹿	4岁公鹿	5岁以上公鹿
饲料名称	玉米面（%）	57.5	52.0	61.0	69.0	74.0
	大豆饼（粕）（%）	24.0	27.0	22.0	15.0	13.0
	大豆（熟）（%）	5.0	5.0	4.0	2.0	2.0
	麦麸（%）	10.0	10.0	10.0	11.0	8.0
	食盐（%）	1.5	1.5	1.5	1.5	1.5
	矿物质（%）	2.0	1.5	1.5	1.5	1.5
营养水平	粗蛋白质（%）	18.0	17.9	17.0	14.5	13.51
	总能/（兆焦/千克）	16.30	16.72	16.72	16.26	15.97
	代谢能/（兆焦/千克）	12.29	11.91	12.41	12.37	12.41
	钙（%）	0.79	0.65	0.65	0.61	0.61
	磷（%）	0.53	0.39	0.39	0.36	0.35

表 6-10　公梅花鹿恢复期的精饲料日饲喂量

[单位：千克/（头·天）]

饲料	2岁公鹿	3岁公鹿	4岁公鹿	5岁以上公鹿
豆饼、豆科籽实	0.3~0.4	0.3~0.4	0.3~0.4	0.3~0.45
禾本科籽实	0.5~0.6	0.5~0.6	0.5~0.6	0.5~0.75
糠麸类	0.1~0.13	0.1~0.13	0.1~0.13	0.1~0.15
糟渣类	0.1~0.13	0.1~0.13	0.1~0.13	0.1~0.15
食盐	0.015~0.02			
骨粉	0.015~0.02			

　　从立春至清明前后，应按鹿的种类、性别、年龄等，循序渐进增加精饲料量，并精细加工，调制成疏散型混合精饲料后再投喂。

　　（3）越冬期的管理要点　在1月初和3月初，按年龄和体况对鹿群进行2次调整，对体质瘦小、发育差的鹿，采取降级的办法，拨入小锯别鹿群饲养，有利于提高其健康状况和生产能力，也是延长公鹿利用年限的有效措施。

鹿在人工饲养条件下，常因圈舍潮湿、寝床上尿冰积存、地面阴冷，使机体消耗热量而发生疾病，影响健康。因此，冬季鹿舍要注意防潮保温，避风向阳，定期起垫，及时清除粪便和积雪尿冰。寝床地面可铺垫10~15厘米厚的软草，在入冬结冰前彻底清扫圈舍并消毒，以预防疾病发生。

采用控光养鹿，能提高棚舍温度，避免风雪袭击，能起到保膘、保头，增产增收的双重效益，对老弱病残群的安全越冬尤为重要。

三 母鹿的饲养与管理

饲养母鹿的目标是保证母鹿有健康的体况、良好的种用价值和较高的繁殖力，通过科学的饲养管理，巩固有益的遗传性，繁殖优良的后代，不断扩大鹿群数量和提高鹿群质量。

1. 母鹿按生产时期的划分

根据母鹿在不同时期的生理变化、营养需要和饲养特点，可将其生产时期划分为配种与妊娠初期（9月~第二年1月）、妊娠期（12月~第二年4月）、产仔泌乳期（5~8月）3个阶段。在养鹿生产中，可按上述3个阶段对母鹿实施不同的饲养管理技术措施。

2. 配种与妊娠初期的饲养与管理

（1）配种与妊娠初期的营养需要特点 配种期母鹿在生理上表现为性活动机能不断增强，卵巢中产生成熟的卵子，并定期排卵。母鹿性腺活动与卵细胞的生长发育都需要有足够的营养供给，特别是能量、蛋白质、矿物质和维生素，这是保证母鹿正常发情排卵的关键。只有供给母鹿全价的营养物质，才能保证激素的正常代谢和分泌水平，保证母鹿正常发情、排卵、受配和妊娠。

如果日粮中能量水平长期不足，将影响育成母鹿的正常发育，推迟性成熟和适配年龄，缩短其一生的有效生殖时间；也会导致成年母鹿发情不明显或只排卵不发情。相反，如果母鹿日粮中能量水平过高，会导致母鹿过肥，使生殖道（如输卵管进口）因脂肪蓄积而狭窄，使母鹿受孕率降低。蛋白质是鹿体细胞和生殖细胞的主要组成成分，又是构成酶、激素、抗体的重要成分。日粮中蛋白质缺乏，不但影响母鹿的发情和受胎，也会使鹿体重下降、食欲减退，导致摄入的能量不足，同时使粗纤维消化利用率下降，影响鹿的健康与繁殖。

日粮中的磷对母鹿繁殖力影响最大，缺磷会推迟性成熟，影响性周期，使受胎率降低。钙的缺乏及钙、磷比例失调，会直接或间接影响母鹿的繁殖。此外，钴、碘、铜、锰等微量元素对母鹿的繁殖与健康也有重要作用，是不可缺少的。

维生素 A 与母鹿繁殖力有密切关系，维生素 A 不足容易使母鹿发情晚或不发情，或只发情交配不受孕，常造成空怀。

实践证明，配种期母鹿日粮的营养水平对加速配种进度，提高母鹿受胎率有重要影响。在配种期间，如果大批母鹿营养不良，体质消瘦，则会出现发情晚或不发情，推迟配种进度，甚至不孕。相反，营养供给充足，体况适宜的母鹿群发情早，卵细胞成熟快，性欲旺盛，能提前和集中发情或交配，进而加快配种进度，显著提高受胎率。

（2）配种与妊娠初期的饲养要点　此期的核心任务是使参加配种的母鹿具有适宜的繁殖体况，能够适时发情，正常排卵，并得到有效的交配和受胎，进而提高繁殖率。

配种与妊娠初期的母鹿，首先要使繁殖母鹿与仔鹿及时断乳，并提供足够的蛋白质、能量、矿物质和维生素，通过科学饲养做好追膘复壮。

配种期母鹿日粮的配合，应以容积较大的粗饲料和多汁饲料为主，精饲料为辅。精饲料中应由豆饼、玉米、高粱、大豆、麦麸等按比例合理调制，多汁饲料以富含维生素 A、维生素 E 和催情作用的饲料，如胡萝卜、大萝卜、大麦芽、大葱和瓜类为宜。精饲料按豆科籽实 30％、禾本科籽实 50％、糠麸类 20％配比。母梅花鹿精饲料的供给量见表 6-11。

表 6-11　母梅花鹿精饲料的供给量

	饲料和营养水平	配种期和妊娠初期	妊娠中期	妊娠后期	哺乳期
饲料	玉米面（％）	67.0	56.2	48.9	33.9
	大豆饼（粕）（％）	20.0	14.0	23.0	30.0
	大豆（熟）（％）		12.0	14.0	17.0
	麦麸（％）	10.0	14.0	10.0	15.0
	食盐（％）	1.5	1.5	1.5	1.5
	矿物质（％）	1.5	2.3	2.6	2.6

(续)

	饲料和营养水平	配种期和妊娠初期	妊娠中期	妊娠后期	哺乳期
营养水平	粗蛋白质（%）	15.35	16.83	20	23.32
	总能 /（兆焦 / 千克）	16.51	16.89	16.89	17.35
	代谢能 /（兆焦 / 千克）	11.41	12.29	12.25	12.29
	钙（%）	0.62	0.88	0.99	1.02
	磷（%）	0.36	0.58	0.61	0.67

圈养母鹿每天均衡喂精、粗饲料各 3 次；夜间补饲鲜嫩枝叶、青干草或其他青割粗饲料，10 月植物枯黄时开始喂青贮饲料，日喂量为母梅花鹿 0.5~1.0 千克，母马鹿 2.0~3.0 千克。

初配母鹿和未参加配种的后备母鹿正处于生长发育阶段，为了不影响其生长发育和促进出生晚、发育弱的后备母鹿生长，应在饲养中选择新鲜的多汁优质饲料，细致加工调制，增加采食量，促进其迅速生长发育。

（3）配种与妊娠初期的管理要点 母鹿配种期的管理工作，主要应抓好以下环节。

① 母鹿在准备配种期不能喂得过肥，应保持中等体况，准备参加配种。

② 及时将仔鹿断乳分群，使母鹿提早或适时发情。

③ 将母鹿群分成育种核心群、一般繁殖群、初配母鹿群和后备母鹿群，根据各自生理特点，分别进行饲养管理，每个配种母鹿群以 15~20 头为宜。

④ 在配种期间，及时注意母鹿的发情情况，以便及时配种。

⑤ 加强配种期的管理，参加配种的母鹿群应设专人昼夜值班看管，防止个别公鹿顶伤母鹿。

⑥ 防止出现乱配、配次过多或漏配现象。

⑦ 配种后公、母鹿及时分群管理。

⑧ 根据配种日期及体况强弱，适当调整母鹿群。

⑨ 发现有重复发情的母鹿及时做好复配。

⑩ 饲养人员和值班人员要随时做好配种记录，为来年预产期的推算和以后育种工作打好基础。

3. 妊娠中、后期的饲养与管理

（1）妊娠中、后期的营养需要特点　妊娠是胚胎在母体子宫内生长发育为成熟胎儿的过程。母鹿的妊娠期历时 8 个月左右，可分为胚胎期（受精~35 日龄）、胎儿前期（36~60 日龄）、胎儿期（61 日龄至出生）3 个阶段。

母鹿受孕后由于内分泌的改变和胎儿的生长发育，胎儿和母鹿本身体重逐渐增加。胎儿的增重规律是：早期绝对增重有限，只有初生重的 10%，但增长率较大；而胎儿后期绝对增重较大，在妊娠 5 个月后，胎儿的营养积聚逐渐加快，在妊娠期的后 1~1.5 个月内，胎儿的增重是整个胎儿初生重的 80%~85%，所需营养物质高于早期。妊娠母鹿自身的增重是由于妊娠导致内分泌的改变，使母鹿的物质代谢和能量代谢增强。母鹿妊娠期的基础代谢比同体重的空怀母鹿高 50%，母鹿在妊娠后期的能量代谢可提高 30%~50%。实践证明，母梅花鹿妊娠后期增重 10~15 千克，初次妊娠的母梅花鹿增重 15~20 千克；妊娠母马鹿增重 20~25 千克；初次妊娠的母马鹿增重 30 千克以上。由此可见，母鹿妊娠期的增重是随胎次的增长而下降的，同时表明未成年母鹿仍处于继续生长阶段，营养需要多，增重大。因此，在饲养标准上初胎母鹿和第二胎母鹿各分别增加维持量的 20% 和 10%，即使是成年母鹿，在妊娠期仍有相当的增重。母鹿的增重对补偿母鹿前一个泌乳期的消耗和为后一个泌乳期贮备营养都是必要的。

总之，胎儿前期是器官发生和形成阶段，虽然增重不多，所需营养量也较少，但却是胚胎发育的关键时期。此时期如果营养不全或缺乏，会引起胚胎死亡或先天性畸形。蛋白质和维生素 A 不足，最可能引起早期死胎。妊娠后期，胎儿增重快，绝对增重大，所需营养物质多，在胎儿骨骼形成的过程中，需要大量的矿物质，如果供应不足，就会导致胎儿骨骼发育不良，或母体瘫痪。一头 50 千克重的母鹿，每天需钙 8.8 克、磷 4.5 克。此外，由于母体代谢增强，也需较多的营养物质。因此，妊娠期营养不全或缺乏，会导致胎儿生长迟缓、活力不足，也影响到母鹿的健康。

实践证明，梅花鹿妊娠中期精饲料中粗蛋白质水平为 16.64%~19.92%，能量水平为 16.18~16.97 兆焦 / 千克，妊娠后期精饲料中粗蛋白质水平为 20.0%~23.0%，能量水平为 16.55~17.31 兆焦 / 千克，才可以满足母鹿生产的需要。

在妊娠期间，母鹿纯蛋白质的总蓄积量可达 1.8~2.4 千克，其中 80% 是妊娠后期积蓄的。妊娠后期母鹿的热能代谢比空怀母鹿高出 15%~20%。

（2）**妊娠中、后期的饲养要点**　妊娠期母鹿的日粮应始终保持较高的营养水平，特别是保证蛋白质和矿物质的供给。在配制日粮时，应选择体积小、品质好、适口性强的饲料，并考虑到饲料容积和妊娠期的关系，前期应侧重日粮质优，容积可稍大些，后期在保证质优的前提下，应侧重饲料数量，且日粮容积适当小些。在喂给多汁饲料和粗饲料时必须慎重，防止由于饲料容积过大而造成流产。同时，在临产前 0.5~1 个月应适当限制饲养，防止母鹿过肥造成难产。

舍饲妊娠母鹿的粗饲料日粮中应喂给一些容积小易消化的发酵饲料，日饲喂量：母梅花鹿为 1.0~1.5 千克，母马鹿为 1.5~3 千克。青贮饲料的日喂量：母梅花鹿为 1.5~2.0 千克，母马鹿为 4.5~6.0 千克。

母鹿在妊娠期应每天定时、均衡地饲喂精饲料和多汁粗饲料 2~3 次为宜，一般可在早晨 4∶00~5∶00，中午 11∶00~12∶00，傍晚 5∶00~6∶00 饲喂。如果白天喂 2 次，夜间应补饲 1 次粗饲料。日粮调制时，精饲料要粉碎泡软，多汁饲料要洗净切碎，并杜绝饲喂发霉腐败变质的饲料。饲喂时，精饲料要投放均匀，避免采食时母鹿相互拥挤。要保证供给母鹿充足清洁的饮水，越冬时节北方最好饮温水。

（3）**妊娠中、后期的管理要点**　整群母鹿进入妊娠期后，必须加强管理，做好妊娠保胎工作。首先，应根据参加配种母鹿的年龄、体况、受配日期合理调整鹿群，每圈饲养头数不宜过多，避免在妊娠后期由于鹿群拥挤而造成流产。其次，要为母鹿群创造良好的生活环境，保持安静，避免各种惊动和骚扰。各项管理工作要精心细致，有关人员出入圈舍应事先给予信号，调教驯化时注意稳群，防止发生炸群伤鹿事故。鹿舍内要保持清洁干燥，采光良好。北方的养鹿场在冬季因天寒地冻，寝床应铺 10~15 厘米厚的垫草，且垫草要柔软、干燥、保暖，并要定期更换，鹿舍内不能有积雪存冰，降雪后立即清除。每天定时驱赶母鹿群运动 1 小时左右，以增强鹿的体质，促进胎儿生长发育。再次，在妊娠中期，应对所有母鹿进行一次检查，根据体质强弱和营养状况调整鹿群，将体弱及营养不良的母鹿拨入相应的鹿群进行饲养管理。最后，妊娠后期做好产仔前的准备工作，如检修圈舍、铺垫地面、设置仔鹿保护栏等。

4. 产仔泌乳期的饲养与管理

（1）**产仔泌乳期的营养需要特点**　母鹿分娩后即开始泌乳，梅花鹿和驯鹿一昼夜可泌 700~1000 毫升，马鹿泌乳量更大。仔鹿哺乳期一般从 5 月上旬持续到 8 月下旬，早产仔鹿可哺乳 100~110 天，大多数仔鹿哺乳 90 天左右。鹿乳浓度较大，营养丰富，干物质占 32.2%，其中蛋白质占 10.9%、脂肪占 24.5%~25.1%、乳糖占 2.8%，鹿乳中的这些成分均来自于饲料，是饲料中的蛋白质、碳水化合物经由乳腺细胞加工而成的。其中乳球蛋白和乳白蛋白是生物学价值最高的蛋白质，饲料中供给的纯蛋白质，必须高出乳中所含纯蛋白质的 1.6~1.7 倍，才能满足泌乳的需要。如果蛋白质供应不足，不但影响产乳量，也降低乳脂含量，并使母鹿动用自身的营养物质，导致体况下降、体质瘦弱。当饲料中脂肪和碳水化合物供应不足时，将分解蛋白质形成乳脂肪而造成饲料浪费。因此，为了促进仔鹿正常生长发育，保证母鹿分泌优质乳，必须在饲料中充分供给脂肪和碳水化合物。

试验研究表明，母梅花鹿泌乳期的精饲料中，粗蛋白质水平为 23.60%，能量水平为 17.56 兆焦 / 千克时，鹿乳质量优且数量足，仔鹿断乳成活率和体增重也较高。在精饲料粗蛋白质水平为 23.6%~26.6% 范围内，仔鹿体增重随着饲料能量水平的提高而提高。

鹿乳中的矿物质，以钙、磷、钾、氯为主。在 1000 克鹿乳中，含钙 1.84 克、磷 1.30 克、氯 1.29 克、钾 0.72 克，还有其他矿物质如钠、镁、硫、碘、铁、铜、钴、锰、锌、锡、硒、钼等。因此，饲料中矿物质的供给量应适当，不足时会使乳质下降，出现缺乏症；但矿物质超过安全用量，会造成危害甚至中毒。由于鹿乳中钙、磷、镁含量及比例与乳脂率呈正相关性，因此，必须经常保证骨粉和食盐的充足供给。

维生素 A、维生素 B 族、维生素 C、维生素 E 都对泌乳有重大影响。维生素 B 族和维生素 C，在母鹿体内可以合成，一般不易缺乏，而维生素 A 必须由饲料内供给的胡萝卜素来补充，否则鹿乳中缺乏维生素 A，对仔鹿的生长发育也不利。

泌乳母鹿将胡萝卜素转化为维生素 A 的转化率为 1 克胡萝卜素等于 400 国际单位维生素 A。青饲季节或饲料胡萝卜素含量丰富时，母鹿在肝脏和体脂肪中贮存大量维生素 A，但长期饲喂低质粗饲料时容易导致维生素 A 不足。饲料中缺乏维生素将导致鹿乳中维生素先天不足，也影响母鹿和仔鹿对钙、磷的利用。

泌乳母鹿对胡萝卜素的维持需要量为 10 毫克 / 天，仔鹿为 3~5 毫克 / 天；泌乳母鹿对维生素的每天需要量为 100 国际单位 / 千克日粮干物质。

（2）产仔泌乳期的饲养要点 产仔泌乳期母鹿的日粮中各营养物质的

比例要合理、适宜；饲料多样化，适口性强；日粮的容积应和消化器官的容积相适应；要保证日粮的质量和数量，除喂良好的枝叶，还应喂给一定数量的多汁饲料，以利于泌乳和改善鹿乳质量。鹿产仔后应充分供给饮水和优质青饲料，产仔母鹿的消化能力显著增强，采食量比平时增加 20%~30%。

哺乳母鹿应每天喂精饲料 0.5~0.75 千克，其日粮中的蛋白质应占精饲料量的 30%~35%。一些养鹿场在母鹿泌乳初期饲喂适量的麸皮粉粥、小米粥或将粉碎的精饲料用稀豆浆调成粥样混合后再喂给母鹿，可更好地促进泌乳。母鹿产仔后 1~3 天最好喂一些小米粥、豆浆等多汁催乳饲料。舍饲母鹿在 5~6 月缺少青绿饲料时，每天应饲喂青贮饲料，母梅花鹿每天每头的饲喂量是 1.5~1.8 千克，母马鹿的为 4.5~5.0 千克。圈养舍饲的泌乳期母鹿应每天饲喂 2~3 次精饲料，夜间补饲 1 次粗饲料。

夏季潮湿多雨，饲料易发生霉烂。为了保证饲料的品质，青割饲料宜边收边喂，不宜堆积过久；根茎类应洗净切成 3~5 厘米长的小段后再投喂；青枝叶类应放置在饲料台上供母鹿采食；注意保持饮水洁净、充足。

（3）产仔泌乳期的管理要点　对分娩后的母鹿，应根据分娩日期先后、仔鹿性别、母鹿年龄将其分成若干群护理，每群母鹿和仔鹿以 30~40 头为宜。

在夏季母鹿舍应特别注意保持清洁卫生和消毒，预防母鹿乳腺炎和仔鹿疾病的发生。哺乳期对胆怯、易惊慌炸群的母鹿不要强制驱赶，应以温驯的骨干母鹿来引导。对舍饲的母鹿要结合清扫圈舍和饲喂随时进行调教驯化。

在母鹿群大批产仔阶段往往会出现哺乳混乱现象，致使一些仔鹿吃到几头母鹿的乳汁，另外一些仔鹿则吃不到或者吃不饱。因此要求饲养员责任心强，工作细心，对有弱仔及时引哺或人工辅助哺乳，对缺乳或拒绝哺乳的母鹿注意护理，加强看管和调教，对有恶癖鹿要淘汰。

> ⚠ **【注意】** 关键生产时期的饲养管理工作都会受到重视，而作为与各时期衔接的成年公鹿、母鹿休闲期及仔鹿断乳后的饲养管理工作往往被忽视，对鹿群的生产性能影响极大。

第七章
鹿 的 繁 育

养殖鹿时要想获得较高收益，除提供营养丰富的日粮，进行科学先进的饲养管理外，还要做好繁育工作，通过优选、培育，为高产鹿的产生打下基础，充分做好鹿群的繁殖工作，不断扩大鹿群中优秀鹿的数量，使鹿群整体生产力不断提高；通过繁殖和培育工作，为鹿群生产能力和高产鹿总数的提高提供保障。

第一节　种鹿的选配

一　选种方法

选种是良种繁育的基础，其目的是把对人类有益的性状选择出来，并加以保留和发展，同时消除不利的变异，使鹿群或鹿的个体遗传基础得到改善。种鹿品质的好坏，直接影响鹿群的质量。因此，选择的种鹿必须具备生产性能高、体质外形好、发育正常、繁殖力强、合乎品种标准、种用价值高6个方面的条件，缺一不可。

1. 选种的理论根据

只有选用好的种鹿，才能得到好的后代。每一种生物繁殖的后代，与其亲本在形态、结构和机能上都具有相似性，这就叫作遗传；但亲本与子代间、子代个体之间又都存在着一定的差异，这种差异就叫作变异。如梅花鹿的后代都有与亲本相似的花斑、毛色及其外貌特征，但有的花斑多一些，有的少一些。遗传与变异在生物界是普遍存在的，没有遗传，选择就没有意义；失去变异，选择就无从下手，因此遗传与变异是选种的理论基础。在整个养鹿过程中，对性状的选择是一个贯穿始终的手段。

2. 选种的方法

一个性状的表型值同时受遗传和环境两大因素的共同制约。我们在选择鹿群质量时，其实质是对它的遗传基础进行选择。只有使群体或个体的遗传基础得到改善，鹿群质量才能从根本上得到提高。但在生产实践中，对某一性状的遗传基础往往是无法直接观察到的，特别是一些受加性基因控制的数量性状更不易获得，而人们所追求的经济性状如产茸量、繁殖力、增重等都属于这类数量性状。因此，选种的方法大体可分为群体选种和个体选种两种。

（1）群体选种 群体选种是根据鹿群中的各种群体资料作为信息进行选种。在一些生产规模较大、生产管理水平较高、各种生产记录较全的鹿场，可进行大规模的群体选种。

1）利用系谱进行选择。选择出那些父母代或祖代各方面成绩好的后代作为候选对象，因为它们的祖代生产成绩好，同等条件下，其遗传基础也较好，它们的后代表型值也一定较高。

2）根据鹿场的规模进行家系选择。它是根据家系表型的平均值选择种鹿的一种方法，即一头公鹿及其全部后代构成一个家系，其后代的性状所表现的平均值为家系表型平均值。由于家系表型平均值接近于家系平均育种值，因此，家系表型平均值可以代表整个家系内的遗传基础的好坏，即育种值的高低。留种时家系表型平均值较大的家系内个体可多留或全留，较小的家系内个体可少留或不留。

3）根据同世代间的同胞或半同胞资料间接选择种鹿。它利用同父同母或同父异母的兄弟姐妹的生产性能来判断本身遗传基础的好坏。对于正在驯化的鹿来说，在父母或子代资料不易获得的情况下，该方法是一种实用有效的选种方法。

4）根据群体的后裔测定成绩来判断种鹿的好坏，这种方法只适用于公鹿，特别是开展人工授精和精液冷藏工作以后，这种方法更加行之有效。先将精液采出并冷冻，待通过小范围人工授精，确认该公鹿为优良种公鹿后，再利用该公鹿的精液进行大规模授精，这对改变鹿群质量有着很大的影响。

（2）个体选种 个体选种是根据鹿的个性表型值来进行选种的一种方

法，也是鹿选种中最基本的方法。利用群体资料进行选种，都是通过间接途径选择种鹿，即利用群体资料来估计个体。这些方法虽然都对选种起着重要的作用，但都不如直接观察个体的形态和生产成绩更直接，特别是像对产茸量等遗传力较高性状的选择，效果会更加明显。人们可以将生产水平表现低的、体型外貌不好的、繁殖力低的、有严重生理缺陷或遗传疾病的鹿直接进行淘汰，选择那些生产水平高的、外貌成绩好的、繁殖力高的健康鹿作为种鹿。

二 种鹿的选择

1. 种公鹿的选择

公鹿是鹿茸产品的直接生产者，它的好坏对后代有着重要的影响，因而，必须特别注意公鹿的选择。评定公鹿的种用价值，应根据遗传性、生产能力、体质外貌等方面的表现综合考虑。

（1）**遗传性** 选择双亲生产能力高、体质强健、体形优美、耐粗饲、适应性强、抗病力强、遗传力强的后代作为种用，结合对种公鹿的后代进行考核，掌握其遗传性能，以利于充分发挥优良种鹿的种用价值，扩大优质高产的育种群。

（2）**生产能力** 公鹿的鹿茸产量、茸形角向、茸皮光泽、毛地及产肉量等，都应作为选择种公鹿的重要条件。鹿场应依据本场鹿种的特征特性、类群的生产水平和公鹿头数，从鹿群中选择鹿茸产量高、品质好的公鹿作为种用公鹿。种公鹿的产茸量应比本场同年龄公鹿的平均单产量高20%~35%。

（3）**年龄** 以 3~7 岁的成年公鹿群作为选种的主要基础，将经过系统选择的后裔鉴定选出的优良种公鹿，在不影响其本身健康和茸产量的前提下，应尽量利用其配种效能，以获得更多的优良后代。一般可适当延长配种利用年限 1~2 年。

（4）**体质与外貌** 种公鹿必须具有本品种的典型特征和明显的雄性特征，表现为精力充沛、强壮雄悍、性欲旺盛。

2. 种母鹿的选择

母鹿的好坏对后代生产性能的影响是不可低估的，因此，在重视选择种公鹿的同时，不可轻视种母鹿的选择。选择好种母鹿对于提高繁殖力、增加鹿群数量和质量、提高后代的生产性能都是至关重要的。种母鹿的选

第七章 鹿的繁育

择主要从以下几个方面综合考虑。

（1）年龄　选择 4~9 岁的壮龄母鹿作为种母鹿。

（2）体质　理想的种母鹿应体质结实、健康、营养良好、具有良好的繁殖体况。

（3）繁殖力　良好的种母鹿还应性情温驯、母性强，发情、排卵、妊娠和分娩机能正常，泌乳量大，繁殖力高，无难产或流产记录。

（4）外貌形态　外形优美，结构匀称，品种特征明显，躯体宽深，身躯发达；腰胯及荐部宽，乳房和乳头发育良好，位置端正，四肢粗壮，皮肤紧凑，被毛光亮，后躯发达。

3. 后备种鹿的选择

在繁殖育种上，后备种鹿必须从生长发育、生产力良好的公、母鹿的后代中选择。

（1）外部形态　优良的种用后备鹿应体态端正、结构匀称、四肢粗壮、皮肤紧凑、被毛光亮、后躯发达。

（2）生长发育　应选择那些生长发育快、健康、活泼好动、反应敏锐、抗病力强和适应性强的公母鹿作为后备种鹿。

（3）鹿茸长势　仔公鹿出生后第二年就开始生长出初角茸，选择茸形好、长势迅猛、角柄粗短的作为后备种鹿。

（4）生殖器官　良好的公、母鹿的生殖器官应发育正常，母鹿乳房和乳头发育良好，位置端正，公鹿睾丸左右对称，大小一致。

三　选种需注意的问题

1. 选择的性状问题

产茸量是茸鹿育种工作的主要选择性状。但在关注产茸量的同时，还应重视其他性状，如体质外貌的好坏、抗病力和适应性等，这对鹿的正常生长发育、生产和繁殖都是非常必要的。因此既不可放弃某一方面的选择，也不可过分单独地强调某一性状。否则，就会出现偏选现象。

对多方面性状的选择，一般有顺序选择法、独立淘汰法和综合选择法 3 种。所谓顺序选择是若干被选性状按顺序依次选择，待第一个性状选择达到一定程度后，再依次进行剩余性状的选择。独立淘汰法是将全部被选性状分别定出统一标准来，然后按各性状所规定的标准分别淘汰，若有一个性状不符合标准，也不能参加配种。而综合选择法是在前两种选择方法的基础上，根据不同的重要性将各个被选性状给予适当的加权，然后再平衡选择。鹿的多性状选择，一般认为采用综合指数法为宜。如在对梅花鹿进行选择时，可考虑其产茸量、体质外貌成绩和茸形评分三方面因素，这样就可以按着各自的经济重要程度，规定出各自的百分比重要性，然后再加权，得出一个综合的选择指数。其公式为

选择指数 = 产茸量（70%）+ 外貌成绩（15%）+ 茸形评分（15%）

最后可根据每头公鹿选择指数值的大小，进行排队选择。利用这种方法选择出的种公鹿把握性较大。

2. 选种的科学性

选育工作是一项科学性很强的工作，养鹿场必须加强选育工作的科学性。首先，要正确认识被选性状是哪一类性状，了解这些性状的基本遗传规律及它们之间的相互关系等，再根据不同的性状采用不同的选择方法。例如，产茸量、体尺、体重、繁殖力等性状可以通过计数或计量方法加以表示，故称这类性状为数量性状；而像体质外貌、茸形质地、毛色等性状，无法通过计数或计量方法加以表示，只能通过感观去判别它的优劣，这类性状则称为质量性状。在生产实践中，多通过一些生产和繁殖记录，经过统计分析，找出它们的一般遗传规律、性状的遗传力或遗传相关，然后再稳步地、系统地选择提高。

3. 重视选种效果

育种工作的最终目的是提高鹿群的生产能力。因此，重视育种过程中的每一效果都是十分必要的。影响选择效果的因素很多，但首要的是要正确认识被选性状，估计出它可能出现的遗传效果和变异情况，采取相应的选择措施；其次是选种方案一旦确定下来，就一定要坚持按既定标准选种，千万不可随便更替或降低选择的性状和标准；另外，选择的性状要确定正确、合理，注意被选性状之间是正相关还是负相关。要特别注意防止由于性状之间的负相关关系较大，在选择这一性状时，另一个性状会随之提高而降低。同时注意发现和利用性状间的正相关关系，适宜做好辅助性状的选择，力求被选的主要性状迅速提高。

因此，在鹿的选种过程中，应力争早选、精选。具体做法是：在仔鹿期间就应注意种鹿的选择，一是要大规模选出后备种鹿；二是注意影响产茸量的早期性状的发现。根据养鹿场的统计情况来看，初生体重大或育成后体质外貌良好、健壮、毛桃茸重量大的幼鹿，以后的产茸量一般也都

鹿的繁育　第七章

131

比较高。这样，就可以把这些性状作为与产茸量有关的早期性状进行早选或初选，然后再随着年龄的增加，生产性能的进一步表现，进行逐步选留、逐步淘汰，较早地确定出优良种鹿，从而提高选择效果。

四 配种

优良的种鹿并不一定能够产生优良的后代，后代的优劣不仅决定于其双亲本身的品质，而且还决定于它们的配对是否适宜。因此，要想获得理想的后代，除做好选种工作以外，还必须做好选配工作。

1. 选配的意义

选配是有意识、有计划地确定亲本的配对，以期获得优良后代的过程。它实质上是一种交配制度，对鹿的交配实行人为控制，优秀个体的交配机会更多，优良基因的重新组合也更好，进而促进鹿群的改良和提高。选配在育种工作中有着重要意义和作用。

（1）选配的稳定遗传性 如果公、母鹿的遗传基础接近，那么所生后代的遗传基础与父母相差很小。这样，经过若干代有意识地选择遗传基础或性状相接近的公、母鹿交配，该性状的遗传基础即可逐步被固定下来。

（2）选配为培育新的理想类型创造条件 为了特定育种目的，选择一定的公、母鹿交配，在稳定遗传的同时也会发生变异，将会创造出新的理想类型。

（3）选配能把握变异的方向 当鹿群中出现某种有益的变异时，可通过选种将具有该变异的优良公、母鹿选出，然后通过选配手段来强化这种变异，即把握了变异的方向。

2. 选配的方式

选配可分为个体选配和群体选配，常用的是个体选配。

（1）个体选配 个体选配是指主要考虑与配个体之间关系的配种方式。个体选配又分为品质选配和亲缘选配。

1）品质选配：所谓品质主要是指鹿的一般品质，包括体质外貌、生物学特性、产品质量和生产性能等。品质选配就是考虑交配双方品质对比的选配，包括同质选配和异质选配两种。

① 同质选配：同质选配就是选用性状相同、性能表现一致或育种值相似的优秀公、母鹿来交配，以期获得相似的优秀后代。它的主要作用是使亲本的优良性状稳定地遗传给后代，并得到保存、巩固和提高。就鹿的

育种来讲，有时为了固定和发展某些优良性状，可针对这些性状进行同质选配。另外，在杂交育种工作的后期，鹿群的外貌和生产性能往往参差不齐，分化很大，此时，在确定选育方向后，也可应用同质选配手段使群体尽早趋于一致。在使用同质选配时，值得注意的一点是，不要把"同质"单纯理解为"相似的配相似的"，进而出现"一般的配一般的"拉平现象，更不能将有相同缺点的公、母鹿交配。

② 异质选配：异质选配可分为两种情况，一种是选择具有不同优异性状的公、母鹿交配，以期将两个优异性状结合在一个个体上，来获得兼有双亲不同优点的后代；另一种情况是选择同一性状，但优劣程度不同的公、母鹿交配，即所谓以好改坏、以优改劣，使后代能取得较大的改进和提高。在鹿的育种工作中，如果发现鹿群中存在某种缺陷或某一性状的表现不很理想时，可有针对性地选用或引进能克服该缺陷的种鹿，以交配一方的优点纠正另一方的缺点。另外，在杂交育种的初期或品系繁育后期，可采用此种交配方式，以便达到理想的组合。一般来说，采用异质选配所生的后代，无论是在生活力、生长速度、繁殖力及抗病力上都有明显提高。

● **【提示】** 同质选配和异质选配，既有区别又有联系，使用时应根据具体情况灵活运用，不可始终长期地使用任何一种，应交替进行。如果只强调同质选配，长期下去的结果会使鹿群的生活力、抗病力下降；如果只强调异质选配，又很容易造成鹿群品质杂乱无章，达不到应有的选育效果。

2）亲缘选配：亲缘选配就是考虑到交配双方亲缘关系远近的选配方式。如果双方有较近的亲缘关系，就是近亲交配，简称近交；反之称为远亲交配，简称远交。近交有害，这是人们从养鹿实践中总结出来的教训。因此，在配种时都尽量避免近交，但近交也有其特殊的作用，它可以加速优良性状的固定，淘汰有害基因，提高鹿群的同质性，最有效地保持优良祖先的血统。使用近交时必须严格掌握和控制近交的程度和选择后代，加强饲养管理，有不良者出现时必须严格淘汰或立即停止近交。

（2）群体选配 群体选配也称为种群选配，主要研究参与交配的个体所隶属的群体的特殊配种关系，是根据交配双方属于相同的还是不同的种群而进行的选配。它不仅根据相配个体的品质对比和亲缘关系等个体特性来进行交配，还应掌握相配个体所隶属的品系、品种、种或属等的群体特性对它们后代的作用和影响，这对提高配种效果和鹿群的生产水平会带来更多的好处。它大体可分为纯繁和杂交两种形式。

1）纯繁：是纯种繁育的简称，即同种群内的个体选配。相同祖先的鹿群，无论从体质外貌、生产水平都是较为相似的，如果经过一段时期的纯繁后，势必造成基因的相对纯合，使群体有较高的遗传稳定性，但群体内总会存在着一定的异质性，通过种群内的选种选配，还可能在生产水平上有所提高。在一个鹿场，可根据实际情况，划定不同群体进行纯繁，以提高性状的水平。同时用不同群体造成异质性，然后再进行群体间选配，鹿群生产水平或鹿群质量一定会不断提高。纯繁具有以下两个作用：一是可巩固遗传性，使种群固有的优良品质得以长期保持，并迅速增加同类型优良个体的数量；二是提高现有品质，使种群水平不断稳步提升。

2）杂交：杂交就是异种群选配，即选择不同种群的个体进行配种。杂交主要有两方面的作用；一是使基因和性状重新组合，原来不在一个群体中的基因集中到一个群体中来，原来分别在不同种群个体身上表现的性状集中到同一个体上来；二是产生杂种优势，即杂交产生的后代在生活力、适应性、抗逆性及生产力等方面，都比纯种有所提高，杂交后代的基因型往往是杂合子，遗传基础不稳定，杂种鹿不能作为种鹿用就是这个道理。但杂种鹿具有许多新变异，又有利于选择。生产水平较低的鹿场，为了改变群体的遗传基础，可从外地鹿场引入优良种鹿，进行适当杂交，能使当地的鹿群质量得到迅速改良和提高。

3. 选配的注意事项

为了做好鹿的选配工作，在选配过程中，应注意下列几个问题。

（1）要根据育种目标综合考虑选配问题　育种工作应有明确的目标，各项具体工作应根据育种目标进行，选配当然不能例外。为更好地完成育种目标规定的任务，不仅要考虑交配个体的品质和亲缘关系，还必须考虑交配个体所隶属的种群对后代的作用和影响。在分析个体和种群特征的基础上，要注意加强其优良品质，克服缺点。

（2）尽量选择亲和力好的鹿进行交配　在对过去交配结果具体分析的基础上，找出那些产生过好后代的选配组合，不但应继续维持，而且还应增选具有相应品质的母鹿与之交配。种群选配同样要注意配合力问题。

（3）要考虑公、母鹿的等级和年龄　交配时，公鹿的等级一定要高于母鹿，在年龄上幼母鹿可与壮年公鹿交配，壮年母鹿可与壮年公鹿交配，老龄母鹿应与壮年公鹿交配。不宜用年幼的配年幼的，年老的配年老的，同时，年龄和体形差别太大的公、母鹿也不宜相互交配。

（4）相同缺点或相反缺点的公、母鹿不可相互交配　如鹿茸顶拉沟与短挺、小嘴茸的鹿交配，这样会加重缺点的发展。

（5）不要任意近交　近交只宜控制在育种群有必要时才使用，它是一种局部而又短期内采用的方法。在一般繁殖群，非近交则是一种普遍而又长期使用的方法。为此，同一公鹿在一个鹿群的使用年限不能过长，应注意做好种鹿交换和血缘更新工作。

（6）搞好品质选配　优秀的公、母鹿，一般情况下都应进行同质选配，在后代中巩固其优良品质。一般只有品质欠优的母鹿或为了特殊的育种目的才采用异质选配。对改良到一定程度的鹿群，不能任意用本地公鹿或低代杂种公鹿来配种，这样易使改良进程后退。

4. 选配计划的制订

（1）选配前的准备工作　为制订好选配计划，必须事先了解和搜集一些必要的资料。

首先，要深刻了解整个鹿群的历史和品种的基本情况，包括其系谱结构和形成历史，以及鹿群的现有水平和需要改进、提高的地方。

其次，应分析以往的交配结果，查清每一头母鹿与哪些公鹿交配曾产生过优良的后代，与哪些公鹿交配效果不好，以便吸取教训。

再次，应分析即将参加配种的公、母鹿的系谱和个体品质（如体重、体尺、外形、体质类型、生产力、选择指数、评定等级、育种值等），对每一头鹿要保持的优点、克服的缺点、提高的品质都要做到心中有数。

（2）拟订选配计划　选配计划又称为选配方案，没有固定的格式，但在计划中一般应包括每头公鹿与配的母鹿号（或母鹿群别）及其品质说明、选配目的、选配原则、亲缘关系、选配方法、预期效果等项目。

选配方法有个体选配与等级选配两类。鹿一般采取个体选配，在逐头进行分析后选定与配公鹿。

在选配计划执行过程中，如果发生公鹿精液品质变劣或伤残死亡等偶然情况，应及时对选配计划做出合理修改，对优良公鹿，应千方百计扩大其利用范围。选配计划执行后，在下个配种季节到来之前，应对上次的选配效果进行分析，本着"优秀继续，差的重选"的原则，对上次选配计划做全面修改。

第七章　鹿的繁育

第二节 人工授精

传统的繁育技术是经选种、选配，在母鹿发情后进行放对、自然交配的方法，但因为优秀公鹿的精液数量及体质所限，常常无法实现大量繁殖后代的目的。随着科技的进步，人工授精技术给这一困难提供了解决方案。

一 概述

1. 概念

鹿的人工授精技术是以人工的方法利用器械采集公鹿的精液，经检查与处理后（鲜精或冻精）再输入母鹿生殖道或子宫角内，以代替自然交配从而实现控制妊娠的目的。

2. 意义

1）应用人工授精技术可以高效利用优秀种公鹿的遗传资源，并提高繁殖效率。自然交配情况下，1头公鹿一般可以完成15~30头母鹿的配种任务。应用人工授精技术，在配种期采集精液，经稀释处理后，无论采用鲜精还是冻精，均可以给200头左右的母鹿输精，优秀种公鹿的利用率大大提高。

2）降低引种风险。选择产茸量较高、遗传较稳定、具有本品种特征的个体留作种用。无论是梅花鹿还是马鹿，其引种费用都很高，如果感染疾病或由其他因素而导致种鹿死亡，将造成极大损失。采用人工授精技术，只需支付精液费用，便可避免这种风险，同样可以达到提高鹿群品质的目的。

3）人工授精技术促进了种公鹿良种基因库的建立。冷冻精液可以被长期保存和利用，且运输方便，可使鹿的配种不受地区和国界限制，有效地解决了良种遗传基因的跨时间和空间供应。

4）便于早期进行后裔鉴定。自然交配下，种公鹿利用年限较短，每代后裔有限，难以做到早期的后裔鉴定；用冷冻精液输精，在短期内可生出众多的后代，通过后裔鉴定，可以对公鹿的遗传力进行早期判断，以确定该公鹿的种用性能。

5）可防止各种疾病，特别是生殖道传染病的传播。鹿在本交时，由于公、母鹿生殖器官直接接触，容易感染传染性疾病，特别是生殖道传染病。人工授精所选公鹿均经过选择，所用精液都经过检查，输精时只要严格执行操作规程，就可保证鹿的正常繁殖。

6）可有效进行种间杂交或属间杂交。梅花鹿与马鹿不仅体形差异大，其生物学特性也不相同，在杂交配种时，很难成功交配，但采用人工授精技术可以弥补本交的不足，克服种间配种不同步的困难，从而实现茸鹿的杂交育种目的。

二 鹿的采精及精液处理技术

1. 公鹿的采精技术

对公鹿进行采精能够获得大量的、高质量的精子。根据不同情况，一般采用假阴道采精和电刺激采精两种方法。

（1）假阴道采精法

1）公鹿的选择：选择性情较温驯、驯化程度高、经过调教的高产种公鹿用于采精。

2）台鹿的准备：可用高度驯化、经过调教的发情母鹿当作台鹿；也可用假台鹿，把它制成可以水平转动、能垂直升降的机械装置。对假阴道实施电动控温，在假阴道外周抹上发情母鹿排出的尿液或阴道分泌物，借此诱导采精公鹿爬跨、排出精液。假阴道采精的其他过程与家畜相同。

（2）电刺激采精 首先采精员要熟练掌握采精器的使用，各式采精器的操作方法略有差别。采精前，对采精公鹿先用药物麻醉或用牢固的机械保定，然后进行采精。采精器的使用应该严格按照电压变动（由低压到高压），间歇刺激的原则进行。否则，容易出现因长期低压刺激而射精受阻或阴茎不勃起，或者提前射精而产生被污染的精液。此外，若电压突然过高，公鹿受到过度刺激，会使排精反射受到损害或影响下次采精。不同采精方法获得的精液量与精液品质的比较，见表7-1。

表7-1 不同采精法获得的精液量与精液品质比较

鹿　别	采精法	采精量/毫升	密度/（个/毫升）	活　力
梅花鹿	假阴道法	0.6~1.0	$(3000\sim4000)\times10^6$	>0.9
	电刺激法	1.0~2.0	1000×10^6	>0.7
马鹿	假阴道法	1.0~2.0	$(1860\sim3700)\times10^6$	>0.8
	电刺激法	2.0~5.0	1380×10^6	>0.7

合理安排种公鹿采精频率是维持公鹿健康和最大限度采集精液的重要条件。对于需要采精的种公鹿，要加强饲养管理，精心呵护，满足其营养需要。用于采精的种公鹿在一个配种期内，以每周采集 1 次精液为宜。

2. 精液处理

将采集到的精液进行精液品质检查，包括一般性状的检查、精子活力检查、精子密度检查、精子畸形率检查、精子顶体异常检查，合格精液进行稀释与平衡、精液的冷冻与解冻等处理，经检验合格后才能用于人工授精。

(1) 精液一般性状的检查　包括射精量、色泽、气味等。

1）射精量：指公鹿一次射出精液的容积，与公鹿的年龄、营养、采精次数、方法及采精技术水平有关。利用假阴道法采精，可采梅花鹿精液 0.6~1.0 毫升、马鹿精液 1.0~2.0 毫升；利用电刺激法采精，可采梅花鹿精液 1.0~2.0 毫升、马鹿精液 2.0~5.0 毫升。

2）色泽、气味：正常精液为乳白色或黄色，如果呈浅黑色、绿色或其他颜色，均属不正常的精液，不能使用；正常情况下精液是无味或微腥的。

(2) 精子活力检查　精子活力是指精液中前进运动精子占所有精子的百分率。做前进运动的精子是指精子近似直线地从一点移动或前进到另一点。精子活力检查是精液品质评定的一个重要指标，因为受胎率与所输精液所包含的前进运动精子数高度相关。

在 37℃下，用 400~600 倍显微镜检查。评定活力可采用 10 级制，即在显微镜下直线前进运动的精子占 100%，其活力为 1.0，如果达到 90% 其活力为 0.9，依此类推。采用假阴道法采集的精子活力为 0.8~0.9，采用电刺激法采集的精子活力为 0.6~0.8。用鲜精液输精，其活力达 0.6 即可；用冷冻精液输精，冷冻前的精子活力在 0.7 以上，解冻后的精子活力不低于 0.3，方可输精。

(3) 精子密度检查　包括估测法和精子计数法。

1）估测法：在常规显微镜下，根据精子的稠密程度，将精子密度人为地分成密、中、稀 3 种："密"为 8 亿个 / 毫升以上，"中"为（4~8）亿个 / 毫升，"稀"为 4 亿个 / 毫升以下。

2）精子计数法：估测法能得到的仅是精子的大致数量，如果用红细胞计数器就能得到比较准确的数值。将原精用 3% 氯化钠溶液稀释 200 倍

（3% 的氯化钠溶液不仅有稀释液的作用，而且可以杀死精子，便于对精子进行观察和计算），混匀精液后吸取精液让其自然充满计数室。计数板上是用颗线分成的 25 个大方格，每个大方格有 16 个小方格，总计 400 个方格，总面积为 1.0 毫米 ^{2}。小室高 0.1 毫米，计算时先将计算室盖上盖片，在低倍镜下找到计算室，再用 600 倍镜检查 5 个大方格的精子数。通常取四角的 4 个中方格和中间的 1 个中方格来计数精子，计数四角及中央共 5 个中方格内的所有精子数。计数时为了防止重复和遗漏，应按一定的顺序，先自左向右数到最后一格，下一行格子则自右向左，再下一行又自左向右，即呈 S 形计数。对于分布在刻线上的精子，依照"数上不数下，数左不数右"的原则进行计数。计数时，若发现各个中方格的精子数目相差 20 个以上，则表示血细胞分布不均匀，必须重新计数。先数 5 个大方格，即 80 个小方格的精子总数，再按下列公式计算：1 毫升精液中的精子总数 =5 个大方格中的精子总数 ×（整个计算室 25 个大方格内的精子总数）×10（1 毫米 ^{3} 内精子数，计算室高度为 0.1 毫米）×1000（1 毫升精液内的精子数，1 毫升 =1000 毫米 ^{3}）×200（稀释倍数），再在计算结果等于 5 个大方格内精子数的后面加上 7 个零，便为总精子数，即精液密度。

如果 5 个大方格内的精子数量为 90 个，则 90×5×10×1000×200=900000000 个，精子数为 9 亿个，即 90 后面再加 7 个零。

（4）精子畸形率检查 精子畸形率即畸形精子占所检查精子的百分率。检查时，取 1 滴精液做成涂片，待自然干燥后，用 96% 乙醇固定 2~3 分钟，再用蒸馏水冲洗后阴干，用美兰、伊红、甲紫、红墨水或蓝墨水等染色 2~3 分钟，再用蒸馏水冲洗，自然干燥后镜检，镜检总数一般不少于 500 个，用下式计算：

精子畸形率 =（畸形精子数 / 所检精子总数）×100%

如镜检 500 个精子，畸形精子数有 5 个，则畸形率 =5/500×100%=1%。

（5）精子顶体异常检查 精子顶体异常与否同精子存活及受精能力关系密切。顶体异常有膨胀、缺损、脱落等，检查方法为：将精液涂片，自然干燥，置固定液（24 小时前配好的 6.8% 重铬酸钾溶液，使用前用 8 份重铬酸钾溶液与 2 份福尔马林液混合）上固定片刻，取出水洗，再用姬姆萨冲液（3 毫升姬姆萨液 +35 毫升蒸馏水 +2 毫升 pH 7.0 的 PBS 缓冲液）染色 1.5~2.0 小时，取出水洗后自然干燥，用树脂胶封闭制成标本，在高

倍镜下观察。

● 【提示】 pH 7.0 的 PBS 缓冲液配法: 0.1 摩尔 / 升的磷酸氢二钠（3.6 克 /100 毫升）61 毫升与 0.1 摩尔 / 升的磷酸二氢钾（1.4 克 /100 毫升）39 毫升混合即可。

3. 精液的稀释与平衡

精液稀释目的主要是增加精液的容量，延长精液保存时间。

（1）鲜精输精时稀释液配方有以下两种。

配方 1：蒸馏水 100 毫升，柠檬酸钠 2.9 克，卵黄 20 毫升，青链霉素各 10 万单位。

配方 2：12% 乳糖溶液 75 毫升，卵黄 20 毫升，青链霉素各 10 万单位。

（2）冷冻精液稀释液配方 包括 Tris 液、柠檬酸钠液和蔗糖液配方。

1）Tris 液配方：有以下两种。

配方 1：Tris 1.21 克，果糖 0.50 克，柠檬酸 0.67 克，甘油 3.2 毫升，双蒸馏水 34.41 毫升，卵黄 10 毫升，制成溶液后，每 100 毫升加青霉素、链霉素各 5 万 ~10 万单位。

配方 2：Tris 3.63 克，果糖 0.50 克，柠檬酸 0.67 克，甘油 15 毫升，双蒸馏水 100 毫升，青霉素钠盐 0.06 克，链霉素 0.1 克。

2）柠檬酸钠液配方：有以下 3 种。

配方 1：酒石酸钾钠 1 克，果糖 1.7 克，双蒸馏水 100 毫升，鲜卵黄 20 毫升（40℃加入并振荡），甘油 7 毫升（60℃加入），青霉素、链霉素各 10 万单位。

配方 2：柠檬酸钠 2.8 克，葡萄糖 0.8 克，双蒸馏水 100 毫升，鲜卵黄 10 毫升，链霉素 0.1 克。

配方 3：2.9% 的柠檬酸钠 72 毫升，果糖 1.25 克，鲜卵黄 20 毫升，甘油 8 毫升，链霉素 0.1 克。

3）蔗糖液配方：有以下两种。

配方 1：12% 的蔗糖液 75 毫升，鲜卵黄 20 毫升，甘油 5 毫升，青霉素、链霉素各 10 万单位。

配方 2：12% 蔗糖液 75 毫升，鲜卵黄 5 毫升，配好后置于冰箱内保存，用前每 100 毫升加入青霉素、链霉素各 5 万 ~10 万单位。

（3）**精液稀释的方法**　根据精子活力、密度和容量来确定稀释倍数和稀释液用量。稀释原则是每一颗粒冻精或每一支细管冻精含有效精子数不少于 1500 万，一般稀释 1~5 倍，稀释时，将与精液等温的稀释液沿管壁缓慢加入精液中，并慢慢转动试管，以便混合均匀。

（4）**精液的平衡**　将稀释好的精液封好试管口，再用棉花包好试管或直接将试管放入装有 200 毫升与精液等温的水杯中，共同放入 4℃冰箱中缓慢降温平衡 2~3 小时。

4. 精液的冷冻与解冻等处理

采精后，应立即着手冷冻。根据精液活力、密度和精液量，来确定稀释倍数。按成品种类不同，可分为颗粒冻精及细管冻精两种，目前市场上基本采用细管冻精，冷冻精液多放于 -196℃ 的液氮罐中长期保存。

冷冻精液的出现，标志着茸鹿人工授精技术的长足进步和全面深入的发展。该技术的出现，使人工授精脱离了它自身的局限性而获得全面推广和重大成功，由于其保存期的无限延长，使茸鹿精液可以不受地域限制，甚至可全球性使用，从而加快了茸鹿育种、品种改良的速度。

（1）**颗粒冻精**　冷冻精液要求在解冻后，每粒冻精所含有效精子数不少于 1500 万。稀释时，将等温的稀释液缓缓加入精液中将其混匀，稀释后，封好试管口，用棉花包好该试管放入 4℃冰箱内平衡 2~3 小时，之后将精液在液氮预冷的饭盒或氟板上滴冻成颗粒。冻精颗粒的大小，以每毫升滴冻 9~11 粒为准。用解冻液解冻后，镜检活力在 0.3 以上，即符合要求，可将其余冻精颗粒装入消毒纱袋中，放入液氮罐中保存。

（2）**细管冻精**　等温条件下，将稀释液与精液按精液密度进行稀释，再将稀释液吸入细管，细管上部精液充满，底部要有 3~5 毫米的空隙，用灭菌的封口粉蘸封细管底部，或用特制封口珠封口，放入 4℃冰箱内平衡 2~3 小时。把平衡好的细管精液在液氮中冷冻，随机取出一支精液，解冻、镜检，活力为 0.3 以上，便视为合格。将冻好的细管精液装入消过毒的袋内，标记后存入液氮罐内。

三　母鹿同期发情技术

鹿的同期发情是对群体母鹿采取人为措施（主要是激素处理）使其发情相对集中在一定时间范围内的技术，也称发情同期化。具体地说，是将原来群体母鹿随机性发情人为地集中在一定的时间范围内，一般在 2~3

天内。

1. 母鹿同期发情的意义

1）有利于推广人工授精技术，加快其品种改良。常规人工授精技术需要对个体母鹿进行发情鉴定，这对生产规模较大、群体数量较多的场家比较困难，而同期发情可以省去发情鉴定这一费时费力的工作环节。

2）便于组织和管理生产，节约配种经费。母鹿被同期发情技术处理后，可同期本交配种或人工授精，随后的妊娠、分娩、新生仔鹿的管理、幼鹿培育、出售等一系列的饲养管理环节都可以按照统一的时间有计划地进行，从而使各时期的生产管理环节变得简单，减少了管理开支，降低生产成本，形成规模化生产。

3）提高低繁殖鹿群的繁殖率。对一些繁殖率低的鹿群，经同期发情技术处理后，可以使母鹿的发情周期得以恢复，通过提高配种后的受胎率，从而提高繁殖率。

4）可以作为其他繁殖技术和科学研究的辅助手段。通过同期发情，可以为超数排卵、体外受精、胚胎移植、胚胎冷冻等研究提供有力支持。

2. 母鹿同期发情技术的应用

当前，我国茸鹿养殖业中，普遍采用的同期发情方法是放置阴道栓法。阴道栓有国产和进口两种，进口所用的阴道栓主要是CIRD，呈"Y"形，中间为硬塑料弹簧片，外面包被着发泡的硅橡胶，硅胶孔的微孔中含有孕激素，栓的前端有一速溶胶囊，含有一些孕激素与雌激素的混合物，后端系有尼龙绳。用特制的放置装置将阴道栓放入母鹿的阴道内，注意应将带的尾绳露出阴门，便于日后收取。放置时间一般为9~12天，取栓后同时肌内注射一定剂量的PMSG（孕马血清促性腺激素）。在取栓时若采用本交或直肠把握输精法的可以集中取栓，若采用腹腔镜输精则需要按照输精速度取栓。取栓后58~62小时母鹿就陆续集中发情，可以进行有效的配种工作了。

⚠️ **【注意】** 输精前24小时应停喂饲料，前12小时应停喂水，以方便顺利进行人工授精工作。

四 母鹿的发情鉴定

1. 外部观察

（1）发情前期的征兆 母鹿鸣叫，躁动不安，离开鹿群乱跑动，不爱吃精、粗饲料，嗅闻别的母鹿的外阴部，并爬跨别的母鹿，不接受别的鹿爬跨。

（2）发情期的征兆

1）初期：阴门有少量或没有黏液流出，接受爬跨并站立不动，眼光锐利。

2）盛期：发情开始数小时进入中期，也是发情最盛期。阴门有黏液流出，母鹿表现出活跃的性冲动，爬跨鹿也被其他鹿爬跨。

3）末期：阴门黏液量少，接受爬跨，但精神表现安定一些。

整个发情期大约持续 36 小时。

2. 直肠检查

由于母鹿的发情期比较短，当出现隐性发情及其他不完全发情的情况下，可以通过直肠检查，以直接触摸卵巢的方法确定其是否发情。由于马鹿的直肠比较粗大，一般人均可进行此项检查；梅花鹿的直肠比较细，只有手较小的人可进行此项检查。检查时，指甲应修剪、磨光，手臂清洗消毒，再用肥皂水擦拭肛门或把少量肥皂水灌入直肠，排除宿粪，以利于检查。

（1）卵泡出现期 有卵泡发育的卵巢，体积增大。卵巢上卵泡发育的地方为软化点，波动不明显，此时的卵泡直径约 0.5 厘米，发情表现不明显。

（2）卵泡发育期 卵泡进一步发育，直径达 1.0 厘米左右，呈小球形，部分凸出于卵巢表面，波动明显。

（3）卵泡成熟期 卵泡体积增大，直径达 1.2~1.4 厘米，卵泡液增多，卵泡壁变薄，紧张性增强，波动明显，大有一触即破之感，表示即将排卵。

五 **输精方法**

1. 输精前的准备工作

（1）器械的准备 所用输精用具必须严格消毒，与精液接触的器械在用前应以稀释液冲洗 2~3 次，尤其注意金属输精枪和开腔器消毒；输精枪安装细管冻精时应保证吻合良好。

（2）输精人员的准备 输精人员要熟练掌握输精技术及其操作方法，指甲须剪短、磨光，手要洗涤消毒。

（3）精液的准备 使用液态精液时，低温保存的要缓慢升温到 35℃左右，镜检活力不低于 0.5。冷冻精液解冻后的精子活力不低于 0.3。

鹿的繁育

第七章

143

2. 输精的具体方法

输精前，麻醉母鹿后，用温肥皂水洗涤阴户，除去污垢并消毒，用纱布擦干，如果用直肠握颈法输精，需清除直肠宿粪。对梅花鹿的输精可采用开腔器输精法，给马鹿输精则采用直肠把握输精法。对于很难通过子宫颈输精的茸鹿，可选择用腹腔镜输精法。

（1）直肠把握输精法 该法适用于对马鹿等体型较大的鹿进行子宫内输精；如果输精员手小，也可对体型较大的梅花鹿进行输精。将一手伸入直肠内，寻找并握住子宫颈外端，压开阴门裂，另一只手持输精枪插入阴门，先向上倾斜避开尿道口，再转入水平直向子宫颈口，借助进入直肠内的一只手固定和协同动作，将输精枪插入子宫颈的皱襞，将精液输入子宫内。这种输精法能准确掌握卵巢发育情况，可提高母鹿的受胎率。

（2）阴道开腔器法 该法适用于不能采用直肠把握输精法输精的梅花鹿等。操作者一只手将开腔器放入母鹿阴道内扩张阴道壁，暴露子宫颈外口，将输精枪尽可能插入母鹿宫颈口内，徐徐注入精液。

（3）腹腔镜输精法 该法适合难以通过子宫颈输精的中小型鹿。母鹿被麻醉后，放在特制的保定台上仰面保定，头向下倾斜，与地面成30°角，腹部剃毛、消毒后，实施手术，在乳房前10厘米的腹正中线两侧各切2厘米的小切口，将直径为7~10毫米的腹腔镜窥视镜的顶部送入腹腔，观察子宫所在位置及卵巢发育情况，并用前端带针头的专用输精枪将精液输入卵泡发育好的卵巢一侧的子宫角内，术后注射长效抗生素。配合默契时每小时可输精10头以上。

3. 输精时间

结合发情鉴定，一般在母鹿发情后的8~12小时输精。如果采用同期发情技术，马鹿可在取出阴道栓并注射PMSG后48~54小时输精，梅花鹿则在58~62小时实施即可。

每个生产场情况各不相同，营养因素、疾病等都是影响母鹿受胎率的重要因素，需要生产场家引起重视。

> ⚠️ **【注意】** 做好选种、选配和人工输精技术是鹿群繁育的关键技术。因为繁育技术的进步，马鹿和梅花鹿的杂交变得过滥，严重影响了纯种遗传资源的保护，养鹿者需谨慎。采用直肠检查卵泡和直肠把握输精时，可培养女性技术人员操作。

第八章
鹿的疾病防治

第一节　鹿的卫生防疫

一　鹿病防治原则

"预防为主，防重于治，防治结合"是鹿病防治的关键原则。

首先，要建立、健全卫生防疫制度。鹿舍、饲料室、水槽、精料槽及其他用具要经常刷洗，保持清洁卫生；日常饲养管理中，要注意观察鹿的生活状态，观察鹿的精神、食欲、反刍、呼吸、鼻镜、运动、姿势、粪便等，一旦出现异常情况就要及时治疗，防止病情恶化。

其次，需在鹿场设立兽医室，配备专职兽医，负责全场的疫病防治工作；对饲养员应普及鹿传染病的预防知识，实行群防群治；注意环境卫生，圈舍要及时起垫，定期消毒，切断传播途径，给鹿群创造良好的环境；鹿场必须做好检疫工作，严格控制鹿场人员进出，发生重大疫情时要立即封锁鹿场；根据当地疫病流行情况，每年给鹿群进行预防接种。

再次，在用药上，要根据鹿的特点尽量少而精，即一次给药剂量不要过大，投药次数不宜过多，药物的服用方法要方便，能自行采食的不要强行灌服，能肌内注射的不用静脉注射；保定是对鹿的一种强烈刺激，治疗时间短的最好用机械保定，治疗时间长的用麻醉保定。

最后，治疗前要在人力、物品方面做好充分准备，保定一次就应采取全面的治疗措施，尽量做到全身治疗和局部治疗同步完成，最大限度地减少对鹿的骚扰。需要长期治疗的病鹿，兽医人员必须耐心、坚持不懈地治疗。

二 鹿场综合防疫措施

（1）卫生制度　养鹿场的生活区与生产区要隔离开来；凡进入生产区的人员要更衣、换鞋，用消毒液洗手后方可经消毒池进入，消毒池内的消毒液要保持一定的数量和浓度，并且经常更换。进入生产区内的车辆、用具等要严格消毒，生产用具严禁外借。圈舍、生产用具、水槽、料槽每半个月消毒 1 次，疫病流行季节每周消毒 1 次，消毒药物可选用百毒杀、氢氧化钠、石灰、优氯净等。引进的鹿必须隔离观察 1 个月，检查确认健康无病后方可进入生产群。饲草、饲料要严把质量关，严禁饲喂变质草料。

（2）环境卫生保持　鹿场环境清洁卫生是防止感染疫病的有效措施。生产区内要种植花草树木，以美化环境、净化空气；卫生区要分片，并由专人负责；圈舍每天要清扫，粪场要远离生产区，粪便需经堆积发酵处理；鹿场严禁其他家畜进入，饲养员家里不准饲养牛、羊等反刍动物；库房要在安全地带定期投放鼠药或用灭鼠器灭鼠，以控制疫病传播。

三 免疫、驱虫

免疫接种是防止疫病流行的最佳措施，疫苗的保存及使用不当都有可能造成免疫失败。因此，养鹿场要严格按照疫苗的保存要求和使用方法进行保存、使用，确保疫苗的有效性。免疫接种可根据鹿场周围的疫病流行情况有选择地进行。鹿的驱虫药物可选用盐酸左旋咪唑、丙硫咪唑（阿苯达唑）、硝氯酚等。

> ⚠ **【注意】**　结核疫苗的注射应该谨慎，宜检测后对阳性鹿隔离治疗或淘汰，以免注射后产生假阳性，影响后续防治工作。

第二节　鹿病的诊断与治疗

一 鹿病的特点

鹿病的种类和发病率明显少于一般家畜，这是养鹿业发展的优势。因为鹿场大都建在山坡、树林等处，远离城区，便于卫生防疫。人工驯养的鹿尚保留一定野性，为防止逃窜，应在高墙林间圈养，使鹿舍与外界形成一个隔离带。如果加强卫生防疫和饲养管理，鹿群很少发病。

鹿对外界环境的反应非常敏感，遇到惊吓常会发生应激，而其他家畜则很少发生，这是养鹿发展的劣势。鹿易患外伤、骨折等外科疾病。春、夏季节是生茸季节，鹿的需要大量蛋白质，此时易患肠胃性疾病；秋季发情配种，公鹿争偶顶架易患外伤、直肠破裂等病。鹿的抗病能力强，一般病初期不明显，易被忽视；症状明显后，往往病势已经严重，失去治疗的机会。因此，必须做好鹿病的早发现、早诊断、早治疗。

（1）**与年龄有关**　不同年龄的鹿发病不同。哺乳仔鹿、幼鹿从母体获得母源抗体，但在一定时期对某些传染病的抵抗力低；青壮茸鹿反应性高，在感染某些传染病时表现比较强烈；仔鹿易患胃肠道、呼吸道疾病，死亡率高；老年鹿抵抗力下降，易患病，且愈后不良。

（2）**与环境有关**　不同季节、不同气候、不同环境的发病种类和发病率不同。春、夏季节主要是母鹿产科病、仔鹿病、公鹿锯茸病；秋季雨量大、气温低、湿度大，公鹿坏死杆菌病和胃肠疾病较常见；冬季如果饲养管理不当，防疫不强，会导致公鹿抵抗力下降，易发病且死亡率高，母鹿、仔鹿发病相对较少。

（3）**与其他动物疾病有关**　鹿在圈养条件下不易患病，但若与其他家畜接触机会增多，许多家畜传染病和寄生虫病对鹿的侵害也逐渐增多。

（4）**与鹿种有关**　鹿的品种不同，对外界环境条件的适应性也有所不同，对疾病的抵抗力也不同。一般马鹿比梅花鹿的抗病力强。

总之，在认识鹿病发生的规律时要考虑到鹿的品种、年龄、性别、季节及鹿群周围环境等的影响，还要尽可能减少与其他家畜的接触机会，做好日常防疫卫生工作，当鹿场附近的畜群流行某种传染病时，要及时采取预防措施。

二　诊断技术

由于越来越多的人投入到养鹿业，所以一些必要的医疗知识还是需要掌握的。然而及时准确地诊断是鹿病治疗、预防等临床工作的基础。诊断目的是全面了解鹿的机体状况，分析疾病性质和预后，合理制定防治措施。因为鹿不让人接近，诊断工作比家畜困难。为此，饲养人员要经常观察鹿群。由于饲养人员与鹿群接触密切，基本上能掌握各鹿的生活习性，对鹿病的发生发展都比较清楚，所以在诊断中占有相当重要的地位。但有时饲养人员由于种种原因，不愿说出实情或不能准确描述发病原因和临床

症状，致使技术人员不能很好地掌握第一手资料，造成误诊，引起不必要的损失。因此，养殖人员一定要配合技术人员，将饲养管理过程中的每一个环节客观、真实地反映给技术人员，以便做到鹿病早发现、早诊断、早治疗。

1. 问诊（问病史）

询问饲养管理人员鹿发病的经过和情况，进行综合分析，为正确诊断提供依据，包括以下内容。

1）发病时间：何时出现症状，由此可判定是急性或慢性病，或疾病处于什么阶段。

2）发病比例：发病数量及是否集中，由此判断是传染病、中毒病或普通病。

3）最初症状和以后表现：病鹿开始时有何表现，如精神、食欲、饮水、呼吸、排粪、排尿、反刍、暖气、运动、站立、姿势等，以此推断疾病的性质和部位，对做出正确诊断有很大帮助。

4）处理情况：对病鹿是否进行治疗，用什么方法与药物，效果如何，是否注射过疫苗等，据此可以判明有无因治疗、用药不当而使病情复杂化的情况，也是疾病诊断和以后用药的参考。

5）病史：了解本场或该鹿过去是否患过病及患病情况，是否发生过类似疾病，其经过与结局怎样，有无调进新的种鹿，鹿发病时间及死亡情况如何，据此可以了解是否旧病复发或患其他疾病。

6）饲料情况：饲料是否新鲜，是否被污染、发霉，日粮配合和组成，饲料种类及质量，是放牧还是圈养，是否突然改变饲料种类和饲养方法，饲料调制方法和饮水清洁度等。

7）管理情况：鹿群密度，清洁卫生情况，地面是否平整，饲养员是否变动及对鹿群的关心程度。

8）卫生防疫状况：鹿场是否进行过消毒，对粪便及鹿的尸体处理是否合理，执行卫生防疫制度的情况，是否发生传染病等。

2. 视诊（观察症状）

视诊是在不加保定的情况下观察鹿病全身或局部所呈现异常表现的方法，简便可靠，应用范围广，是鹿病的主要检查方法，往往为诊断提供重要因素。有些疾病如瘤胃臌气、破伤风、蹄部损伤等，依据视诊就可做出初步诊断。视诊又是从鹿群中发现病鹿的主要方法，主要内容如下。

1）观察全身状态体况、营养情况、运动情况、姿势、被毛、腹围、精神状态等。

2）正常生理活动，如呼吸运动、走动或奔跑、反刍、排尿与排粪的动作、排泄量及性状是否正常等。

3）体表各部分及口鼻等与外界相通的情况，如皮肤的颜色，有无出汗，体表有无创伤和肿胀，黏膜的颜色和有无水泡、溃疡，鼻腔、肛门、阴门等有无分泌物、排泄物附着及分泌物的色泽性状等。进入鹿圈视诊时，应在饲养人员带领下，动作要缓慢，并在远处预告给予信号或食物引诱，使鹿群稳定后，尽量接近病鹿，从整体到局部仔细观察。

3. 嗅诊

用鼻嗅闻鹿的排泄物（尿液、粪便）、分泌物（乳汁）、呼出的气体、口腔的气味，以发现病情。如鹿患出血性胃肠炎时，粪便有腥臭味。

4. 触诊

触诊是用手对要检查的组织器官触压感觉，以判定病变的位置、大小、形状、硬度、湿度及敏感性等，也可用于检查脉搏、妊娠情况等。

触诊按用力的大小和使用范围，可分为浅部触诊和深部触诊两种。前者是用手指伸直平贴于体表，不加按压而轻轻滑动，依次进行感触，常用于检查体表温度（检查体表温度时常用手背）、湿度、敏感性等，还可检查心搏动、肌肉的紧张性、骨骼和关节的肿胀变形情况等。后者是用不同的力量对患部进行按压，以便进一步了解病变的硬度、大小和范围等。触诊一般应先周围、后中心，先浅、后深，先轻、后重，其感觉病变性质常有以下几种。

1）捏粉样指压留痕，感觉柔软，如压生面团样，见于组织间发生浆液性浸润时，如皮下水肿，也见于瘤胃积食。

2）波动性感觉柔软有弹力，指压下不留痕，间歇迫有波动感，见于组织间有液体，潴留且组织周围弹力减退时，如血肿、脓肿、淋巴外渗等。

3）气肿性感觉柔软，稍有弹性，并感觉有气体向临近组织流动，同时可听到捻发音，见于组织间有气体积聚时，如皮下气肿、气肿疽、恶性水肿等。

4）坚实感觉坚实致密，见于组织间发生细胞浸润或结缔组织增生时。

5）硬固感觉组织坚硬如骨，见于骨瘤。

5. 听诊

听诊是借助听诊器械或者直接用耳来听取鹿体内脏器官运动时发出的声音的一种检查方法。听诊不但可以辨别声音的性质是生理性的还是病理性的，还能确定声音的发生部位，甚至估计病变范围的大小，常用于心、肺、胃肠的检查。

6. 叩诊

叩诊是根据叩打动物体表所产生的音响性质，以推断被叩打的组织和深在器官有关病理改变的一种检查方法。叩诊有指指叩诊和诊板叩诊之分，前者适用叩诊浅表组织，后者用于叩击深部组织。叩诊主要用于检查肺部、瘤胃的含气情况，叩诊呈清音、浊音、鼓音等。正常肺组织含有适量的气体，叩诊呈清音；若呈浊音则提示肺内气体减少，见于肺水肿、肺脓肿。

7. 探诊

探诊是用胃管检查胃内及食道内及食道情况，如食道阻塞、瘤胃臌气；用导尿管进行尿道探诊，检查膀胱情况；用金属探子进行创伤、瘘管的探诊；用兽用体温计测直肠温度等。

上述7种基本方法，在临床工作中要根据具体情况灵活掌握，其中前3种在鹿病诊断中常用，后4种常在保定下才能进行，有一定局限性。

三 治疗技术

及时诊断、给药、连续治疗，使药物持续发挥作用，特别是抗生素类药物，更应按照规定的时间给药。在药物选择上要用首选药物，全身治疗与局部治疗结合进行。

第三节 病毒性传染病及其防治

一 口蹄疫

【病因】 口蹄疫（属于一类传染病）俗名"口疮""蹄癀"，是由口蹄疫病毒所引起的偶蹄动物的一种急性、热性、高度接触性传染病，主要侵害偶蹄兽，偶见于人和其他动物。其临诊特征为口腔黏膜、蹄部和乳房皮肤发生水疱。

【病原】 口蹄疫病毒属于小RNA病毒科口疮病毒属，是偶蹄类动物高度传染性疾病（口蹄疫）的病原。在病毒的中心为一条单链的正链 RNA，由大约 8000 个碱基组成，是感染和遗传的基础；周围包裹的蛋白质决定了病毒的抗原性、免疫性和血清学反应能力；病毒外壳为对称的 20 面体。目前，已知口蹄疫病毒在全世界有 7 个主型（A、O、C、南非 1、南非 2、南非 3 和亚洲 1 型）及 65 个以上亚型。O 型口蹄疫为全世界流行最广的一个血清型，我国流行的口蹄疫主要为 O、A、C 三型及 ZB 型（云南保山型）。据观察，该病毒对外界环境的抵抗力很强，在冰冻情况下，血液及粪便中的病毒可存活 120~170 天；阳光直射下 60 分钟即可被杀死；加热至 85℃保持 15 分钟、煮沸 3 分钟即可死亡。其对酸碱敏感，故 1%~2% 氢氧化钠、30% 热草木灰、1%~2% 甲醛等都是良好的消毒液。

【症状】 发病突然，病鹿体温升高达 40.1~40.6℃，幼鹿、仔鹿更为明显，体温比平时高出 1.5~2.5℃。病鹿精神萎靡，肌肉震颤，食欲锐减，甚至废绝。哺乳母鹿乳汁分泌减少。病鹿在发病后几个小时便在唇内、齿龈、舌面和颊部黏膜等处出现水疱。病初水疱呈白色，大小为直径 0.2~2 厘米。随病情发展，水疱迅速增大并常融合成片，此时病鹿多有长丝状黏稠的流涎，随后水疱破裂，液体流出，露出明显的红色糜烂区，有的病例在唇内面及齿龈部呈紫黑色。病鹿四肢皮肤、蹄叉与蹄尖同时出现蹄疮及糜烂。这些部位先是出现小水疱，由于受重力影响，水疱逐渐破裂，露出鲜红色的创面，继而由于感染细菌而使病变变得红肿，蹄壳边缘糜烂，呈苍白色或灰白色。严重者蹄壳脱落，不能行走或呈明显的跛行。怀孕母鹿则以流产、死胎、胎衣不下及子宫内膜炎为主要特征。有的病例由于子宫内膜炎严重，造成胎儿在母体内已经腐败变质，流出恶臭的液体，助产产出的死胎发出难闻的臭味。有的患病母鹿所产仔鹿即使是活胎，但也由于衰弱和各种免疫机能不健全而在出生后不久无任何症状便倒地死亡。有的母鹿感染后因机体衰弱难产而死。口部病变经注射抗生素和局部处理后 1 周左右可痊愈，而蹄部病变则需较长时间才能痊愈，特别是有继发或并发症时更是如此。个别有皮下、腕关节、跗关节血管和淋巴径路的皮肤瘘管、化脓及坏死性溃疡并发症的病例常在趋于康复时病情突然恶化，表现全身虚弱、反刍停止、站立不稳、行走摇摆，最后因心力衰竭而死亡。

剖检病死鹿可见心肌坏死，质地柔软，呈浑浊灰色，似水煮样，切面有灰白色和浅黄色相间的斑点或条纹，呈现"虎斑心"样；心室、心房

壁有出血斑；大肠、小肠尤其是盲肠有严重出血；肾有梗死灶；肺呈现严重的纤维素性肺炎变化，质地变硬——肉样变；肝脏与胸膜粘连，切开后流出大量脓性液体。

【诊断】

1）发病急、流行快、传播广、发病率高，但死亡率低，且多呈良性经过。

2）大量流涎，呈引缕状。

3）口蹄疮定位明确（口腔黏膜、蹄部和乳头皮肤），病变特异（水疱、糜烂）。

4）恶性口蹄疫时可见"虎斑心"。

5）为进一步确诊可采用动物接种试验、血清学诊断及鉴别诊断等。

【治疗与预防】

（1）封锁消毒　对发病场实行全场封锁，禁止一切人员和动物出入；对全场环境及用具进行彻底清扫和消毒，采用4%甲醛溶液和5%来苏儿溶液交替进行，每天2次，连续3天。

（2）对症治疗　对鹿群进行一次全面检疫，并根据具体情况进行相应治疗。

1）脚浴。建一个封闭式脚浴池，上面吊挂紫外线灯，池内放入20%食盐水与3%来苏儿溶液的混合液。每次赶入15~20头鹿消毒20分钟，每天3次，连续5天。

2）用0.1%高锰酸钾溶液或陈醋洗涤鹿的口腔。

3）混合肌内注射青霉素G钠盐、氨苄西林钠和硫酸链霉素，每天2次，连续7天。

4）在治疗后期于饲料中添加龙胆草末，并在饮水中加入甘草，以健胃、促进食欲、巩固疗效。

5）注射口蹄疫疫苗。通过采取上述措施，一般可使病情得到控制。

二　狂犬病

【病因】　狂犬病又名恐水病，俗称疯狗病，是一种由狂犬病病毒引起的接触性、自然疫源传染病。狂犬病是世界性人畜共患病，是危害人和动物的主要传染病之一。狂犬病病毒主要存在于患病动物的唾液、中枢神经组织中，通过被患病动物抓伤、咬伤或舔易感动物伤口、黏膜均可引起发病；也可从消化道、呼吸道感染。该病无明显的季节性，冬末、春初发病较多，主要发生于梅花鹿。

【病原】 狂犬病病毒属于弹状病毒科狂犬病病毒属，是有包膜的单链（负链）RNA 病毒。冻干条件下可长期存活，反复冻融可使病毒灭活。病毒不耐湿热。煮沸 2 分钟可杀死病毒，56℃于 15~30 分钟，或 60℃数分钟及紫外线照射能使之灭活。狂犬病病毒可在鸡胚内增殖，接种 5~6 日龄鸡胚的绒毛尿囊膜，培育 6 天可获得一定滴度的病毒；脑内接种乳鼠或 4 周龄小鼠，可获得高滴度的狂犬病毒，这种方法常用于狂犬病的诊断或毒株的传代；在动物体内，可在横纹肌细胞、神经细胞等细胞中增殖。体外培养，可用原代鸡胚成纤维细胞、BHK-21 传代细胞等细胞培养，并在适当条件下形成蚀斑。狂犬病病毒颗粒具有典型的弹状结构特征，异端平坦或略呈凹状，另一端呈半圆形，酷似子弹，直径为 75~80 纳米，长 170~180 纳米；外层为脂蛋白囊膜，是病毒出芽时从宿主细胞获得的，包膜表面具有间距排列的 3 股糖蛋白组成的棘状凸起，形成了狂犬病病毒的纤突，每个纤突长 6~7 纳米；包膜的内层是间质蛋白 M，最中央是紧密的螺旋状衣壳，由单股基因组 RNA、多个核蛋白、少量大蛋白和磷酸蛋白组成。

【症状】 当狂犬病病毒自皮肤或黏膜破损处入侵鹿体后，可分为 3 个阶段，首先在组织体内少量增殖，然后侵入末梢神经，其次再侵入中枢神经，最后向各个器官扩散。该病毒可引起鹿突然发病，精神异常，失声嘶叫，沉郁，运动蹒跚，后躯僵硬，有全身麻痹症状；多见狂暴、沉郁、后躯麻痹；鼻镜湿润，初期体温升高，食欲减退或废绝，反刍停止，饮水减少。根据临床症状观察，可分为以下 3 种类型。

（1）兴奋型 病程 1~2 天。发病突然，尖叫不安，对人有攻击行为，步履蹒跚，站立不稳，全身肌肉震颤，耳下垂，眼睛凝视，发直，呼吸粗糙，里急后重，体温升高，最后出现后肢麻痹而倒地、结膜充血、流涎等症状，濒死期较长。

（2）沉郁型 病程 3~5 天。病鹿精神不振，呆立，头颈震颤，后躯无力，下痢，卧地不起，流涎等，最后死亡。

（3）麻痹型 病程较长。病鹿离群独处，食欲减退或废绝，反刍停止，后躯无力，强行驱赶对人有攻击行为，往往攻击时倒地，跌倒后自行站立困难，眼皮肿胀，由口鼻向外流血，最后死亡。

因该病死亡的病鹿尸僵完整，营养不良，口角有黏液，角膜充血，可视黏膜稍苍白或黄染。皮下血管充盈，血液凝固不良。口腔黏膜完整但有黏液，咽喉部充血，微有水肿，肺无明显变化，心内外膜有出血点，脂肪沉着良好。肝脏有的肿大，质脆弱。肾脏三界分不清，皮质出血。脾脏一般无明显变化，有的稍肿胀，表面有点状出血。肠系膜血管充盈，膀胱充满尿液等症状。

【诊断】 如果患病鹿出现典型的临床症状，结合病史可做出初步诊断。但要确诊，还需进行实验室诊断。采取濒死期的鹿或病死鹿的脊髓、唾液腺等样品，置无菌容器中，在冷藏条件下运送至实验室。可通过做脑组织切片或触片，检测内基氏小体。可疑似脑组织或唾液腺被制成冰冻切片或触片，用荧光抗体染色，在荧光显微镜下观察，胞质内出现黄绿色荧光颗粒者即为阳性。也可用小鼠接种法，取病料制成乳剂，30日龄小鼠脑内接种，如果有狂犬病毒，小鼠就会出现麻痹症状与脑膜炎，接种后3天扑杀小鼠，取脑制触片，用荧光抗体法检测。

【治疗与预防】 加强饲养管理，对疑似狂犬病的鹿要及时隔离，对鹿尸体焚烧或深埋，对鹿的分泌物、排泄物及其污染物，均须严格消毒。兽医及管理人员必须戴口罩、手套及穿隔离衣。对有恐水现象的鹿应禁食，尽量减少应激。对吸气困难者予以物理疗法及抗菌药物。

鹿场发病后可实行狂犬病疫苗紧急接种，一般在注射疫苗15~31天终止发病或死亡。疫苗不分大小鹿一律肌内接种疫苗2毫升，免疫期1年。发病鹿场或者受威胁的鹿场每年3~4月或8~9月接种以上疫苗，可控制和预防该病的发生。

对鹿舍及周边地区撒生石灰进行消毒，饲具用消毒液浸泡消毒以防止该病的蔓延，减少该病带来的损失。

为了预防该病的发生，鹿场要建立严格的兽医卫生防疫制度，定期进行灭鼠，严禁随便参观，尤其防止其他动物的进入。

● 【提示】 狂犬病是人畜共患病，狂犬病病毒主要存在于患病动物的唾液、中枢神经组织中。应避免被患病动物抓伤、咬伤。

三 黏膜病

【病因】 黏膜病是由黏膜病毒引起的以发热、黏膜糜烂溃疡、腹泻、白细胞减少及母鹿流产、不孕，产死胎、木乃伊胎或畸形胎为主要特征的一种极为复杂、多呈临床类型表现的传染病。

【病原】 黏膜病毒为黄病毒科、瘟病毒属，是一种单股 RNA、有囊膜的病毒。用新鲜病料做超薄切片进行负染后，电镜下观察可见病毒颗粒呈球形，直径 24~30 纳米。黏膜病毒对乙醚和氯仿等有机溶剂敏感，并能被灭活，病毒悬液经胰酶处理后（0.5 毫克/毫升，37℃，60 分钟）致病力明显减弱，pH 5.7~9.3 时病毒相对稳定，超出这一范围，病毒感染力迅速下降。病毒粒子在蔗糖密度梯度中的浮密度为 1.13~1.14 克/毫升，病毒粒子的沉降系数是 80~90 秒。在低温下稳定，真空冻干后在 –70~–60℃下可保存多年。病毒在 56℃下可被灭活，氯化镁不起保护作用。病毒也可被紫外线灭活，但可经受多次冻融。黏膜病毒的分离株之间有一定的抗原性差异，但是用常规血清学方法区别病毒分离物之间的差异是非常困难的。根据分离到的黏膜病毒在细胞培养中是否能产生病变，可将黏膜病毒分为两种生物型，即致细胞病变黏膜病毒和非致细胞病变黏膜病毒。这两种生物型黏膜病毒能由它们在细胞培养物上的表现区分开。致细胞病变黏膜病毒能引起感染细胞变圆，胞质出现空泡，细胞单层拉网，最后导致细胞死亡而从瓶壁上脱落下来。非致细胞病变黏膜病毒对感染的细胞不产生不利影响，不出现细胞病变，但可在感染的细胞中建立持续感染。分离到的黏膜病毒多为非致细胞病变型的。

【症状】 该病潜伏期为 7~14 天，发病后鹿的精神沉郁、喜卧、反刍停止、食欲减退或废绝，有的病鹿出现跛行；眼结膜潮红，初期眼内分泌浆性分泌物，后期分泌脓性分泌物，少数出现眼球充血。鼻镜干燥，初期鼻内流出黄色黏液，以后转为恶臭的脓性分泌物，个别鼻出血。心跳加快，体温 39.1~41.1℃。有的病鹿出现门齿溃烂，口腔黏膜溃烂，舌面菌状乳头出血，后期腹泻排绿色水样粪便，以后转为黑色稀便，内有大量气泡、黏膜和血块，气味恶臭。病程为 15~20 天，病鹿迅速消瘦，最后衰竭死亡。根据病程长短、严重程度可分为急性型和慢性型。

【治疗与预防】 目前该病无特效的治疗方法，对症治疗和加强护理可以减轻症状，增强机体抵抗力，促使病鹿康复。

为控制该病的流行并加以消灭，必须采取检疫、隔离、净化、预防等防治措施。我国已生产一种弱毒冻干疫苗，可接种不同年龄和品种的鹿，接种后表现安全，14 天后可产生抗体并保持 22 个月的免疫力。

第八章 鹿的疾病防治

● 【提示】 黏膜病毒是一种单股 RNA、有囊膜的病毒。病鹿出现门齿溃烂、口腔黏膜溃烂，应与口蹄疫进行区别。目前无特效的治疗方法。

四 流行性乙型脑炎

【病因】 流行性乙型脑炎即日本乙型脑炎，简称乙脑，是由乙脑病毒引起的自然疫源性疾病，经蚊媒传播，流行于夏、秋季，被带毒蚊叮咬后，大多数呈隐性感染，只有少数发病为脑炎。

【病原】 乙脑病毒属于黄病毒科病毒，直径为 40 纳米，核心为 30 纳米，呈 20 面体结构、球形，电镜下见该病毒含有正链单股 RNA，大约由 10900 个碱基对组成，RNA 包装于单股多肽的核壳 C 中，包膜中有糖基化蛋白 E 和非糖基化蛋白 M。E 蛋白是主要的抗原成分，它具有特异性的中和及血凝抑制抗原决定簇，M 和 C 蛋白虽然也有抗原性，但在致病机制方面不起重要作用。病毒相对分子质量为 4.2×10^6。用聚丙酰胺电泳分析乙脑病毒颗粒，发现至少有 3 种结构蛋白：V1、V2 和 V3，其相对分子质量分别为 9.6×10^3、10.6×10^3 和 58×10^3。V3 为主要的结构蛋白，至少含有 6 个抗原决定簇。乙脑病毒为嗜神经病毒，在胞质内繁殖，对温度、乙醚、氯仿、蛋白酶、胆汁及酸类均敏感，高温 100℃ 2 分钟或 56℃ 30 分钟即可灭活，对低温和干燥的抵抗力大，用冰冻干燥法在 4℃ 冰箱中可保存数年，病毒可在小白鼠脑内传代，在鸡胚、猴肾及 Hela 细胞中生长及繁殖，在蚊体内繁殖的适宜温度是 25~30℃。已知自然界中存在着不同毒力的乙脑病毒，而且毒力受到外界多种因素的影响可发生变异。

乙脑病毒的抗原性比较稳定，除株特异性抗原外，还具有 1 个以上的交叉抗原，在补体结合试验或血凝抑制试验中与其他 B 族虫媒病毒出现交叉反应。中和试验具有较高的特异性，常用于族内各病毒及乙脑病毒各株的鉴别。

【症状】 突然发病，病初体温升高，食欲减退，不安尖叫；有的倒地不能站立，头歪向一侧，磨牙，眼球和局部肌肉震颤，四肢划动；有的病鹿初见运动障碍，行走摇摆，头顶饲槽或墙壁，造成多处擦伤，最后倒地死亡。一般多为兴奋、沉郁及后躯麻痹混合发生，又未见任何症状而突然死亡。

【治疗与预防】 接种乙脑疫苗，灭蚊防蚊，加强饲养管理。

● 【提示】 流行性乙型脑炎会经蚊媒传播，应做好防虫灭蝇工作。

第四节　细菌性传染病及其防治

一　结核病

【病因】　结核病是由分枝杆菌引起的人畜共患的一种慢性传染病，引起组织器官形成结核结节和干酪样坏死或钙化结节病理变化。

【病原】　结核分枝杆菌为细长的、略带弯曲的杆菌，大小为（1~4）微米 ×0.4 微米。分枝杆菌属的细菌细胞壁脂质含量较高，约占干重的60%，特别是有大量分枝菌酸包围在肽聚糖层的外面，可影响染料的穿入。分枝杆菌一般用齐尼抗酸染色法，以 5% 石炭酸复红加热染色后可以染上，但用 3% 盐酸乙醇不易脱色。若再用亚甲蓝复染，则分枝杆菌呈红色，而其他细菌和背景中的物质为蓝色。发现结核分枝杆菌在细胞壁外尚有一层荚膜，一般因制片时遭受破坏而不易看到。若在制备电镜标本固定前用明胶处理，可防止荚膜脱水收缩。在电镜下可看到菌体外有一层较厚的透明区，即荚膜。荚膜对结核分枝杆菌有一定的保护作用。

结核分枝杆菌在体内外经青霉素、环丝氨酸或溶菌酶诱导可影响细胞壁中肽聚糖的合成，巨噬细胞吞噬结核分枝杆菌后在溶菌酶的作用可破坏肽聚糖，均可导致其变为 L 型，呈颗粒状或丝状。异烟肼会影响分枝菌酸的合成，可变为抗酸染色阴性。在肺内外结核感染标本中常能见到形态多样、染色多变的标本。临床结核性冷脓肿和痰标本中甚至还可见有非抗酸性革兰阳性颗粒，过去称为 Much 颗粒。该颗粒在体内或细胞培养中能返回为抗酸性杆菌，故也为 L 型。

【症状】　潜伏期长短不一，短者十几天，长者数月甚至数年，通常呈慢性经过。病初临诊症状不明显，当病程延长，病症才逐渐显露。肺结核时表现咳嗽，先为干咳，后为湿咳，以早晚多发，久病呼吸困难，呼吸次数增多，肺部听诊有摩擦音，病久体弱、贫血、体表淋巴结肿大。肠结核时表现反复下痢，常因恶病质而死。

肺脏内肺门淋巴结体表淋巴结、肝脏、脾脏、子宫、乳腺浆膜可见到结核病灶，外观呈大小不等的脓肿，最大呈篮球状结节，中心为灰

白色、粗糙、稠脓汁样、无臭、无味的坏死物质。肺内空洞化，见有少量灰白色干酪样物质，在肺部有时见到结核中心化脓或形成空洞（彩图 14、彩图 15）。有时可见粟粒样结节和结节心包炎。

【诊断】 用牛分枝杆菌提取菌素或老结核菌素，以 1：2 稀释，分 2 次点眼，每回 3~4 滴，按 3 小时、6 小时、9 小时分别观察，若眼睛发生明显红肿者为阳性。

【治疗与预防】 结核病一般不予以治疗，而是采取加强检疫、隔离、淘汰、防止疾病传入，净化污染群等综合性防疫措施。每年春、秋两季定期进行结核病检疫，主要用结核菌素试验，结合临诊检查。发现阳性病鹿及时处理，鹿群按污染群对待。

二 布氏杆菌病

【病因】 布氏杆菌病是由布鲁氏菌引起的人畜共患传染病，其特征是生殖器官和胎膜发炎，引起流产、不育和各种组织的局部病灶。

【病原】 布鲁氏菌为小球杆状菌，革兰氏染色阴性，无鞭毛，不形成芽孢，一般无荚膜，毒力菌株有菲薄的荚膜。初次分离时多呈球状、球杆状和卵圆形，该菌传代培养后渐呈短小杆菌。布鲁氏菌细胞膜是一个三层膜的结构，最内层的膜称为细胞质膜，外层膜称为外周胞质膜，最外层膜称为外膜。外膜与聚肽糖层紧密结合组成细胞壁，外膜含有脂多糖、蛋白质和磷脂层。

【症状】 发病孕鹿流产，胎衣滞留，公鹿发生睾丸炎和附睾炎（彩图 16），还有关节炎、黏液囊炎、淋巴结核、乳腺肿大等。胎衣呈黄色胶冻样浸润，有些部位覆有纤维蛋白絮片和脓液，有的增厚，有出血点。绒毛叶部分或全部贫血呈苍白黄色，或覆有纤维蛋白絮片或脓液絮片或覆有脂肪状渗出物。胎儿胃尤其是真胃中有浅黄色或白色黏液絮状物，肠胃和膀胱的浆膜下可能见有点状或线状出血。浆膜腔有微红色液体，腔壁上可能覆有纤维蛋白凝块。皮下呈出血性浆液浸润、肥厚。胎儿和新生仔鹿可能有肺炎病灶。公鹿精囊内可能有出血点和坏死灶，睾丸和附睾可能有炎性坏死灶和化脓灶。

【诊断】

1）流行病学史：包括流行地区有接触羊、猪、牛等家畜或其皮毛，饮用未消毒的羊奶、牛奶等流行病史，对诊断有重要参考意义。

2）临床表现：急性期有发热、多汗、关节疼痛、神经痛，以及肝脏、脾脏、淋巴结肿大等。慢性期有神经、精神症状，以及骨、关节系统损害症状。

3）实验室检查：用血、骨髓或其他体液等培养阳性或 PCR 阳性可以确诊。血清学检查阳性，结合病史和体征也可做出诊断。

【治疗与预防】 该病以预防为主，采用检疫、免疫、淘汰病鹿等措施。未感染动物群，采取自繁自养原则；引进鹿时饲养 2 个月进行布鲁氏菌检查；清洁种群定期检查；急性感染时，可用抗生素治疗。

● 【提示】 布氏杆菌病是人畜共患传染病，主要威胁生殖器官。

三 巴氏杆菌病

【病因】 巴氏杆菌病是由多杀性巴氏杆菌引起的细菌性传染病，急性病例多表现为败血症和炎性出血。

【病原】 多杀巴氏杆菌是一种两段钝圆、中央微凸的短杆菌或球杆菌，长 0.6~2.5 微米，宽 0.25~0.6 微米，不形成芽孢、不运动、无鞭毛，革兰氏染色阴性的兼性厌氧菌。该菌在添加血清或血液的培养基上生长良好。在血琼脂培养基上生成灰白色、湿润而黏稠的菌落，不溶血；在普通琼脂培养基上形成细小透明的露珠状菌落；在普通肉汤培养基中，初为均匀浑浊，以后形成黏性沉淀和菲薄的附壁菌膜；经明胶穿刺培养，沿穿刺孔呈线装生长，上粗下细。该菌的抵抗力不强，在直射阳光和干燥的情况下迅速死亡；60℃，10 分钟可被杀死；一般消毒药在几分钟或十几分钟内可将其杀死。3% 石炭酸和 0.1% 升汞水在 1 分钟内可将其杀死，10% 石灰乳及常用的甲醛溶液 3~4 分钟内可使之死亡。在无菌蒸馏水和生理盐水中迅速死亡，但在尸体内可存活 1~3 个月，在厩舍中也可存活 1 个月。

用特异性荚膜抗原（K 抗原）吸附于红细胞上做被动血凝试验，分为 A、B、D、E 和 F 五型血清群；利用菌体抗原（O 抗原）做凝集试验，将该菌分为 12 个血清型。若将 K、O 两种抗原组合在一起，迄今已有 16 个血清型。该病的病型、宿主特异性、致病性、免疫性等，都与血清型有关。

【症状】 该病的潜伏期为 1~5 天，分为以下两型。

1）急性败血型：病鹿表现严重的全身症状，常于 1~2 天死亡。

2）肺炎型（胸型）：病鹿除全身症状外，表现咳嗽、呼吸迫促、步态不稳，严重病例呼吸极度困难，头向前伸，鼻翼扇动，口吐白沫，粪稀，全身肌肉震颤，最后卧地不起，经 1~5 天死亡。

病死鹿的皮下组织有大量浆液浸润并有散在出血点，真胃和肠道出血性炎症，尤其是十二指肠和盲肠出血明显，有肺炎变化，淋巴结充血、水肿，出血。

【诊断】

（1）微生物学检查

1）病料采集：取病鹿的组织、肝脏、肺、脾脏等体液、分泌物及局部病灶的渗出液。

2）镜检：对原始病料涂片进行革兰氏染色，镜检，应为革兰氏阴性。用印度墨汁等染料染色，可见清晰的荚膜。

3）培养：同时接种鲜血琼脂和麦康凯琼脂培养基，37℃培养 24 小时，观察细菌的生长情况、菌落特征、溶血性，并染色镜检。

4）生化试验：多杀性巴氏杆菌在 48 小时内可分解葡萄糖、果糖、单奶糖、蔗糖和甘露糖，产酸不产气，一般不发酵乳糖、鼠李糖、菊糖、水杨苷和肌醇，可产生硫化氢，能形成靛基质，MR 和 V-P 试验均为阴性，接触酶和氧化酶试验均为阳性。溶血性巴氏杆菌不产生靛基质，能发酵乳糖产酸，也能发酵葡萄糖、糖原、肌醇、麦芽糖、淀粉，不发酵侧金盏花醇、菊糖和赤藓醇。

（2）动物试验　常用的试验动物有小鼠和家兔。试验动物死亡后立即剖检，并取心血和实质脏器分离和涂片染色镜检，见大量两极浓染的细菌即可确诊。

（3）血清型或生物型鉴定　可用被动血凝试验、凝集试验鉴定多杀性巴氏杆菌荚膜血清群和血清型。用间接血凝试验测溶血性巴氏杆菌的血清型，根据生化反应鉴定该菌的生物型。

【治疗与预防】

1）病鹿隔离饲养：发现该病时，应立即采取隔离、紧急免疫、药物防治、消毒等措施；将已发病或体温升高的鹿全部隔离，健康鹿立即接种疫苗或用药物预防，对污染的环境进行彻底消毒。

2）药物治疗：

① 用 2% 氧氟沙星针剂每千克体重 3~5 毫克肌内注射，复方庆大霉

素针剂肌内注射每天 2 次，3 天为 1 个疗程。

②用乳酸环丙沙星粉剂，全群饮水。

③用 10% 石灰水消毒圈舍，每天 2~3 次。

④注射疫苗。

3）无害化处理：内脏及病变显著的肉尸做工业用或销毁；无病变或病变轻微且被割除的肉尸，高温处理后出场；血液做工业用，皮毛消毒后出场。

4）做好检疫工作：从国外输入活体动物经检疫发现有巴氏杆菌病的，应退回或扑杀销毁，同群其他动物放行至指定场所隔离观察。输入动物产品检疫有巴氏杆菌病病原时做除害、退回或销毁处理。

四 坏死杆菌病

【病因】 坏死杆菌病是由坏死杆菌引起的畜禽共患慢性传染病，以蹄部、皮下组织或消化道黏膜的坏死为特征。有时转移到内脏器官如肝脏、肺形成坏死灶，有时引起口腔（彩图 17）、乳房坏死。

【病原】 坏死杆菌是一种厌氧菌，革兰氏染色阴性，为多型性杆菌，不能运动、不产生芽孢和夹膜，抵抗力不强，一般消毒剂均能在短时间内将其杀死。

【症状】 病变组织及周围向深部组织发展，形成创口较小而坏死腔较大的囊状坏死灶。流出黄色、稀薄、恶臭的液体。

【诊断】 根据临床症状和坏死组织特殊的臭味，以及多雨季节大批发病，一般可以确诊。进一步诊断可在病变和健康交界部位采集病料做细菌学检查。必要时可将病料研磨用生理盐水稀释后，给家兔或小白鼠皮下注射，如果为坏死杆菌，接种部位会发生坏死，并可在内脏发生坏死脓疱，由此可检出坏死杆菌。

【治疗与预防】 保持鹿舍干燥，避免出现皮肤黏膜损伤，发现外伤及时处理。放牧应选择高燥地区，避免到潮湿或污染的地区放牧。及时清洗伤口，用药后包扎。对该病的防治主要采取以下措施。

1）平时要保持鹿舍及放牧场地的干燥，避免造成蹄部、皮肤和黏膜的外伤，一旦出现外伤应及时消毒。

2）消除蹄部的坏死组织。用 1% 高锰酸钾或 3% 来苏儿冲洗，也可用 10% 硫酸铜溶液进行温脚浴，然后用碘酊或甲紫涂擦。

3）对坏死性口炎，用1%高锰酸钾冲洗，涂碘甘油或甲紫。

4）对内脏转移坏死灶，可用抗生素结合强心、利尿、补液等药物进行治疗。

五 沙门氏菌病

【病因】 沙门氏菌病，又名副伤寒，是各种动物由沙门氏菌属细菌引起的疾病总称。临诊上多表现为败血症和肠炎，也可使怀孕母畜发生流产。

【病原】 该病菌为短杆菌，长1~3微米，宽0.5~0.6微米，两端钝圆，不形成荚膜和芽孢，具有鞭毛，有运动性，为革兰氏阴性菌。

该菌在变通培养基中能生长，为兼性厌氧菌。在肉汤培养基中变浑浊，而后沉淀，在琼脂培养基上培养24小时后生成光滑、微隆起、圆形、半透明的灰白色小菌落。沙门氏菌能发酵葡萄糖、单奶糖、甘露醇、山梨醇、麦芽糖、产酸产气，不能发酵乳糖和蔗糖，据此可与其他肠道菌相区别。

该菌抵抗力较强，60℃1小时，或72℃20分钟，或75℃5分钟可将其杀死。对低温有较强的抵抗力，在琼脂培养基上-10℃条件下经115天尚能存活，在干燥的沙土可生存2~3个月，在干燥的排泄物中可保存4年之久，在0.1%升汞浴液、0.2%甲醛溶液、3%石炭酸溶液中15~20分钟可被杀死。在含29%食盐的腌肉中，在6~12℃的条件下，可存活4~8个月。

【症状】 该病往往呈流行性。仔鹿发烧、停食、虚弱，泻出的恶臭液状粪便，常混有血丝和黏液。死亡率高者可达50%~70%，一般为5%~10%；不死者或出现关节肿胀。剖检可见出血性胃肠炎与败血性病变，肝脏、脾脏可能有坏死灶。成年鹿较少发生或仅散发，但病后期可能转为内毒素性。病变多为急性出血性肠炎。孕鹿常流产。

【诊断】 根据流行病学及病理解剖变化，可做出初步诊断。最终确诊，要进行细菌检查，可从死亡鹿的脏器和血液中分离细菌培养，进行生物学试验。沙门氏菌病可在鹿生前进行快速细菌学检查。用无菌操作方法采血，接种于3~4支琼脂培养基斜面或肉汤培养基内，在37~38℃温箱中培养，经6~8小时便有该菌生长，将其培养物和已知沙门氏菌阳性血清做凝集反应，即可确诊。

【治疗】 应在隔离消毒、改善饲养管理的基础上及早进行。其疗效除决定于所用药物对细菌的作用强度外，还与用药时间、剂量和疗程长短有密切关系，同时要注意有一较长的疗程。坏死性肠炎需相当长时间才能修复，若中途停药，往往会引起复发而死亡。常用药物有氯霉素、卡那霉素、痢特灵（呋喃唑酮）、磺胺类和喹诺酮类药物。

【预防】 加强饲养管理，消除发病原因。对常发该病的鹿群，可在饲料中添加抗生素，但应注意地区抗药菌株的出现，发现对某种药物产生抗药性时，应改用另一种药。接种疫苗防止沙门氏菌病。一旦发现该病，应立即隔离消毒。

● 【提示】沙门氏菌病的病原为沙门氏菌，临诊上多表现为败血症和肠炎。对低温和高温具有较强抵抗力。用药时，应防止发生耐药。

六 魏氏梭菌病

【病因】 魏氏梭菌病又称产气荚膜杆菌病。魏氏梭菌性肠炎主要由 A 型和 E 型菌及产生的 α 毒素所致，它广泛存在于土壤、饲料、蔬菜、污水、粪便中。该病的发生无明显季节性，主要是经消化道或伤口或粪便污染的病原在传播方面起主要作用。

【病原】 该菌可产生多种外毒素。依据魏氏梭菌所合成分泌的主要毒素，可以将其分为 A、B、C、D、E 型，两端钝圆，粗大杆菌，单个或成双排列，短链较少，无鞭毛，不能活动，在动物机体里或含血液的培养基中可形成荚膜，无芽孢，革兰氏阳性。在牛乳培养基中"暴烈发酵"，即接种培养 8~10 小时后牛乳被酸凝，同时产生大量的气体，使凝块变成多孔的海绵状，严重时被冲成数段甚至喷出试管外。魏氏梭菌为厌氧菌，对养分要求、厌氧要求不高，局部菌可使组织块变成为粉红色，在一般培养基上均易生长，在葡萄糖血琼脂上的菌落特点为：圆形，润滑，隆起，浅黄色，直径为 2~4 毫米，有的构成圆盘形，边缘呈锯齿状。有时为双环溶血，内环透明，外环为浅绿色。

【症状】 在鹿发病前都有大便秘结现象。发病时见腹部浑圆如鼓，起卧不安、摇头、摆尾，趴开后肢做排粪尿姿势，但未排出粪尿，呼吸急促，口吐白沫。若发病于晚间，晚饲时会把料吃得干干净净，早晨见死在栏里。尸体僵硬，腹胀隆起，口鼻流白沫。解剖后，见胃膨胀，充满气体和很多粥状物，一般摄入8~9小时的饲料还未排空。胃黏膜脱落，胃壁薄，胃底有出血斑。小肠黏膜出血，肠系膜淋巴结充血、肿大。大肠内多圆形硬粪（彩图18）。肾脏有弥漫性针尖样出血，全身淋巴结肿大、出血。

【诊断】

1）做组织抹片镜检结果：镜检可见到一种革兰氏染色呈阳性、两端钝圆、短杆状直杆菌，单个存在或排成链状。亚甲蓝染色可见蓝色、两端钝圆、短杆状或直杆状细菌，单个存在或排成链状。

2）分离培养结果：接种病灶的培养基经厌氧培养48小时后，可见在血液营养琼脂培养基上有细菌生长。菌落形态为灰色，圆形凸起，边缘整齐，表面光滑，半透明，并且出现 α、β 双溶血环；需氧培养条件下未见细菌生长；在液体培养基中厌气培养呈均匀浑浊，并有气泡产生。

3）药敏试验结果：对青霉素类药物和硫霉素（甲砜霉素）等高度敏感，对四环素、土霉素、金霉素等中度敏感，对链霉素、卡那霉素、黏杆菌素等有耐药性。

【治疗与预防】

1）以防治为重点，采用本地分离的菌株经甲醛灭活后，加氢氧化铝制成灭活菌，对健康鹿进行紧急接种。或采用多价疫苗注射，间隔2~4周注射1次，可明显提高保护力。在疫情重大的疫点防备注射后1个月，再加强免疫注射，免疫效果更好。

2）加强卫生防疫。鹿舍及四周环境用二氧化氯等药物消毒，接生前对母鹿奶头进行消毒，可显明减少该病的产生与传播，胎衣、尸体应进行无害化处置。

3）药物治疗。对临床分离的病原菌进行药敏试验，筛选敏感药物（用平时不常用的药物），研究表明：高度敏感药物有氯霉素、头孢哌酮；中度敏感药物有红霉素；不敏感药物有氟哌酸（诺氟沙星）、庆大霉素、卡那霉素、复方新诺明、四环素、氨苄青霉素（氨苄西林）、杆菌肽、痢特灵、丙氟哌酸。

4）发现疫情时立即封闭，处理病畜，严禁尸体乱扔。销毁垃圾、彻底消毒可有效控制该病的流行。

第五节　寄生虫病及其防治

一　肝片吸虫病

【病因】　肝片吸虫病成虫主要寄生于肝胆管内。在流行区，患有该病的动物，虫卵经常随胆汁进入肠内，混于粪便中排出体外。卵在水中被第一中间宿主豆螺或沼螺吞入消化道内孵出毛蚴，经胞蚴、雷蚴一系列的发育和繁殖，最后形成许多尾蚴。成熟尾蚴自螺尾逸出，在水中游动，遇到第二中间宿主淡水鱼或虾，则侵入体内，形成囊蚴，囊蚴具有感染性。

肝片吸虫后尾蚴、童虫和成虫均可致病，后尾蚴和童虫在小肠、腹腔和肝脏内移行，均造成机械损害和化学刺激，可见出血灶肝组织，表现出广泛炎症（损伤肝炎）童虫损伤血管可致肝脏实质梗死；随着童虫成长，损害更加明显、广泛，可出现纤维蛋白腹膜炎。

【症状】　虫数少时，病鹿无明显症状。虫数多时，病鹿精神不振，贫血，黄疸，消瘦，被毛粗乱。眼睑、颌下、胸下、腹下水肿，食欲减退，反刍缓慢，周期性瘤胃臌气、弛缓。发病初期拉稀与便秘交替，后期粪稀如水，黑褐色，有恶腥臭，混有未经消化的饲料。肝脏区有触痛感，肝脏肿大，最后衰竭死亡。

【治疗】

1）硫双二氯酚（硫氯酚）：每次50~80毫克/千克体重，内服，服后有拉稀现象，应充分饮水。

2）硝氯酚：每次50~80毫克/千克体重，内服。

3）硫澳酚：每次60~100毫克/千克体重，内服。

【预防】　新建鹿场应尽可能选择地势较高的地方，不要从沼泽地、低洼地等收割青料或取水喂鹿，也不能在上述地带放牧鹿群。应做好预防性驱虫、粪便管理及灭螺等工作。

二　绦虫病

【病因】　该病是在鹿科动物和其他反刍家畜中分布很广的一种绦虫病，对幼鹿危害严重，不仅影响生长发育，并能引起死亡。莫尼茨绦虫病是幼畜的疾病，成年动物一般无临床症状。幼鹿表现消瘦，离群，开始排粪变软，后发展为腹泻，粪中含有黏液和孕节片，严重者贫血、衰弱，有的出现无目的地走动、步态蹒跚、震颤等神经症状。

我国常见的莫尼茨绦虫有扩展莫尼茨绦虫和贝氏莫尼茨绦虫两种，它们在外观上很相似，头节小，近似球形，上有4个吸盘，无顶突和小钩；体节宽而短，成节内有两套生殖器官，生殖孔开在节片的两侧；子宫呈网状，卵巢和卵黄腺在节片两侧构成花环状。睾丸数百个，分布在整个体节内。扩展莫尼茨绦虫的节间腺为一列小的圆形囊状物，沿节片后缘分布；贝氏莫尼茨绦虫的节间腺呈带状，位于节片后缘的中央。扩展莫尼茨绦虫长可达10米，呈乳白色带状，分节明显，虫卵近似三角形；贝氏莫尼茨绦虫呈黄白色，长可达4米，虫卵为四角形。虫卵内有特殊的梨形器，器内有六钩蚴。

【症状】　轻微感染时病鹿无明显症状。严重感染时病鹿出现消化不良、慢性臌气、贫血、消瘦、腹泻、最后衰竭，有时有肌肉抽搐和痉挛等神经症状；有时因虫体过多，聚集成团，可引起肠阻塞、肠套叠、肠扭转，甚至肠破裂。被感染的鹿的粪便表面可发现黄白色的孕卵节片，涂片镜检可见到其中含有大量灰白色特征性的虫卵。通过饱和盐水浮集法检查粪便时也可发现虫卵。鉴于幼鹿在早春放牧一开始即可遭到感染，可在放牧后4~5周用硫双二氯酚和氯硝柳胺等做成虫期前驱虫，2~3周后可再进行第二次驱虫。被污染的牧地一般空闲2年后可再放牧。人工草场经几年耕种后可减少地螨，有利于该病的防治。

【治疗】
1）硫双二氯酚：一次口服量为100~50毫克/千克体重。
2）氯硝柳胺：60~80毫克/千克体重，一次灌服。
3）丙硫咪唑：每次口服量为10~20毫克/千克体重。
4）吡喹酮：每次口服量为10~15毫克/千克体重。

【预防】
1）每年春季放牧前或秋季收牧后二次驱虫。开牧后每30~40天驱虫1次，效果更好。
2）成年鹿与幼鹿分群饲养，到清洁牧地放牧仔鹿。
3）避免到潮湿和有大量地螨地区放牧，也不要在雨后或有露水时放牧。
4）注意鹿舍卫生，对粪便和垫草要堆肥发酵，杀死粪内虫卵。

三 肺丝虫病

【病因】 在鹿肺中寄生的线虫是胎生网尾线虫，会引起鹿的肺丝虫病。成虫在支气管内大量产卵，虫卵随着咳嗽被吐至口腔，咽下后移动到消化道内，最后随着粪便排出体外。它们在虫卵中形成幼虫，含幼虫卵或以第一期幼虫的形态排泄于粪便中。被排出体外的幼虫经过二次蜕皮变成对鹿有感染力的第三期幼虫，这个蜕变期最短的为3天，低温季节时间相对要延长。但在低温条件下幼虫的生存期延长，夏季排出的幼虫大约在2周内就会全部死亡。从秋季到冬季排出的幼虫生存率较高。从放牧场污染的原因来看，冬、秋季幼虫最为严重，第三期幼虫被鹿摄入后，钻透肠壁侵入肠系膜淋巴结，蜕皮进入血流，经过心脏到达肺部，再从肺泡内蜕出进入细支气管、小支气管内，从幼虫变为成虫。感染后到从粪便中检出幼虫的时间为25~27天，成虫一般生存7周左右。

【症状】 病鹿主要症状是频咳、呼吸困难且呈腹式呼吸、食欲减退、可视黏膜苍白、肺部听诊有啰音、下痢及腹水等。特征症状是病鹿将头颈部伸向前方，张口伸舌，好像要吐出异物那样连续不断地咳嗽。鹿患肺丝虫病的典型症状可分为以下4期。

1）侵入期：到感染后第7天，无任何症状。

2）发病前期：感染后第8~25天，是幼虫侵入肺部的时期。从第11~12天开始呼吸次数增加，咳嗽明显频繁，感染虫数较多时第3周就会死亡，支气管内尚检不出成虫。

3）发病期：感染后第26~55天，成虫进入呼吸道内，频咳症状更加强烈，在这个时期死亡的病例最多。

4）发病后期：感染后第56~75天，病鹿趋向恢复期，病状会迅速好转。

【治疗】 治疗该病的药剂很多，临床上效果很好的如左旋咪唑，按每千克体重0.075克投喂最为有效，这种药对未成熟的虫体不如对成熟虫体有效果，所以，应间隔20~30天，制成水剂再经口投喂2~3次；还可投予乙胺嗪（海群生），按每千克体重0.2克，经口投喂对感染早期的防治效果较好。为了防止细菌的继发感染，应该投喂抗生素或注射营养剂。该病还经常与焦虫一类疾病混合感染，所以要对症治疗。在肺丝虫病的常发地，因隐性感染鹿较多，所以，要对全群鹿进行粪便检查，如果阳性鹿占检查鹿的1/3，则应对全群鹿投喂驱虫药。

【预防】 为了使被污染的放牧场得到净化，每年必须有计划地定期

第八章 鹿的疾病防治

167

进行驱虫。对慢性经过而瘦弱贫血的病鹿，要给予营养全价的饲料并保持良好的饲养环境，使其尽快恢复体力。

四 伊氏锥虫病

【病因】伊氏锥虫属于锥虫科锥虫亚属。虫体细长，呈卷曲的柳叶状，长度一般为 15~34 微米，宽 1.5~2.5 微米，平均为 25 微米 ×2 微米。前端尖，后端钝，中央有一较大的椭圆形核，后端有一点状的动基体。动基体也称为运动核，由位于前面的生毛体和后方的副基体组成，鞭毛由生毛体长出。鞭毛与虫体之间有薄膜相连，虫体运动时鞭毛旋转，此膜也随着波动，故称波动膜。一般以姬姆萨染色效果较好，染色后核和动基体呈深红色，鞭毛呈红色，波动膜呈粉红色，原生质呈浅天蓝色。伊氏锥虫的繁殖在宿主体内进行，一般沿体轴纵分裂，由 1 个分裂为 2 个。伊氏锥虫在外界环境中抵抗力很弱，在干燥、日光直射时很快死亡，消毒药液或常水能使虫体立即崩解，50℃ 5 分钟便使其死亡。

【症状】伊氏锥虫病潜伏期为 4~11 天，急性病例多出现不典型的稽留热（多在 40℃ 以上）或弛张热。发热期间，呼吸急促，脉搏增数，血象、尿液、精神、食欲、体质等均有明显变化。一般发热初期在血中可检出锥虫，体温升高较快的血中锥虫检出率也越高，而且有虫期长，慢性病例不规律，常见体躯下部浮肿。后期病鹿高度消瘦，心机能衰竭，常出现神经症状，主要表现为步态不稳、后躯麻痹等。鹿对该病的抵抗力比马稍强，多为慢性，即使体内带虫也不表现任何临床症状，且常可自愈。

【治疗】治疗该病的药物有萘磺苯酰脲、喹嘧胺、三氮脒、氯化氮氨菲啶盐酸盐。

【预防】在疫区及早发现病鹿和带虫动物，并进行隔离治疗，控制传染源，同时定期喷洒杀虫药，尽量消灭吸血昆虫，对控制疫情发展有一定效果。必要时可进行药物预防。

五 硬蜱病

【病因】硬蜱病是由蜘蛛虫纲、蜱螨目、硬蜱科的各种蜱寄生于鹿体表引起的一种吸血性外寄生虫病。硬蜱又称壁虱、扁虱、草爬子等，除直接危害鹿外，还可传播焦虫病，对畜牧业的危害极大。硬蜱不但侵袭鹿，而且还可以侵袭人和其他多种动物。蜱侵袭家畜后，口器刺入皮肤可造成局部损伤，组织发生水肿、出血、皮肤肥厚，甚至由此引起细菌感染化脓或弥漫性肿胀，产生皮下蜂窝织炎。当大量蜱侵袭幼畜时，蜱的唾液进入血液后可破坏造血机能，溶解红细胞，形成恶性贫血，甚至发生蜱唾液中毒，出现神经症状及麻痹。

【症状】

1）发病特点。硬蜱虫体呈浅黄色、浅褐色或黑色，稚虫与幼虫为灰色或浅黄至玫瑰色。硬蜱日夜均能吸血。在鹿体上为害的主要是成虫和稚虫，幼虫很少。

2）症状和病变。重度感染时，可发现鹿有消瘦、贫血与生产力下降等症状。硬蜱寄生最多的部位是四肢及近胸腹内侧与胸腹部的皮肤，由于虫体的刺咬及所分泌的毒素的作用，可发生局部充血、出血与水肿。蜱类能传播疾病，对人类也有害。

【治疗】

1）双甲脒：按 0.00375% 的用量，间隔 7 天重复用药 1 次。

2）二嗪农：按 250 毫克 / 千克体重，采用水乳剂喷淋。

3）溴氰菊酯：按 0.01% 的用量，间隔 10~15 天重复用药 1 次。

4）碘硝酚：用 20% 注射液，剂量为 10 毫克 / 千克体重，皮下注射。

5）伊维菌素注射液：剂量为 0.02 毫克 / 千克体重，一次皮下注射。

【预防】

1）消灭动物体和自然界中的虫体。

2）轮地放牧。

3）鹿舍墙壁、地面、运动场和鹿场内各处缝隙、沟渠经常喷洒消毒药，常用消毒药有 0.1%~0.5% 敌百虫溶液、0.33% 敌敌畏溶液或 0.025% 的二氯苯醚菊酯（除虫精）等。

第六节　营养代谢病及其防治

一　白肌病

白肌病是一种以骨骼肌、心肌纤维及肝脏组织发生变性、坏死，并发生运动障碍为主要特征的疾病，因病变部位肌肉色浅，甚至苍白而得名。该病多发生于幼畜，且个体营养良好与否均可发病，并常呈地区性发病。仔鹿多在产后 2~4 周内发病。

【病因】　硒和维生素 E 的缺乏是白肌病发生的主要原因。此外，该

病的发生与含硫氨基酸及维生素 A、维生素 B、维生素 C 的缺乏等因素有关。

【致病机理】 硒是动物机体必需的微量元素和重要的辅酸物质，直接参与蛋白质的合成和细胞的抗氧化过程。硒也是生物膜的组成部分，硒和维生素 E 都是动物体内的抗氧化剂，在保护膜不受损害上有重要的作用。缺乏时导致细胞或亚细胞结构的脂质膜被破坏，机体在代谢中产生的内源性过氧化物引起细胞变性、坏死，从而发生白肌样病变，色泽变浅似煮肉样。

【症状】 白肌病病变常发生于半腱肌、半膜肌、股二头肌、背最长肌、臂三头肌及心肌等。发生病变的骨骼肌呈白色条纹或斑块，严重的整个肌肉呈弥漫性黄白色，切面干燥，似鱼肉样外观，常呈对称性损害。个别病例，变性坏死的肌纤维发生退变，剖面呈线条状，俗称"线猪肉"。心肌的病变主要发生于心内膜、乳头肌及中膈，呈灰白色条纹或斑块，病变可深入心肌，使心肌纤维发生变性、坏死及钙化。当心脏受到严重损害时，可见肺水肿及胸腔积液。镜检发现肌纤维肿胀、断裂、溶解，为典型透明变性或蜡样坏死，有时坏死的肌纤维可发生钙化。部分肌纤维中细胞核消失。肌纤维之间缺乏血管，结缔组织明显增生，并有较多的淋巴细胞浸润。机体内其他脏器和淋巴结均无明显的可见病变，肺充血、水肿且呈暗红色，肝脏瘀血、变硬，肾脏肿大、瘀血，肠系膜淋巴结肿大，胃肠多有卡他性病变。

急性病鹿多体质强健，突然精神不安，鼻泪孔开张，走路不稳，步态强拘，肢体发硬，离群不愿走动，四肢肌肉颤抖，视力减弱，呼吸困难，心率 140 次 / 分钟以上，体温达 38~39℃，不能起立而卧地，多半在 4~6 小时死亡，甚至有的在圈内未出现病状而突然死亡；慢性发病者以体质较差、膘情不太好的鹿为主，运动减少，精神迟钝，离群而卧，常见血样红尿，最终卧地不起，一般经 3~5 天死亡。

【治疗】

1）皮下注射 0.1% 亚硒酸钠维生素 E 2 毫升，每 3 天注射 1 次。

2）0.1% 亚硒酸钠 2.5 毫升、10% 安乃近 2 毫升、80 万国际单位青霉素肌内注射，同时静脉注射 20% 葡萄糖 20 毫升、葡萄糖酸钙 10 毫升、维生素 C 0.5 克，每天 1 次。

【预防】

1）皮下或肌内注射亚硒酸钠。

2）给怀孕后期的母鹿，皮下注射亚硒酸钠，也可预防所生仔鹿发生白肌病，提高成活率。

3）仔鹿已有该病发生的，应立即用亚硒酸钠进行治疗。

4）对怀孕的母鹿，特别是妊娠后期的母鹿，要饲喂一些富含维生素的饲料或在饲料中混入微量元素及各种维生素添加剂，可预防该病的发生。

二 佝偻症

佝偻病即维生素 D 缺乏性佝偻病，是由于仔鹿体内维生素 D 不足，引起钙、磷代谢紊乱，产生的一种以骨骼病变为特征的全身、慢性、营养性疾病。主要的特征是生长着的长骨干骺端软骨板和骨组织钙化不全，维生素 D 不足使成熟骨钙化不全。

【病因】

1）围产期维生素 D 不足。

2）日照不足。气候、季节、大气云量、纬度、皮肤暴露都可影响内源性维生素 D 的生成。

3）生长速度快。存在低体重、早产、双胎、疾病等因素的仔鹿恢复后，生长发育相对更快，需要维生素 D 的量多，但体内贮存的维生素 D 不足，易发生佝偻病。

4）食物中补充的维生素 D 不足。因天然食物中含维生素 D 的量少，纯母乳喂养，没有充足的户外活动，如果不补充维生素 D，维生素 D 缺乏佝偻病的罹患危险会增加。

5）疾病和药物影响。胃肠道或肝胆疾病影响维生素 D 的吸收，肝脏、肾脏严重损害可致维生素 D 羟化障碍，$1，25-OH_2-D_3$ 生成不足而引起佝偻病。糖皮质激素有对抗维生素 D 对钙的转运作用。

6）钙、磷不足或比例失调。

【致病机理】 软骨正常发育，但由于维生素 D 缺乏或者钙、磷比例失调导致骨组织钙化不全，使软骨肥大、骺端软骨肥大，从而引起骨骼关节变形。

【症状】 患病初期，幼鹿食欲减退，精神委顿，咀嚼无力，反刍减少，异嗜，消化不良。继而出现消化机能紊乱，逐渐消瘦，严重者四肢无力，行走蹒跚，四肢强拘，不愿走动和站立，喜卧，强行站立时多以前腕关节弯曲站立，或以腕关节爬行。有的后肢向内拐，两后肢拖拉运步，球关节、掌关节明显肿大，头骨、鼻梁两侧肿大，上下颌骨肿大明显，肋软骨关节肿胀并凸出于皮肤表面。随着病情的发展，临床症状更加明显，病程较久者，出现肌肉萎缩，消瘦严重，两腿无力，步态不稳，呈现严重跛行状态。

【治疗】

1）应用维生素 D 制剂，配合浓缩鱼肝油进行投喂，每头幼鹿每次投喂维丁钙 2 片（依幼鹿年龄和体重大小计算）、浓缩鱼肝油 1 丸，每天 2~3 次，连续投喂 9 天。

2）患病严重的幼鹿，临床应用维生素 D_2 胶性钙进行皮下注射，每头 3~4 毫升（按年龄、体重大小计算），每天 1 次，1 个疗程 3 天，最高 3 个疗程。

3）为提高和加快投喂钙制剂的吸收，在日常管理中加强日光照射，同时加强幼鹿的户外和场地运动。

【预防】 在日常饲养和管理过程中，要定期定量地添加骨粉和多种维生素，保证营养全价。加强幼鹿日光照射，提高钙磷代谢机能，同时要保证充足的放牧和运动时间。幼鹿发病时要早发现、早治疗。

三 铜缺乏症

铜缺乏症又称缺铜症，是由于体内微量元素铜缺乏或者不足引起广泛的临床症状，尤其是与贫血、神经功能紊乱、运动障碍有关的症状。该病分为原发性和继发性两种，原发性铜缺乏症又称为单纯性铜缺乏，是饲料中铜含量过少而机体摄入铜不足引起的，主要表现是体内含铜酶的活性下降；继发性铜缺乏症又称为条件性铜缺乏，是饲料中铜含量在正常范围，但含有干扰铜吸收和利用的因素，导致机体铜摄入不足，从而引起动物缺铜。

【病因】

1）原发性缺铜症是由于土壤低铜引起的。土壤含铜量一般为 18~22 毫克 / 千克，植物含铜量为 11 毫克 / 千克。但有两类土壤含铜量低下，一类是有机质缺乏及高度风化的沙土地，一类是沼泽地带的泥炭土和腐殖土，这两类土壤中的铜含量仅为 0.1~2 毫克 / 千克，所生长植物中的含铜量仅为 3~5 毫克 / 千克。一般认为饲料铜的适宜量为 10 毫克 / 千克，当铜含量低于 3 毫克 / 千克时，即可引起发病。

2）继发性缺铜症常因土壤或者饲料中其他元素存在，拮抗铜的吸收、利用而引起。钼和铜具有拮抗作用，饲料中铜和钼的比例低于 5：1 易发生继发性缺铜。饲料中的硫酸盐含量从 0.1% 升高到 0.4%，也可造成铜缺乏。

【致病机理】 铜是机体内蛋白质和酶的重要组分，如铜蓝蛋白、细胞色素 C 氧化酶等。许多关键的酶，需要铜的参与和活化，对机体的代谢过程产生作用。饲料缺乏铜后，使鹿体内酶的活性下降，因而出现病理变化。

【症状】 病鹿消瘦，被毛粗乱，后肢站立困难，关节变形，两后肢间距变小（彩图 19），表现为运动不稳、后躯摇摆现象，有时向一侧摔倒，造成外伤。严重者后躯瘫痪，长期卧地，形成褥疮，最终死亡。后期有的病鹿出现抽搐等神经症状，食欲、体温、呼吸基本正常，心跳快，心律不齐。

【实验室检查】 剖检可见病鹿血液稀薄，凝固不良。鹿体消瘦，皮下无脂肪沉积。大脑组织出现不同程度的水肿、软化，颅腔内有浅黄色液体。心冠脂肪有散在点状出血。倒卧侧的肺有部分瘀血。肝脏色彩不均，稍肿，较脆。脾脏肿大。肾脏被膜易剥离，切面血管扩张，肾盂内有黄色胶冻样物和少量黄色液体。肠壁变薄。跗关节面有类似"虫蚀"样痕迹，关节液黏稠。

【治疗】 重症成年鹿给予硫酸铜 1 克，小病鹿给予 0.5 克，混于饲料中每周 1 次，连用 4 周，1 个月后再给予 1 次。

【预防】 改善鹿群的饲养环境，减少应激，避免鹿群被惊扰。饲喂全价配合饲料，停喂干玉米秸秆，改喂优质青干苜蓿，加强鹿群营养。应用 10 克 / 升硫酸铜液饮水，每间隔 10~15 天给予 1 次。

四 维生素 A 缺乏症

维生素 A 缺乏是指体内缺乏维生素 A 或其前体胡萝卜素不足或缺乏所引起的以皮肤角化障碍、视觉异常、骨形成障碍、繁殖功能障碍为特征的一种营养代谢病。

【病因】 动物机体本身不能够合成维生素 A，必须从饲料中获得。维生素 A 缺乏既有原发性的，也有继发性的。

1）原发性缺乏：主要是饲料中维生素 A 或其前体胡萝卜素不足或缺乏引起的。长期饲喂胡萝卜素较低的饲料；饲料加工、贮存不当造成胡萝卜素或维生素 A 破坏；动物对维生素 A 的需要增加；幼龄动物不能采食青绿饲料和动物性饲料，必须从母乳中获得维生素 A；干旱年份植物中 β-胡萝卜素含量较低等，都会导致维生素 A 原发性缺乏。

2）继发性缺乏：饲料中维生素 A 或胡萝卜素不缺乏，但由于限饲或动物消化、吸收、贮存、代谢出现问题，也可引起维生素 A 缺乏。脂溶性维生素之间存在拮抗作用，当一种脂溶性维生素过高时，即可影响其他脂溶性维生素的吸收和代谢。动物肝脏或肠道患有疾病时，即使维生素 A 或胡萝卜素不缺乏，由于吸收障碍，也会出现维生素 A 不足或缺乏。中性脂肪酸、蛋白质、无机磷、钴、锰等缺乏或不足也能影响体内胡萝卜向维生素 A 的转化，以及维生素 A 的吸收和贮存。

【致病机理】

1）维生素 A 缺乏时，可造成上皮细胞萎缩，特别是具有分泌功能的上皮细胞被复层的角化上皮细胞所代替。

2）维生素 A 是合成视色素的必须物质，视紫红质经光照射后，分解为视黄醛和视蛋白，黑暗时呈逆反应，此时的视黄醛是维生素 A 氧化产生的新视黄醛。维生素 A 缺乏时，新视黄醛产生减少，视紫红质合成受阻，导致动物对暗光的适应能力减弱，形成夜盲症。

3）维生素 A 能够维持成骨细胞和破骨细胞的正常位置和数量。当缺乏时，成骨细胞活性增强导致骨皮质内钙盐过度沉积，软骨内骨的生长不能正常进行。

4）维生素 A 也是胎儿生长发育过程中器官形成的必需物质。缺乏时导致胎儿生长发育受阻，造成先天缺陷。还可造成公鹿精子生成减少，母鹿卵巢、子宫上皮组织角质化，受胎率下降。

5）维生素 A 缺乏导致蛋白质合成减少、矿物质利用受阻、内分泌功能紊乱，使鹿的生长发育出现障碍，生产性能下降。

6）维生素 A 缺乏时，机体上皮细胞被破坏，对微生物的抵抗能力下降，同时白细胞的吞噬活性和抗体的形成也被抑制，还可损害黏膜的免疫功能，从而引发感染。

【症状】　皮肤干燥、脱屑、皮炎、被毛蓬乱无光泽，脱毛，蹄、角生长不良、干燥，蹄表有纵行皲裂和凹陷。弱光下盲目前进，行动迟缓或碰撞障碍物，眼角膜增厚、呈云雾状。公鹿精子形状受到影响，精液质量下降，睾丸小于正常；母鹿易发生流产、死胎、胎儿畸形，胎衣不下；仔鹿可见先天性失明和脑室积水。病鹿会出现瘫痪、惊厥失明、抵抗力下降等症状。

【治疗】 查明病因，治疗原发性维生素 A 缺乏，改善饲养管理条件，调整饲料配方，增加维生素 A 或胡萝卜素含量高的饲料。

【预防】 在日常饲养和管理过程中，应确定饲料配比合适，减少加工对维生素 A 的损耗，放置时间不宜过长，减少维生素 A 与矿物质的接触，妊娠、泌乳和应激状态下增加饲料内维生素 A 的含量。

五 食毛症与毛球症

食毛症多发于冬季，若食毛过多，可影响消化，严重时因毛球阻塞肠道形成肠梗死而造成死亡。毛球症是由于动物舔毛，毛被吃到肚子里，长期不能被排泄出，便在胃里渐渐聚成一个小球，称为毛球，当毛球大到一定程度就会阻碍动物的正常饮食。

【病因】 多数学者认为该病与无机盐缺乏特别是微量元素铜、钴、镁、硫缺乏有关。

【症状】 被毛与胃内容物混合形成不易通过幽门瓣的坚固毛球，如果滞留在小肠内，会造成肠阻塞，便出毛球便。病鹿表现为食欲减退，但渴欲增强，常伏卧，便秘，消瘦（彩图20），胃体积膨胀，在胃内可触诊到毛球。随着病程迁延，则因消化障碍终至衰竭，造成死亡。

【治疗】

1）药物疗法：发现毛球病，早期较轻时可口服多酶片，每次 4 片，每天 1 次，连服 5~7 天，使毛球逐渐酶解软化，同时口服泻药（如 15 毫升花生油，每天 2 次），以促进毛球排泄；较严重者，除用上述疗法外，还应口服阿托品 0.1 克，使幽门松弛，以便于毛球下滑，同时配合腹外按摩挤压，促使毛团破碎与排泄。毛球排出后，应喂给易消化的饲料。对有食毛症的病鹿，还要将其隔离饲养，并往其饲料中添加 1.5% 的硫酸钙和 0.2% 的胱氨酸 + 蛋氨酸（或 1% 的毛发粉）。

2）手术疗法：若药物治疗无效，应立即进行手术，取出阻塞物。

【预防】 增加饲料内的维生素或无机盐含量，加强管理，补饲生长素和饲料添加剂，增喂精饲料。

第八章 鹿的疾病防治

> ● 【提示】 当鹿缺乏无机盐特别是微量元素铜、钴、镁、硫时，会发生舔毛，毛被吃到肚子里，长期不能被排泄出去，便会抑制胃的消化功能。

第七节 中毒病及其防治

一 霉饲料中毒

【病因】 饲喂发霉的饲料而引起中毒。

【症状】 病鹿流涎并剧烈腹泻，个别发生呕吐，精神萎靡，喜卧，站立或运动时肌肉战栗、共济失调。饮（食）欲废绝。濒死期体温下降至35℃以下。中毒严重的都是膘肥体壮、采食量大的鹿。病程长的鹿粪便中带有脱落的肠黏膜。

【实验室检查】 剖检可见胃内容物饱满且有辛辣味。肝脏肿大，腹侧面、背面多处变性，呈黄褐色，切面外翻。胃黏膜脱落，易剥离，黏膜下大面积出血，呈深红色。脾脏外膜出血并有血红蛋白及纤维蛋白附着。肾脏肿胀、苍白。心耳有出血点。大小肠黏膜下均有出血。后期有的病鹿瘤胃穿孔继发腹膜炎，同时心外膜有纤维蛋白附着。

【治疗】 诊断为发霉饲料中毒后，立即停止饲喂发霉饲料，清洗饲槽及用具，喂柞树叶子和青草，饮白糖水，用轻泻量芒硝拌入豆饼中大群给饲并给重病鹿肌内注射强心剂。采取措施后中毒开始缓解，全群精神好转，开始有饮食欲，稀便转为堆便、粒便，逐渐恢复正常。

二 亚硝酸盐中毒

由于饲料富含硝酸盐，在鹿体外或体内转化形成亚硝酸盐，进入血液后使血红蛋白氧化为高铁血红蛋白而失去携氧能力，导致组织缺氧而引起中毒。

【病因】

1）富含硝酸盐的饲料，经日晒雨淋、堆垛存放而发热或腐败变质，以及用温水浸泡、文火焖煮或长久加盖保温时，硝酸盐转化为亚硝酸盐。

2）饲喂富含硝酸盐的饲料时，日粮中糖类不足。

3）饮用硝酸盐含量高的水，如施氮肥地的田水，厩舍、厕所及垃圾堆附近的地面水等。

4）饲料误混入硝酸盐肥料或工业用盐，误食硝酸盐药物。

【症状】 多为急性中毒，以突然发病、呼吸困难、黏膜发绀、血液褐变、痉挛抽搐为特征。慢性中毒可导致发育不良、增重缓慢、慢性腹泻、步态强拘等。

【实验室检查】 剖检可见血液呈咖啡色、黑红色或酱油色，凝固不良，在空气中长时间暴露不变红。其他表现有皮肤、黏膜发绀；胃肠道臌气，黏膜充血、出血，黏膜脱落；全身血管扩张；肺充血、水肿；肝脏、肾脏瘀血；心包脏层和心肌有出血点等。

【治疗】

1）特效解毒剂：

① 小剂量亚甲蓝：1%亚甲蓝溶液，8毫克/千克体重，静脉注射或深部肌内注射。重度中毒剂量加大或2小时后再重复用药。

② 甲苯胺蓝：5%甲苯胺蓝溶液，5毫克/千克体重，静脉注射或肌内注射或腹腔注射。

2）一般解毒剂：

① 25%维生素C注射液：5~10克，肌内或腹腔注射，或溶于25%葡萄糖溶液静脉注射。

② 25%~50%葡萄糖注射液：1~2毫升，静脉注射。

3）一般排毒及对症治疗：

① 配合催吐、下泄、促进胃肠蠕动或灌肠等排毒措施。

② 重症的配合强心、补液和中枢神经兴奋药物。

【预防】

1）防止过多的硝酸盐蓄积。做饲料用的青稞，其生长土壤中不要过多地施氮肥，特别不宜用大量无机氮肥，防止硝酸盐类在青稞中过多蓄积。施少量钼酸铵肥，较为理想。

2）青稞要合理贮存，温度不宜过高，以防止发霉，最好青贮。

3）饲喂青稞饲料前检测硝酸盐含量。

三 有机磷农药中毒

一般有机磷农药包括1605、1059、敌百虫、敌敌畏和乐果等。

【病因】

1）误食喷洒有机磷农药的青草或庄稼。

2）饮用被有机磷农药污染的水。

3）用配制过有机磷农药的容器当饲槽或水槽来喂饮鹿。

4）滥用有机磷农药驱虫可导致鹿中毒。

【症状】 病鹿表现精神沉郁或狂躁不安，以后昏睡、反刍、食欲减少或停止。瞳孔缩小、全身肌肉呈痉挛性收缩、呼吸困难，呼出的气体带有药物的特殊气味。胸前、肘后、阴囊周围及会阴部出汗，眼结膜充血、流泪、口吐白沫、齿龈、舌、硬腭均肿胀。腹痛、肠音增强，严重拉稀、粪便带血，步态不稳，口腔黏膜及鼻镜干燥甚至出现溃疡，最后四肢麻痹，倒地不起。如果不及时抢救，数小时内可能抽搐昏迷而死。严重病例心跳疾速而脉搏细弱，常常伴发肺水肿，有的窒息而死。

【实验室检查】 剖检可见血液凝固不良，皮下水肿，眼观心脏无变化，胃黏膜脱落，小肠充血，胃肠内容物混有血液，肝脏、脾脏、肾脏均肿大，肝小叶间质增宽，脾软化，边缘瘀血，髓质呈黑色，肾质脆软化，表面血管充血，有坏死灶。

【治疗】

1）立即解毒：常用特效解毒剂如解磷定、氯解磷定解毒，其用量按 15~30 毫克/千克体重，用生理盐水配成 2.5%~5% 溶液，缓慢静脉注射。以后每隔 2~3 小时注射 1 次，剂量减半。根据症状缓解情况，可在 48 小时内重复注射。或用双解磷 双复磷，其用量为每千克体重 7~15 毫克，用法同解磷定。还可用硫酸阿托品，其用量为 0.25 毫克/千克体重，皮下或肌内注射，严重中毒病例可用其 1/3 量混于糖盐水缓慢静脉注射，2/3 量于皮下或肌内注射。经 1 小时后若症状不见好转，可减量重复注射。

● 【提示】 在应用特效解毒剂时，最好是解磷定与阿托品合用。

2）经皮肤中毒的，为了除去尚未吸收的毒物，可用 5% 石灰水、0.5% 氢氧化钠或肥皂水洗刷皮肤；经消化道中毒的，可用 2%~3% 碳酸氢钠溶液或食盐水洗胃，并灌服活性炭。但必须注意，敌百虫中毒，不能用碱水洗胃或洗刷皮肤，因为敌百虫在碱性环境下可转变成毒性更强的敌敌畏。

● 【提示】 在解毒治疗过程中，要给予强心、输液等综合疗法。

【预防】 加强农药的保管。用农药处理过的种子和配好的溶液，不得随便乱放；配制及喷洒农药的器具要妥善保管；喷洒过农药的地方要设

"有毒"标记，在 1 个月内禁止放牧或割草；不得滥用农药来杀灭鹿体表寄生虫；应用敌百虫驱虫应严格掌握用量。

第八节 普通病及其防治

一 食道阻塞

【病因】 由于鹿采食时没有把食物充分咀嚼就匆匆咽下，若为较大较硬的食物，常会阻塞在食道内，难以咽下入胃，尤其在采食过程中受驱赶、惊吓、打斗、争食等因素影响，更易造成食道阻塞。

【症状】

马鹿食道梗塞是采食加工不细的块根饲料而引起，饥饿、急食、采食时突然受惊时最易发生。病鹿退槽不食，伫立一旁，表情痛苦，可视黏膜发绀，呼吸数增加，头颈伸直，呈明显的腹式呼吸，有虚嚼、吞咽呕吐、摇头等动作，从鼻腔、口腔流出泡沫状黏液和饮食物，反刍停止。食道完全阻塞时，继发瘤胃臌气。胸部梗塞食道有明显的反蠕动作，颈部摸不到梗塞物；颈部梗塞逆流出饮食物较快，能摸到梗塞物。

【诊断】 根据发病症状和触诊检查，可诊断为鹿食道阻塞。

【治疗】

1）取普鲁卡因粉 1~1.5 克，加水 20 毫升，溶解后灌服，15 分钟后再灌植物油 50~10 毫升，皮下注射硝酸毛果芸香碱 1~2 毫升，1 小时左右可见效。

2）梗塞物过大，药物治疗无效者，可将病鹿横卧保定，在颈部摸到梗塞物后，用双手沿食道沟交替将梗塞物推送到咽部，令助手将其固定，再用左手拉出舌头，置舌体于上下齿之间，固定于右嘴角，不让其滑脱，右手伸入咽部（不需用开口器，因鹿口腔较小，手大者伸入有困难），令助手用双手将梗塞物用力向上方推送，若推送得法，一次便可取出梗塞物。

● 【提示】 触摸鹿的颈部，可查明是否发生阻塞。

二 前胃弛缓

【病因】 长期喂养难以消化的饲料，或者是长期饲喂含有水分较多或者泥沙较多，变质发霉，进行了冷冻的饲料，以及有毒的饲料。由于长期用精细饲料喂养，不能激发前胃的神经兴奋度，这也可能是前胃弛缓的原因。由于遇到突发事件如惊吓、分娩、过度兴奋等多种因素导致了前胃的神经紊乱，从而引起前胃功能性失调弛缓。由于本身患有硒缺乏症、钙磷代谢障碍、寄生虫引发的疾病和遗传性继发疾病等导致的前胃弛缓。

【症状】　发病初期病鹿食欲、饮欲减退，精神倦怠，逐步消瘦，不久食欲废绝，反刍无力，次数减少，鼻镜干燥，常常磨牙。瘤胃蠕动音减弱，次数减少，有的病例蠕动音虽弱，但次数并不减少，触诊瘤胃内容物松软，下部坚实，叩诊呈浊音，出现轻度的间歇性臌气。发病初期，粪便变化不大，随后排便次数减少，常常便秘，粪干而色黑，外附黏液。慢性病例的临床症状与急性病例基本相似，但病程较长，病情时轻时重，鼻镜干燥，食欲减退或偏食、拒食、异嗜，并有呻吟、磨牙症状，反刍逐渐迟缓，嗳气减少，嗳出的气体带有酸臭味，瘤胃蠕动量减弱或消失，触诊瘤胃，内容物柔软或黏硬，呈现慢性轻度的瘤胃臌气，排粪迟缓，粪便干硬色暗，有时排出少量泥状黑色粪便，有恶臭味。后期病例，病鹿消瘦、贫血，被毛粗乱，皮肤干燥，眼球凹陷，鼻镜龟裂，甚至卧地不起。原发性病例初期，病鹿体温、呼吸、脉搏等均正常；若为继发性病例，则前胃弛缓，常伴有原发病的特征。

【实验室检查】　病鹿瘤胃内容物 pH 下降到 6.5~5.5，甚至到 5.5 以下。纤毛虫的活性降低，数量减少，甚至消失。

【诊断】　根据发病情况、临床症状，结合瘤胃内容物的实验室检查诊断为鹿前胃弛缓，但应区别出是原发性的还是继发性的，以便采取恰当的治疗措施。

【治疗】　治疗原则是恢复鹿的前胃运动机能，消除胃内容物的发酵和腐败现象。不仅要重视药物治疗，而且必须改进饲养条件。

1）让鹿绝食 3 天，保证充足的清洁饮水。

2）其次用药物刺激前胃运动机能，即 5% 葡萄糖盐水 500~1000 毫升、10% 氯化钠溶液 100~200 毫升、5% 氯化钙溶液 200~300 毫升、10% 安钠咖溶液 10~20 毫升、5% 碳酸氢钠溶液 500 毫升，静脉注射，1 次 / 天。用药后 20~30 分钟即出现反应，即脉搏增强，心律减慢，1~2 小时后呼吸增强，流涎增加。或用酒石酸锑钾 2~4 克，口服 1 次 / 天，连用 3 次 / 天。也可用硝酸毛果芸香碱，按体重用 0.05~0.06 毫克/100 千克，皮下注射，严格掌握剂量，兴奋副交感神经末梢，增加消化腺的分泌，增强前胃运动和反刍机能，但是剂量低于 0.03 毫克/100 千克则不显效果，而高于 0.1 毫克/100 千克又将发生中毒症状。

3）缓泻健胃。瘤胃内容物黏硬时，结合用缓泻制剂及兴奋前胃蠕动的药物。如硫酸镁 300 克、鱼石脂 20 克、温水 5000 毫升，灌服。或苦味酊 60 毫升、稀盐酸 30 毫升、95% 乙醇 100 毫升、水 500 毫升，一次内服，连用数天。如果有显著臌胀，加入 30% 鱼石脂 100 毫升；如果有胃炎，则加入抗生素、磺胺药或呋喃类药物。然后用 20% 强心安钠咖注射液 20~40 毫升、维生素 C 注射液 10~30 毫升、复合维生素 B 注射液 10~20 毫升，以及 5% 葡萄糖注射液、0.9% 氯化钠注射液、5% 碳酸氢钠注射液、40% 乌洛托品注射液适量混合应用。

三 瘤胃积食

【病因】　鹿偷食大量精饲料而发病；饲养者无计划性地调换饲料，鹿因采食过量而发病；进食大量粗硬不易消化的饲料，并不能及时有效地补充适量的水；采食大量极易膨胀的精饲料并饮入大量的水而发病。

【症状】　病鹿鼻镜干燥，背腰拱起，站立不安，起卧摇尾，后肢踢腹，磨牙呻吟，左侧下腹部膨大，左肷部平坦。触诊瘤胃，病鹿疼痛不安，瘤胃内容物坚实并易出压陷；听诊瘤胃蠕动音，初期增强，而后减弱或消失，有时上部呈鼓音；直肠检查瘤胃，腹囊后移至骨盆腔。呼吸促迫，心跳增速，体温正常或稍有升高，可视黏膜发绀，脉搏细数，排粪迟滞，粪便干少色暗，有时排恶臭稀粪。后期病鹿精神沉郁，运动无力，肌肉震颤，甚至卧地不起，呈脱水、衰弱状态。

【诊断】　根据发病症状，结合触诊、听诊、直肠检查、可诊断为鹿瘤胃积食。

【治疗】

1）轻症者可按摩瘤胃，每次 10~20 分钟，每 1~2 小时按摩 1 次；灌服酵母粉 250~500 克，每天 2 次。

2）重症者，用硫酸镁或硫酸钠 500~800 克、松节油 30~40 毫升、常水 5~8 升，1 次内服。

3）促进瘤胃兴奋可用 10% 氯化钠注射液 300~400 毫升、10% 氯化钙注射液 100~200 毫升、20% 安钠咖注射液 10~20 毫升，1 次静脉注射，每

天 2 次。

4）对瘤胃还可用粗胃管反复洗胃，尽量多导出些食物。

5）补充体液、防止酸中毒可用 5% 葡萄糖生理盐水 2500~3000 毫升、5% 碳酸氢钠注射液 300~500 毫升，1 次静脉注射，酌情连用 2~3 天。

6）中药用郁李仁 50 克、麻仁 50 克、枳实 50 克、厚朴 50 克、大黄 50 克、芒硝 100 克、牵牛子 30 克、榕榔 10 克、神曲 30 克，水煎过滤。

7）用植物油或液状石蜡 200 毫升加等体积温水灌服，也有显著疗效。

四 瘤胃臌胀

鹿瘤胃臌胀是鹿前胃神经反应性降低，收缩力减弱，采食易发酵饲料后，在瘤胃内的细菌作用下异常发酵，产生大量气体引起瘤胃急剧臌胀的一种疾病。多发生于鹿，成年鹿和仔幼鹿都能发生，仔幼鹿发病更急、病死率更高。

【病因】 鹿经过一个较长时间的干草期或长期饲料不足之后，突然摄入青草、豆科植物、薯藤、豆饼或多汁块根饲料（甜菜、甘薯及浸泡过久的黄豆、豆饼、豆腐渣）等易发酵的饲料，或饲喂堆积发热或霉败变质的饲料，均可导致发病。放牧鹿群，常有成群发生的特点。

【发病机理】 从鹿的生理角度来看，瘤胃形同发酵罐，内容物于其中发酵和消化的过程，所产生的气体除被盖于瘤胃内容物表面外，其余的通过反刍、咀嚼和嗳气排出，并随同瘤胃内容物运转经皱胃排入肠道和被血液吸收，保持着产气与排气的相对平衡。鹿在采食大量易于发酵的饲料后，在瘤胃内菌群和温度作用下，迅速产气，由于产气过多，瘤胃扩张，胃壁毛细血管受压迫致使血液循环障碍，由血液吸收的气体明显减少，而发酵的豆科植物释放的有害物质又能使胃壁麻痹，更加剧循环障碍。当瘤胃过度充满气体时，贲门部被气体占据，使饲料转动困难，食道受到压迫，嗳气无法排出。采食发酵饲料所产生的大量气体，既不能通过嗳气排出，又不能随同内容物通过消化道排除和吸收，因而导致瘤胃急剧扩张和膨胀，这就必然造成腹压升高，膈向前移，使胸腔容积缩小、肺活量不断下降，影响呼吸和血液循环，出现气体代谢障碍，随着病情急剧发展和恶化最终导致鹿窒息和心脏停搏。

【病状】 病鹿弓背、举尾、烦躁不安。腹围膨大，尤以左腹为甚，左侧饥窝因瘤胃膨胀而突出，采食、反刍、嗳气完全停止。可视黏膜发绀、眼角膜充血，血管怒张，眼球凸出。触诊腹壁紧张并有弹性，以拳压迫不留痕迹。叩诊时瘤胃部呈高朗的鼓音。听诊瘤胃蠕动音，病初增强，以后逐渐减弱或完全停止。呼吸频率随病情恶化而不断增加，可达 60~100 次 / 分钟，常张口伸舌，呈气喘状态。心搏频率明显增加，达 120~150 次 / 分钟。体温一般正常或稍高。

慢性瘤胃膨胀多为继发性因素所引起，病情弛缓，瘤胃中度膨胀，时而消长，常在采食或饮水后反复发生，病程发展缓慢，食欲、反刍减退，饮水、采食慢而少，逐渐消瘦。生产性能降低，哺乳鹿泌乳量显著减少。

【诊断】 根据病史和病状确诊不难。慢性膨胀，病性弛张，反复产生气体，随原发病而异，通过病因分析也能确诊。但在临床诊断中，应注意与前胃弛缓、瘤胃积食、创伤性网胃腹膜炎、食管阻塞、中毒和破伤风等进行鉴别。

【治疗】

1）治疗原则是迅速排除瘤胃内气体，制止瘤胃内继续发酵产气，恢复瘤胃正常运动机能，必要时可用强心剂，以改善心脏机能。

2）病初使病鹿头颈高举，适度地按摩腹部，促进瘤胃内气体排出，同时应用制酵剂。

3）严重病例，当发生窒息危险时，首先用套管针进行瘤胃穿刺放气，以免窒息。

4）非泡沫性膨胀，宜用稀盐酸 10~15 毫升，或鱼石脂 10~15 克、95% 乙醇 50 毫升；也可用生石灰水 500~1000 毫升，通过特殊工具灌服。放气后用 0.25% 普鲁卡因 30~50 毫升、青霉素 50 万单位注入瘤胃内，效果更好。

五 瘤胃酸中毒

【病因】 在 58 例病例中，公鹿长茸期突然改变饲料，精、粗饲料配合不当，精饲料饲喂量过多而发病的有 46 例，占 79.3%；疏于管理，挣脱笼头或拴链偷吃过多精饲料而发病的有 2 例；母鹿产羔后为促进乳汁分泌过多而饲喂精饲料发病的有 2 例；仔鹿断乳后因过早过多增加精饲料，引起消化不良而发病的有 3 例。据调查，以上病鹿生病前均有过量增加精饲料史，主要为玉米、豆饼、麦麸等，有的突然增加精饲料饲喂量，精饲料日饲喂量为 3~4 千克，有的达到 4~5 千克。另有 3 例是因锯茸使用麻醉药前后未停食，因麻醉药作用，瘤胃张力减弱，蠕动弛缓而发病。

【症状】 酸中毒是反刍兽临床中较为常见的一种中毒病，在梅花鹿

养殖业中举足轻重，不容忽视。根据病程缓急，临床上一般将该病分为急性瘤胃酸中毒和亚急性瘤胃酸中毒两类。鹿场慢性病例较多见，多因长期采食冰冻饲料或精饲料，造成慢性瘤胃酸中毒。病鹿精神倦怠，食量减退甚至废绝，鼻镜干燥龟裂，反刍减少或停止，排少量稀软或干硬覆盖黏膜和血液的粪便，症状与前胃迟缓极为相似，很难被当作瘤胃酸中毒进行及时治疗。急性病例相对少见，但发病剧烈，来时凶猛，病程短，采食多量冰冻饲料、变质饲料或大量精饲料后1~2小时即发病，来不及治疗便死亡，死亡率极高。剖检病死鹿瘤胃，可闻见强烈刺鼻的酸臭味，胃囊浆膜面及肠黏膜严重出血，脱落，有大量出血点或出血斑；肺脏、肝脏、脾脏、肾脏等实质性器官肿胀，充满黑色黏稠血液，呼吸道内充满大量泡沫样物质。该病同其他反刍动物的发病情况极为相似，并具有独特症候，在梅花鹿群中发病无明显季节性，四季均发，冬季和夏季尤为严重，体况、食量较好的青壮年公鹿发病率相对高，是导致青壮年梅花鹿死亡的重要杀手。

【治疗】 该病治疗方法不一，可根据不同发病状况对病鹿进行辨证施治。治疗原则为强心补液、解毒、抗菌消炎、加强护理，同时辅以增加胃肠蠕动药物。对于急性严重病例，必要时可进行手术治疗。

1）当发生瘤胃酸中毒的病鹿出现心衰并严重脱水时，可肌内注射樟脑磺酸钠300毫克，每天1次进行强心。5%碳酸氢钠500毫升、复方氯化钠注射液1000毫升、5%葡萄糖注射液500毫升，一次性静脉注射。硫酸庆大霉素80万国际单位、地塞米松20毫克、扑敏宁（曲吡那敏）80毫克，一次性静脉注射，防止继发感染和抗过敏，便血病例加注维生素K_3。

2）对于严重但不需要手术的病鹿，首先进行穿刺放气，将胃导管插入瘤胃内，用2%碳酸氢钠或澄清的石灰水反复清洗，直到洗出液无酸臭味、呈中性或碱性为止。灌服碳酸氢钠片或大黄苏打片，仔鹿0.5~2.0克/次，成鹿5~10克/次，2~3次/天；注入制酵剂如松节油40~60毫升或"克辽林"溶液20毫升。

3）对于瘤胃内容物坚硬，无法导胃的病例，实施瘤胃切开术，排出内容物后，用10%碳酸氢钠溶液冲洗，再填入1/3的干草或健鹿新鲜瘤胃内容物。术后连续3天灌服健康鹿新鲜胃内容物3~5升，并加强术后护理，即可治愈。

【预防】 梅花鹿瘤胃酸中毒大多是由于饲养管理不当，采食或偷食大量谷类和其他富含碳水化合物的精饲料或青绿饲料，迅速发酵，导致瘤胃内挥发性脂肪酸和其他有机酸过度蓄积，从而导致梅花鹿机体代谢功能紊乱。预防该病的发生，加强饲养管理是重中之重，禁止饲喂变质或生硬的冰冷饲料，严格控制日粮粗、精饲料比例，控制好饲喂频率，杜绝饲料频繁转换，若需增加精饲料，应做好过渡，及时补充盐分、维生素、矿物质元素等营养物质，切忌随意变更饲养人员。

六 胃肠炎

【病因】 主要是由于饲喂及卫生不良引起的。如饲料发霉、变质或不洁，饲喂不合理常可引起消化性胃肠炎。卫生条件差，则可引起大肠杆菌、沙氏杆菌、变形杆菌、弧菌及寄生虫等感染的细菌性胃肠炎。患消化性胃肠炎的仔鹿精神尚好，体温不高，粪便酸臭，有时混有未消化的食物；患细菌性胃肠炎，则病鹿精神沉郁，体温升高，稀便中时有血丝。不论哪类胃肠炎，都可导致病鹿脱水。

【症状】 仔鹿胃肠炎是胃、肠发生急、慢性炎症的临床表现，因其影响消化和吸收，所以排出稀粪便，甚至水样粪便。

【治疗】 宜早期治疗。

首先，禁食（一般禁食 24 小时），但不限饮水。这样做一方面可减轻进食的刺激；另一方面可使消化道内容物排空，减少刺激。

其次，补液。胃肠炎会导致脱水，补充体液十分重要。鹿因保定困难，补液往往被忽视，可通过内服方法，即灌服或饮用糖盐水和复方氯化钠溶液。静脉补液是可靠的方法，一般多用 5% 碳酸氢钠注射液 500 毫升，或复方氯化钠注射液 500 毫升加维生素 C 20 毫升。如果脱水严重，静脉注射有困难，可通过腹腔注射或皮下注射来完成。视病情轻重，每天 1~2 次，连补 2 天。

再次，药物投喂。患消化性胃肠炎时，应内服健胃整肠药，如助消化药，用胃蛋白酶 1 克、乳酶生 1 克，加水适量灌服；或吸服收敛药，用药用炭 2~3 克、萨罗尔 1 克、碱式硝酸铋 1 克，加水适量内服，每天 2 次，连服 3 天；或采用中药治疗，将山楂 15 克、麦芽 15 克、神曲 15 克、槟榔 3 克，研末，加水适量灌服，每天 2 次，若鹿能采食，可混饲 1~2 天。患细菌性胃肠炎时，要灭菌消炎，可内服磺胺脒 1 克或链霉素 1 支或庆大霉素、卡那霉素各 1 支，肌内注射拜有利 0.5 毫升，或长效先锋注射粉 60万 ~80 万单位，每天 1 次，连注 1~2 天；也可用 5% 葡萄糖注射液 500 毫升加恩诺莎星注射液 100~200 毫克静脉注射，每天 1~2 次，2 天即可治愈。

第八章 鹿的疾病防治

七 新生仔鹿便秘

【病因】 新生仔鹿因多种原因，未能很好地采食初乳，导致胎粪无法正常排出，诱发便秘。

【症状】 病鹿精神沉郁，四肢无力，食欲不振或废绝，头低，闭目无神，起卧不安，不时蹴踢腹壁或回头顾腹，不时努责，严重者做转圈运动，不时鸣叫，声音痛苦嘶哑，口干味臭，呼吸、脉搏稍快，体温微高，腹部触诊疼痛明显，多日不见排粪。

【治疗】 将蜂蜜150毫升，置光滑器皿中文火熬炼，至搭丝去渣备用，大葱取白100克，捣成葱泥加适量常水与蜂蜜搅匀一次灌肠；机体虚弱、病情较重者，配以油当归、肉苁蓉各10克，水煎，红糖为引投喂；体温升高、腹痛较重者配以解热镇痛药，并配合补液，防止发生酸中毒。

八 大叶性肺炎

【病因】 多因吸入或误咽入呼吸道的异物，如小块饲料、黏液、血液、脓液、呕吐物、药物和乳汁等。

【症状】 大叶性肺炎发病快，病势急剧，一旦发病立即剧烈咳嗽，并从口鼻中呛出多量分泌物。病鹿精神不安、站立不稳，或精神沉郁，倒地不起，呼吸困难，甚至呈腹式呼吸，鼻翼常随呼气而开张，体温很快上升到40℃左右，脉搏快而弱，心率增快，第一心音增强。肺部听诊可发现有湿性啰音及空瓮音，几天之后，鼻流脓涕，病势加重，最后死亡或经治疗后痊愈或预后不良。

【治疗】

1）迅速排出异物：为了便于异物的排出，首先让病鹿站在前低后高的位置，将头部放低；横卧时则把后躯垫高，以便于异物向外咳出，同时反复注射兴奋呼吸的药物，如樟脑制剂（20%樟脑磺酸钠分次注射，4~6小时/次），并及时皮下注射40%乌洛托品以刺激气管，使其分泌物增多，促使异物排出。另外，做气管底质切开术，也有利于异物排出。

2）制止肺组织的腐败分解：可及时应用大量抗生素，如青霉素100万~200万单位、链霉素200万~400万单位，肌内注射或气管注射，每天2~3次；或气管注射5%薄荷脑液状石蜡油10毫升，第一、二天，每天1次，注射4次为1个疗程，也可用四环素静脉注射。

3）防止自体中毒：可静脉注射樟酒糖液（含0.4%樟脑、6%葡萄糖、

30%乙醇、0.7%盐酸的灭菌水溶液)200毫升，每天1次。

4）对症治疗：如果继发坏疽性肺炎，应先对症治疗原发病。

九 中暑

【病因】 中暑分日射和热射两种，日射为炎热夏季阳光直接照射，引起鹿脑和脑膜充血。热射病是在潮湿闷热的环境中，鹿机体新陈代谢旺盛，产热多，放热少，体内积热过多引起严重的中枢神经系统紊乱。

【症状】 病鹿精神不振，食欲减退，不吃精饲料，四肢乏力，步态不稳。进而突然倒地，四肢做游泳样划动，呼吸急促，节律失调，呈陈一施二氏呼吸，发生剧烈痉挛，瞳孔先放大后缩小，最后昏迷而死。

【实验室检查】 剖检可见鹿脑及脑膜的血管有不同程度的充血、瘀血，有的有出血点。脑脊液增多，脑组织水肿；心包积液少量，心脏肌肉如煮熟肉样，肺充血，肿胀；胸膜、心包膜、肠系膜具有明显瘀血斑，有的有浆液性炎症变化。经实验室检查，心、肝组织触片染色镜检，组织培养未见致病菌。

【治疗】

1）立即在运动场上方搭凉棚，喷水降温，并供给充足的1%~2%凉盐水和含水分多、较易消化的饲料。

2）用冰块冷敷头额部，病情较重者用500~2000毫升凉水灌肠。

3）用葡糖糖盐水500~1000毫升、樟脑磺酸钠5毫升、维生素C 1000毫克，静脉注射，同时在对侧静脉放血200~300毫升，每天1次，用药2~3天。

4）有自体中毒现象时，用5%碳酸氢钠50~100毫升，静脉注射；出现心力衰竭时，先用尼可刹米，后用安钠加，肌内注射，注射量依需要而定。

第九节 其他疾病及其防治

一 仔鹿孱弱

新生仔鹿孱弱是指仔鹿衰弱无力，生活力低下，先天发育不良，直接影响仔鹿生长发育和养鹿的经济效益。

【病因】 仔鹿孱弱的主要起因是母鹿妊娠期间，蛋白质、维生素、矿物质和微量元素等营养物质缺乏所致。

1）蛋白质饲料不足：母鹿妊娠期饲喂的精饲料仅仅以玉米为主，添加少量的豆饼，导致蛋白质含量及摄入量不足，缺乏必要的氨基酸，会使胎儿生长发育受阻。

2）缺乏维生素：对妊娠母鹿不饲喂青绿饲料，精饲料中又不添加多种维生素，使母鹿机体严重缺乏维生素。缺乏维生素 A，幼鹿生长发育受阻，降低增重速度，削弱疾病的抵抗力；缺乏维生素 D，可引起钙与磷代谢功能紊乱，骨基质钙化停止；缺乏维生素 K，可发生肌肉营养不良，表现为运动机能障碍，严重者不能站立；缺乏维生素 K，表现贫血、衰弱。由于维生素的缺乏，从而造成胎儿发育不良。

3）缺乏微量元素：在饲料中，微量元素如铁、铜、锰、锌、碘、硒、钴等都是必不可少的。鹿摄取的饲料单一，便无法从饲料中获得足够的微量元素，不添加微量元素必然造成微量元素缺乏。缺铁、缺铜引起贫血，运动失调；缺硒引起白肌病，生长迟缓；缺锌导致鹿生长受阻。因此，缺乏微量元素时胎儿就不能正常发育。

4）钙、磷比例失调：为了降低饲养成本，不饲喂麦麸，不补充所需的磷，使饲料中的钙、磷比例失调。若再缺乏维生素，会使钙、磷吸收受阻，造成仔鹿出生后缺钙而不能站立。

【症状】 仔鹿孱弱无力，生活力低下，先天发育不良，直接影响后期的生长发育。

【预防】

1）在母鹿妊娠期，根据营养需要，合理搭配饲料，改变单一饲料为全价饲料，精饲料中除补充骨粉和食盐外，添加氨基酸、维生素、微量元素等，有条件的还应多喂一些青绿多汁饲料，以保证胎儿的生长发育需要。

2）蛋白质饲料要随胎儿生长发育的变化，逐渐增加饲喂量。

3）加强妊娠母鹿的管理，让母鹿吃好、饮清洁水、适当运动，不喂发霉、变质、腐败、冰冻、有毒和有刺激性的饲料。

4）注意鹿舍卫生，定期消毒，确保胎儿正常发育。

二 仔鹿舔伤

仔鹿舔伤，是指母鹿在哺乳过程中舔仔鹿肛门，造成仔鹿肛门及周围组织损伤。对于一般饲养场来讲，该病发病频繁，治疗困难，很难达到理想效果。若治疗不及时，大部分仔鹿会以死亡而告终。

【病因】 母鹿舔仔鹿肛门促进其排便，是正常生理现象。但给仔鹿造成了伤害，则为病态。其原因不明，有人认为是饲料单一，缺乏某种无机盐所致；也有人认为是仔鹿粪便带有某种气味，诱使母鹿过度舔而致病。根据笔者多年观察，发现有舔癖的多为母性好、膘情好的大龄母鹿。

【症状】 常见病鹿精神不振，被毛凌乱。轻者肛门周围红肿、溃疡、出血，排便困难，常有干硬粪块堵塞肛门，病鹿弓腰努责，频频做排粪动作；重者尾根部开成凹洞，肛门外翻，直肠脱垂或断裂，尾被咬掉。

【治疗】

1）局部处置：把肛门及其周围洗净消毒，伤势较轻者，用碘甘油、磺胺软膏或鱼石脂软膏加青霉素和链霉素粉涂抹患处；伤势较重者，用按1:2比例混合的碘仿和复方新诺明(粉状)与甘油、凡士林或鱼石脂软膏搅拌均匀后涂布患处。

● 【提示】 肛门外翻、直肠脱出或断裂者，需要把直肠末端与肛门部位组织缝合后再进行涂抹消炎软膏。

2）全身治疗：伤势较轻者，肌内注射80万单位青霉素1支、2~5毫升安痛定（阿尼利定）注射液，每天2次，连治3天；伤势较重者，静脉注射5%葡萄糖注射液200~250毫升、80万单位青霉素2~3支、维生素C注射液2毫升，每天1次，连治3天。

【预防】 合理控制母鹿膘情。在产仔前1个月开始减少母鹿精饲料的喂量，上等、中等膘情的母鹿按日粮的60%和80%供给，但要保证蛋白质、维生素、矿物质、微量元素的给量。待全群产仔鹿达78%~80%时，再逐渐加料至正常标准。对有舔癖的母鹿从大群拨出单圈饲养。根据不同情况，给仔鹿戴肛门护罩，或在肛门周围涂抹带有异味和有刺激性的药物（如洁尔阴等）。实行母子隔离，定时看管哺乳。

三 仔鹿肺炎

【病因】 仔鹿肺炎是哺乳期仔鹿（尤其初生仔鹿）最常见和多发性的小叶性肺炎，阴雨连绵、气温骤变或仔鹿遭受雨淋时最容易发生。如果养鹿圈舍狭小、通风不良、阴暗潮湿，尤其仔鹿长期运动不足，并且得不到充分光照时，该病的发生率则会大大提高。从养鹿实践看，仔鹿发生上呼吸道感染、气管炎、支气管炎、副伤寒、下痢等疾病，致使体质衰弱、

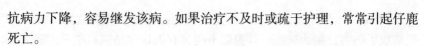

抗病力下降，容易继发该病。如果治疗不及时或疏于护理，常常引起仔鹿死亡。

【症状】 发病仔鹿精神沉郁，不爱走动，常常独自趴卧于仔鹿保护栏内或圈舍的墙脚下。其被毛粗乱而无光泽，鼻唇镜干燥，哺乳次数减少，腹围瘪缩，眼结膜潮红甚至发绀，体温常升至41℃左右，多数呈现弛张热型。病鹿时常咳嗽，两侧鼻孔流有浆液性、黏液性或脓性鼻漏，呼吸往往困难，速度加快，鼻翼扇动。于其肺部进行听诊时，病初肺泡音亢盛，常可听到干性或湿性啰音。在病灶区，肺泡呼吸音减弱，可听到捻发音。如果炎性渗出物堵塞肺泡和细支气管时，则可听到支气管呼吸音。

【实验室检查】 该病的病理变化常见于左右两肺，通常在肺的尖叶、心叶及膈叶的前下部比较多见。其炎性病变常以肺小叶为中心，但也常见一些小叶性病变相互融合在一起而形成较大的炎症区域，即发展成所谓融合性小叶性肺炎。发炎的肺组织体积肿大，质地比较坚实，常呈暗红色(其切面也呈暗红色)。在此暗红色炎性病变部位，有疏密不同和大小不一的灰黄色岛屿状病灶(通常呈小米粒大至绿豆大)。切开病变肺组织，用手挤压其局部，往往可以看到从切面上支气管的断端流出多量灰黄色浑浊的脓性液体。支气管黏膜潮红、肿胀，其管腔有的被炎性产物堵塞。病灶周围的肺泡组织有炎性水肿和气肿性变化。少数慢性病例，往往见有间质性肺炎的变化。病鹿的喉头和气管黏膜常发生不同程度的充血、肿胀，肺门淋巴结轻度充血、水肿，切面湿润。

【治疗】
1）将发病仔鹿隔离饲养，注意防寒保暖，避免受寒感冒。

2）许多药物都可治疗该病，如青霉素(80万~120万国际单位／次，2次／天)、链霉素(100万国际单位／次，2次／天)、磺胺类药物、氟喹诺酮类药物和氟甲砜霉素等，都可选用。坚持治疗，一直用药到仔鹿的体温恢复正常，临床症状消失后2~3天为止。

3）根据实践经验，为减少捕捉、保定仔鹿次数，减少其应激反应，宜尽量选用长效药物进行治疗，如高浓度的氟苯尼考注射液或磺胺间甲氧嘧啶注射液等。为了制止炎性物渗出，可采用氯化钙注射液或葡萄糖酸钙注射液进行静脉注射。另外，为了退热、祛痰、镇咳及维护心脏功能，可酌情选用解热剂、祛痰镇咳剂和强心剂。

4）在该病发生早期，尚可采用中药治疗，用麻黄、杏仁、半夏、厚朴各 20 克，甘草 5 克，生石膏 25 克（先煎），水煎后滤取药液，候温，1次灌服，每天 1 次，连服 3~5 天。

【预防】　预防该病，应采取综合性预防措施。要注意检修圈舍，避免漏雨和寒风侵袭；经常清扫圈舍，以免粪尿积聚，污染环境及产生氨气；保持仔鹿保护栏和产圈温暖、清洁、干燥，使用的褥草应经常更换，并且定期消毒圈舍；注意适当增加仔鹿运动和接受日光照射的时间。

四　新生仔鹿窒息

新生仔鹿窒息又称新生仔鹿假死，即刚产出的仔鹿表现出明显的呼吸障碍或无呼吸动作，仅有心跳。该病在新生仔鹿中常有发生，且近年有逐渐增多的现象。

【病因】　起因于气体代谢不足或胎盘血液循环障碍，主要见于分娩时间长或胎儿产出受阻、胎盘水肿、早期破水、胎盘早期剥离、胎囊破裂过晚、胎儿骨盆前置，产出时脐带受到压迫，阵缩过强或胎儿脐带缠绕，以及助产延迟等，引起胎儿严重缺氧，二氧化碳急剧蓄积，刺激胎儿过早地呼吸，以致吸入羊水而发生窒息。分娩前母鹿患有某种热性疾病或全身性疾病，同样能使胎儿缺氧而发生窒息。

【症状】　一种为青色窒息，另一种为苍白窒息。青色窒息是轻症型，即新生仔鹿肌肉松弛，可视黏膜发绀，口腔和鼻腔充满黏液，舌脱出于口角外；呼吸不均匀，有时张口呼吸，呈喘气状，心跳加快，脉搏细弱，肺部有湿性啰音，喉及气管更明显。苍白窒息是重症型，即新生仔鹿全身松软，反射消失，呼吸停止，仅有轻微心跳；卧地不动，呈假死状态，容易死亡。

【治疗】

1）先用布擦净新生仔鹿鼻孔及口腔内的羊水。

2）为诱发呼吸反射，可刺激其鼻腔黏膜，或用浸有氨水的棉团放在鼻孔旁，或往仔鹿身上泼冷水等。如果仍无呼吸，则将仔鹿后肢提起并抖动，有节律地轻压胸腹部，以诱发其呼吸，并促进呼吸道内的黏液排出。还可用吸球吸出鼻孔及喉头部的黏液及羊水，进行人工呼吸或输氧。

3）也可应用刺激呼吸中枢的药物，如山梗菜碱（皮下或肌内注射0.5~1.0毫升）、尼可刹米（2% 溶液 0.2 毫升皮下或肌内注射）。

4）窒息缓解后为纠正酸中毒，可静脉注射 5% 碳酸氢钠注射液 5~8毫升；为预防继发呼吸道感染，可肌内注射抗生素。

5）如果助产母鹿因化学保定剂而引起仔鹿呼吸抑制，则应在产出后，立即对被麻醉仔鹿肌内注射少量（0.05~0.06毫升）苏醒灵，以缓解因保定剂对呼吸的抑制，多数仔鹿注射苏灵宁几分钟后，呼吸即可缓解，但不可过量。

五 创伤

组织或器官机械性开放性损伤称为创伤，此时皮肤或黏膜的完整性被破坏，同时与其他组织产生断离或者发生部分缺损。创伤通常能够引起机体失血，并且破坏皮肤、组织黏膜等机体的防御性屏障，使组织内部与外界相通，这样外界环境中或制创器物上的真菌细菌等会在受伤组织处繁殖，并排出毒素随血液流经全身，引起毒血症等。

【病因】 通常是因为锐性外力或强烈的钝性外力作用于机体组织或器官，是受创部位的皮肤或黏膜出现伤口及深在组织与外界相通的机械性损伤，如切伤、刺伤、挫伤、搔创、缚创、咬创、撕裂创和复合创等。

【症状】

1）局部症状：

① 出血及组织外流：组织发生开放性损伤后立即出血，并有大量黄色组织液流出，只是在血液的遮盖下不易被发现。

② 组织断裂或缺损：通常开放性机械损伤均伴有组织断裂或者缺损。

③ 疼痛及机能障碍：由于创伤会引起神经末梢、神经丛甚至神经干的损伤，产生较强的刺激传到大脑从而产生较强的痛觉，并且伴随着创伤的种类、程度、性质、部位、大小等会产生不同的机能障碍，如创伤部位运动的机能障碍、失调等。

2）全身症状：在重度创伤中可能出现急性贫血、休克、感染等，在重度感染的情况下甚至会产生败血症。

> **【小知识】创伤愈合的类型**
>
> （1）第一期愈合 是一种没有感染、炎症反应轻、创口愈合快、愈合后无机能障碍和外表损征的理想愈合方式。其条件是组织破坏少，创腔小，创面整齐，创面对合紧密、准确，创内无异物、坏死组织及血凝块，未发生感染。无菌手术创可达第一期愈合；新鲜污染创及时做清创处理，也可以期待达到此期愈合。延期第一期愈合，即

对一些较严重的污染创伤，清创及抗菌处理后延期 72~96 小时进行关闭，其感染的可能性可降到最低程度。

（2）第二期愈合　凡是损伤较严重，组织破坏多，缺损大，创内存有坏死组织、血凝块、异物的创伤多取第二期愈合。这类创伤多继发感染化脓，渗出和纤维组织的增生明显，在肉芽填充创腔后，形成明显的瘢痕组织覆盖创面。

（3）痂皮下愈合　常见于皮肤的浅在损伤（如擦伤、烧伤）及禽、兔的创伤愈合。它不是一种独特的愈合方式，或类似第一期愈合，或类似第二期愈合。上皮在创面出血及渗出物凝固干燥后形成的痂皮下穿行，无感染时取第一期愈合，有感染时取第二期愈合。

● 【提示】影响创伤的因素有创伤感染、创内存有异物或坏死组织、受伤部血液循环不良、受伤部位不安静、处理创伤不合理、机体缺乏维生素和其他因素。

【治疗】

1）创伤治疗的一般原则：抗休克、防感染、纠正水与电解质失衡、消除影响创伤愈合的因素，加强饲养管理，增强机体体质。

2）创伤治疗的基本方法：

① 创围清洁法：清洁创围时，先用数层灭菌纱布块覆盖创面，防止异物落入创内。后用毛剪将创围被毛剪去；离创缘较远的皮肤，可用肥皂水和消毒液洗刷干净，但应防止洗刷液落入创内；最后用 5% 碘酊或 5% 乙醇福尔马林溶液以 5 分钟的间隔，涂擦创围皮肤 2 次。

② 创面清洗法：用生理盐水冲洗创面后，持消毒镊子除去创面上的异物、血凝块或脓痂。再用生理盐水或防腐液反复清洗创伤，直至清洁为止。

③ 清创手术：采用扩创术和创伤部分切除术。

④ 创伤用药：目的在于防止创伤感染，加速炎性净化，促进肉芽组织和上皮新生。适用于创伤的药物，应具有既能制菌，又能抗毒与消炎，且对机体组织细胞损害作用小者为最佳。

⑤ 创伤缝合法：分为初期缝合、延期缝合（感染）、肉芽创缝合（适

第八章　鹿的疾病防治

193

合肉芽创，创内应无坏死组织，肉芽组织呈红色平整颗粒状，肉芽组织上被覆的少量脓汁内无厌氧菌存在。对肉芽创经适当的外科处理后，根据创伤的状况施行接近缝合或密闭缝合）。

⑥ 创伤引流法：当创腔深、创道长、创内有坏死组织或创底游留渗出物等时，以创内炎性渗出物流出创外为目的，常用引流疗法，而以纱布条引流最为常用。

⑦ 创伤包扎法：一般经外科处理后的新鲜创都要包扎，创伤绷带用3层，即从内向外由吸收层（灭菌纱布块）、接受层（灭菌脱脂棉块）和固定层（卷轴带、三角巾、覆绷带或胶绷带等）组成。

⑧ 全身性疗法：依情况而定。

【预防】　创伤的愈合并无特别好的方法，在养殖过程中，要注意养殖环境中的锐性器物，防止对鹿产生损伤。同时也要预防和控制好鹿群的争斗，防止在打斗过程中产生创伤。

六　脓肿

脓肿指的是在组织或者器官内形成由脓肿膜包裹的局限性脓腔，而在胸膜腔、喉囊、关节腔、鼻窦等生理体腔中有脓汁潴留的称为脓肿。

【病因】

1）感染：由常见的致病菌而引起，主要是葡萄球菌，其次是化脓性链球菌、大肠杆菌、绿脓杆菌和腐败性细菌。

2）使用了强刺激性化学药品：如硫喷妥钠、氯化钙、高渗盐水及砷制剂等刺激性强的化学药品，在进行注射时将它们误注或漏注到静脉而引起非细菌性化脓性炎症。

3）病灶转移：血液或淋巴将致病菌由原发病灶转移至某一新的组织或器官内，也可形成转移性脓肿。

【类型】

1）浅在性热性脓肿：常发生于皮下结缔组织、筋膜下及表层肌肉组织内。

2）浅在性冷性脓肿：一般发生缓慢，缺乏急性炎症的主要症状，即虽有明显的肿胀和波动感，但缺乏温热和疼痛反应或非常轻微。

3）深在性脓肿：常发于深层肌肉、肌间、骨膜下、腹膜下及内脏器官。

4）内脏器官脓肿：常是转移性脓肿或败血症的结果。

【诊断】　根据上述症状对浅在性脓肿比较容易确诊，深在性脓可进行诊断性穿刺和超声波检查后确诊。在脓肿诊断时，必须与血肿、淋巴外渗、挫伤和某些疝相区别。

【治疗】

1）消炎、止痛及促进炎症产物消散吸收：急性炎性细胞浸润阶段可局部涂擦樟脑软膏，用冷疗法可以抑制炎症渗出并具有止痛的作用。当炎性渗出停止后，可用温热疗法、短波透热疗法、超短波疗法制止脓肿形成或促进其成熟，局部治疗的同时，可根据病鹿的情况配合应用抗生素并采用对症疗法。

2）促进脓肿的成熟：成熟的标志为脓肿明显的波动、脓肿膜完整。

3）手术疗法：

① 脓汁抽出法：适用于关节部脓肿膜形成良好的小脓肿。

② 脓肿切开法：脓肿成熟出现波动后立即切开，切口应选择波动最明显且容易排脓的部位，切开后对脓腔冲洗（0.1% 新洁尔灭或生理盐水）、引流。

③ 脓肿摘除法：用于治疗脓肿膜完整的浅在小脓肿。

七 蜂窝织炎

在疏松结缔组织内发生的急性、弥漫性、化脓性炎症，常发生在皮下、筋膜下及肌间的蜂窝组织内，在其中形成浆液性、化脓性和腐败性渗出液并伴有明显的全身症状。

【病因】

1）致病菌主要是葡萄球菌和链球菌等化脓性球菌，比较少见的是腐败菌或化脓菌与腐败菌的混合感染。

2）疏松结缔组织内误注或漏入刺激性强的化学制剂后也能引起蜂窝织炎的发生。

3）一般是经皮肤微细创口而引起的原发性感染，也可继发于邻近组织或器官化脓性感染的直接扩散，或通过血液循环和淋巴管的转移。

【类型】

1）按蜂窝织炎发生部位的深浅：分为浅在性蜂窝织炎（皮下、黏膜下蜂窝织炎）和深在性蜂窝织炎（筋膜下、肌间、软骨周围、腹膜下蜂窝织炎）。

2）按渗出液的性状和组织的病理学变化：分为浆液性、化脓性、厌气性和腐败性蜂窝织炎。

3）按蜂窝织炎发生的部位：分为关节、食管、直肠、淋巴结周围和股部蜂窝织炎。

【症状】

1）共同症状：蜂窝织炎发生时病程发展迅速，其局部症状主要表现为大面积肿胀，局温增高，有剧烈疼痛和机能障碍。

2）全身症状：主要表现为病鹿精神沉郁，体温升高，食欲不振并出现各系统（循环、呼吸及消化系统等）的机能紊乱。

【治疗】 该病的治疗原则（不用成熟）是：减少炎性渗出、抑制感染扩散、减轻组织内压、改善全身状况、增强机体抗病能力。

1）局部疗法：

① 控制炎症发展，促进炎症产物消散吸收：减少炎性渗出可用冷敷；用0.5%盐酸普鲁卡因青霉素溶液在病灶周围肌内注射，进行封闭疗法。当炎性渗出已基本平息，可用温敷法促进炎症产物的消散吸收。

② 手术切开：当组织出现增进性肿胀，病鹿体温升高和其他症状都有明显恶化趋向时，立即进行手术切开。若为局限性蜂窝织炎性脓肿，可等出现波动后再切开。

2）全身疗法：早期应用抗生素疗法、磺胺疗法及盐酸普鲁卡因封闭疗法，加强饲养管理，纠正水、电解质及酸碱平衡的紊乱。

八 血肿

血肿是鹿体受挫伤时皮下组织中的血管破裂，流出血液将周围组织挤开而形成充满血液的肿胀。血肿常出现于肩前、胸部、腹部和臀部的皮下或筋膜下。

【病因】 钝性物质作用于软组织形成的非开放性损伤。另外，骨折、刺创及也可形成血肿。

【症状】 血肿发生较快，鹿受伤后局部立即出现肿胀，并迅速增大。病初局部界限不清，以后则渐呈皮肤紧张的局限性圆形，其皮温不增高，触之感觉有波动和弹性，通常于4~5天后，沿血肿边缘形成较坚实的分界线，穿刺时可以从圆囊中抽出血液。

【治疗】

1）保守治疗：压迫止血和药物止血，于患部涂碘酊，装压迫绷带。

2）手术治疗：4~5天后，可刺穿或切开血肿，排出积血或凝血块和挫灭组织。如果发现继续出血，可行结扎止血。清理创腔后，进行创口缝合或开放疗法。

九　淋巴外渗

在钝性外力作用下，由于皮下或肌间淋巴管断裂，致使淋巴液聚积于组织内的一种非开放性损伤，称为淋巴外渗。

【病因】　钝性物体呈斜线方向作用于皮下与肌间淋巴管。例如，鹿群通过狭窄的圈门相互挤压，鹿在圈舍内滑倒及相互顶撞等。

【症状】　淋巴外渗通常发生在具有丰富淋巴管网的皮下结缔组织部位，如颈础部、鬐甲部、胸前部、腹胁部及股部等。损伤局部形成肿胀比较缓慢，一般需要 3~7 天。发病初期，在损伤部位仅仅出现不大的、波动明显的局限性肿胀，一般无明显热、痛表现。以后，随着淋巴液的不断渗出，肿胀逐渐加剧，形成皮肤不太紧张的囊形隆起。用手推动囊状凸隆部位，有时可闻拍水音。用注射针头对局部进行穿刺时，流出橙黄色而稍透明的淋巴液。由于液囊内淋巴液中所含的纤维蛋白原不多，形成的纤维蛋白凝块比较柔软且数量不多，渗出的淋巴液凝固很慢，一般无全身症状。但是，如果所伤局部伴发微血管损伤而有血液同时渗出时，则发生血液淋巴外渗，局部渗出物积聚较多，形成囊状隆起较快，并且由于渗出物中纤维蛋白原较多而使渗出物凝固较快。

【治疗】　治疗淋巴外渗，不可用热（冷）敷法、按摩法或涂擦刺激剂等方法。这些方法对该病不但无效，有时反而有害。目前主要采用穿刺法和切开法治疗鹿淋巴外渗。治疗的原则是制止淋巴液渗出，防止感染。对于淋巴液积聚量较少、囊状隆凸轻微及不宜切开治疗的淋巴外渗，可通过无菌操作抽出淋巴液，然后注入福尔马林碘乙醇溶液（精制乙醇 100 毫升、福尔马林 1 毫升、碘酊 8 滴），过 0.5 小时后再吸出。为避免病鹿骚动不安，一般不在患处装压迫绷带。在生产中，也可在肿胀局部最低的基部进行"乱刺"，以利于渗出液排出。对于较大面积的淋巴外渗，穿刺后淋巴液还会继续渗出、再度积聚而使局部凸隆，所以应采用无菌切开法治疗。切开囊形隆起时，切口应在其基部选择最低的位置，以防渗出液积聚局部。切开后，排净淋巴液和纤维蛋白凝块，用稀碘酊或福尔马林碘乙醇溶液洗涤囊腔，再用浸润此药液的纱布紧密填塞，然后对皮肤上的切口做假缝合，2 天后逐步取出填塞物。在无福尔马林碘乙醇溶液时，也可在囊腔内涂布碘酊。当不便在囊腔内填塞浸润药液的纱布时，可用稀碘酊或福尔马林碘乙醇溶液对囊腔进行洗涤。对于较大的囊腔，可在其上方边缘做

第八章　鹿的疾病防治

一反对孔，以利于用药液洗涤。当淋巴液不再渗出时，对患部可按创伤处理。如果患部发生感染时，应按感染创进行处理。

【预防】 在生产中，应尽量防止鹿发生顶撞和挤伤。在发情期，应昼夜有人在现场看护鹿群，阻止其顶架和乱行爬胯。对大锯龄公鹿，在收完头茬茸时可停喂精饲料或大幅度减喂精饲料，以降低膘情从而减少其相互顶架。对受欺凌或病弱的鹿应单独饲养；对大小及强弱不同的鹿，不要混群饲养。拨鹿时，不要因操之过急而急催猛赶，避免鹿通过窄门时发生挤压。冬季应及时清理圈舍内的积雪和尿冰，防止鹿滑倒摔伤。

✚ 直肠穿孔

小肠、结肠及其系膜在腹腔中分布广，容积大，相对表浅，又无骨骼保护，因此腹部穿透伤或闭合伤时都容易受累。开放伤可发生于任何部位且常为多发性，闭合伤的好发部位则按其机制的不同而异。

【病因】 鹿直肠穿孔的原因是由于发情公鹿互相爬胯，被爬胯鹿的臀部沾有公鹿的尿液，而尿液中含有某种化学物质（尚不清楚）散发的气味刺激公鹿性欲，引起更多公鹿爬胯，结果造成直肠穿孔。

【症状】 早期在肛门处可见新鲜血液，公鹿有努责，有时在肛门外能看见血液通过创口排出；后期由于粪便流到腹腔，引起腹膜炎，病鹿精神沉郁。被穿伤的鹿喜趴卧，有弓腰、撅尾的现象。

轻度损伤直肠黏膜而肠壁没有被穿破的，可见病鹿精神萎靡、食欲减退、时有弓腰、尾巴立起、肛门紧缩或有努责动作，有的也有鲜血从肛门流出，排粪困难。

重度损伤直肠组织的，形成严重充血、出血和水肿，还常伴有直肠脱出。当发生直肠穿孔时，小肠与肠系膜经直肠穿孔处易从肛门脱出。直肠壁因重创而导致发生坏死时，可迅速继发腹膜炎，病鹿体温上升，食欲废绝，反刍停止，呼吸和心跳加快，会因救治不及时导致死亡。

【治疗】

1）直肠肠壁轻度损伤出血、能排粪的，要单独饲养，防止再次受伤。控制其饮食，同时给予一般的消炎药就可以自行恢复。

2）重度损伤、伴有出血或直肠脱出、排不出粪便的，要全麻进行直肠检查。确实很难缝合的要进行左侧横卧手术，在右侧由髂结节到最后肋骨的水平线中点，距腰椎凸起 2~3 厘米处向下垂直切开 10 厘米长的皮肤切口，依次切开浅筋膜、皮肌、筋膜，钝性分离腹肌，切开腹膜。把脱出肛门的分清、洗干净，再用 0.2% 甲硝唑注射液冲洗，后经由直肠创口送回腹腔内；再将穿破的直肠部分拉出肛门，洗净创缘，用可以吸收的缝合线缝合直肠壁创口；同时把直肠内不能排出的粪便人工排出。最后在腹腔内撒青霉素粉末进行消炎，依次缝合腹膜及腹壁肌创口，涂布碘附，肌内注射消炎药。病鹿单独饲养，1~2 天不给饲料，只供给饮水，密切注意鹿的精神状态，能自行排出粪便即可，同时注意术后护理。

3）对于直肠肠壁穿破，无小肠或肠系膜脱出，手指可以触摸到的，可以采用直接缝合的方法。首先掏出创口附近的粪便，用一个手指触摸到创口后，另一只手用止血钳顺着已摸到创口的手指伸进直肠内钳住创口的一侧，同样再用另一把钳住另一侧，再慢慢地同时把创口拽到肛门口，这时可以看到创口，用肠衣线缝合创口，检查无误后在创口上撒布青霉素粉末，送回直肠内，再次用手指触摸创口确认已经完全缝合，肌内注射消炎药。病鹿单独饲养，1~2 天不给饲料，只供给饮水，密切注意鹿的精神状态，能自行排出粪便即可。

4）对于直肠肠壁穿破，无小肠或肠系膜脱出，手指可以触摸到的，直接缝合创口拽不到肛门口的，可以用持针钳钳住 9 号缝合针，顺着触摸到创口的手指伸进直肠内，用触摸到创口的手指引导缝合创口，缝合后要进行检查，确认缝合是否成功。对于被爬跨的鹿要及时拨出，防止穿破直肠；已穿破但进行了缝合处理的也要单独饲养，防止被二次穿伤。

【预防】　在锯完头茬鹿茸以后，对不参加配种的公鹿要减料，适宜地控制膘情。

十一　疝

疝是腹部的内脏从自然孔道或生理性破裂孔通过皮下或其他解剖腔的一种病理现象。

【病因】

1）仔鹿先天性高位腹壁疝：仔鹿产后即发现，为先天性脐孔闭合不全，且均为雌性。

2）梅花鹿外伤性腹壁疝：成年公梅花鹿在发情季节常常相互顶架，尤其采取"多公群母"方式配种时，争配偶顶架更为严重。因此，发生外伤性腹壁疝者不少。公梅花鹿因顶架所发生的外伤性腹壁疝，常发生于膝前部和季肋部，并且以左侧腹壁较为多发。

3）创伤性胸壁疝：因外伤导致肋间肌破损（主要发生于最后 1~2 肋

间)，使得腹腔脏器 (主要是小肠、肠系膜和部分网膜) 通过肋间肌肉裂口进入皮下，最终脱出脏器因受重力作用而坠于腹中部皮下，形成疝。

【症状】

1）仔鹿先天性高位腹壁疝：

①仔鹿腰背部偏左有一肿胀物，用手按压后体积减小且不能恢复。

②病鹿反应敏感，稍有不安，哺乳停止，体温39.1℃，心跳呼吸正常，保定后脊背的肿大物肿大明显，触诊患部无热、无疼，内容物松软，无固定形状，按压不能消失，听诊无肠管蠕动音，穿刺检查无明显的血、水等渗出物，只有少量气体。

③疝气囊、疝气环随日龄增大而迅速增大，疝气环最小的直径5为厘米，最大的直径为10厘米；疝气囊最小的如拳头，最大的如两拳头相抱大小，基部直径达15厘米。

2）梅花鹿外伤性腹壁疝：

①发生初期，局部发生出血和炎性浮肿，疝的特征性症状往往不明显。

②局部炎症渐退，疝的症状越发明显，在腹壁上呈现明显高出周围皮肤的可缩性肿胀。肿胀大小不等，可为拳头大或小儿头大，触诊时疝鹿有痛感，初期柔软，时间长了则因囊壁结缔组织增生而使底部稍微变硬。压迫疝囊中心部位时，其内容物可还纳入腹腔，使囊体减小，常可触摸到疝轮。疝轮呈圆形或椭圆形，大小不一，边缘有薄也有厚。新发生的疝囊多为半球形或扁平隆起状；陈旧者往往发生肠粘连，偶尔可听见囊内传出肠蠕动音。由于疝轮的挤压，有的病鹿继发肠管粪性嵌闭或肠绞窄，从而引起剧烈腹痛，严重时可引起肠坏死。

3）创伤性胸壁疝：患疝鹿的精神状态较差，体质衰弱，右腹部突出部位进行触诊内容物柔软，能明显感知到肠管的形态，渗出液较少，内容物与腹壁间尚未发生重度粘连，触诊找不到疝轮，不具有可复性，听诊无肠蠕动音。

【治疗】

1）仔鹿先天性高位腹壁疝：

①化学保定：按鹿大小用眠乃宁肌内注射1.5毫升/100千克体重，使其自然卧地后，做前高后低的侧卧保定。

②消毒麻醉：疝囊及周围剃毛，以0.1%新洁而灭液洗净后，涂5%

200

碘酒消毒 2 次，再用 75% 乙醇棉球涂擦脱碘；用 0.5% 盐酸普鲁卡因注射液 10~20 毫升，分别在疝气囊底部和基部做分层浸润麻醉，5 分钟后施术。

③ 手术程序：a. 自疝囊前后基部纵向将皮肤做一梭形切口，把皮肤与皮下结缔组织钝性分离直达疝气囊基部，把两边皮肤拉开。b. 切开皮下组织囊，小心分离腹膜后剪开 (其内容物为大网膜和小肠)，将内容物还纳腹腔。c. 剪除多余的腹膜，将腹膜口做致密的连续缝合，在缝合最后一针前向腹腔注入青霉素 180 万单位后，缝针打结 (此层缝合务求致密，勿使腹水漏出，这是保证伤口愈合和防止复发的关键之一)。d. 贯穿皮下与腹膜外层间的组织层沿疝气环边缘 1 厘米进出针做平行褥式缝合，每 1 厘米距离缝 1 针，最后一一拉紧。

2）梅花鹿外伤性腹壁疝：

① 术前准备：发现疝时，应立即对病鹿进行禁食 (但不禁饮水)，为手术治疗做准备。用于手术的器械和药品有剪毛剪、剃毛刀、止血钳、纱布、绷带、缝合针、缝合线、外科刀、外科剪、脱脂棉、创巾、2% 碘酒、70% 乙醇、0.9% 生理盐水、保定用药 (速眠灵、苏醒灵)、青霉素、链霉素，以及氟苯尼考针剂 (术后用) 等。

② 保定疝鹿：用肌肉松弛剂保定疝鹿，可靠而安全。用速眠灵麻醉疝鹿，保定效果良好。

③ 术部处理和切开疝囊：对术部剪毛、剃毛，覆盖创巾，用碘附消毒、乙醇脱碘。首先将疝囊内容物按压回腹腔，然后在相当于疝轮的部位提捏皮肤囊，顺疝囊纵轴进行皱襞切开。一般要先切一小口，然后再视情况适当扩大，以避免伤及肠管。但是，对已发生粘连的陈旧性腹壁疝，由于疝囊内容物不能完全还纳回腹腔，囊底结缔组织增厚，故往往难以从囊外手摸及疝轮，动刀时务必审慎，严防损伤肠管。通常，要在其未粘连处下刀 (已粘连处的囊壁厚，未粘连处的囊壁薄)，也可先切一小口，然后再酌情扩大创口。

④ 还纳疝内容物：切开疝囊壁后，用手探查疝轮的位置、大小和形状，判明疝内容物为何脏器，以及是否粘连或坏死。如果疝内容物未发生粘连或坏死，即可进行还纳。将疝内容物聚于疝轮附近，以一手从肠曲一端向腹腔内还纳，另一手在疝轮缘轻按肠管以固定，防止滑脱。为了避免肠管受伤或造成扭转等情况，不可无次序地向腹腔内硬塞脱出的肠管。当肠内积气或积物阻碍还纳时，可适度匀力按压，慢慢驱散肠管内积聚的气体或

内容物。必要时，也可扩大疝轮，继续还纳积气或积物的肠管。如果脱出的肠管与疝囊已粘连时，应细心剥离，避免肠管损伤乃至发生穿孔。如果弄破肠管，应先清洗、消毒，然后缝合破口。粘连肠管剥离完毕，要剪掉肠壁上的纤维组织，去除附着的凝血块，然后向肠壁上撒布青霉素粉和链霉素粉，有序地将肠管送回腹腔。肠管还纳完毕后，术者应将手伸入腹腔，探查肠管有无扭转现象，以便及时处理。

⑤ 闭锁疝轮：外伤性腹壁疝疝轮闭锁的方法，随疝例情况而异。对新发生的腹壁疝闭锁疝轮，要先缝合腹膜裂孔。一般以细丝线对腹膜裂口进行连续缝合，也可将腹膜与腹横肌一起连续缝合。常根据腹壁破裂口大小而采取合适的缝合方法。破裂孔不大时，可将腹壁各肌层一起缝合；破裂孔较大时，宜采用平行缝合法进行肌肉分层缝合，并且每侧进针和出针均应在健康组织区域，以免撕裂肌纤维。缝合疝轮后，可在疝囊底部切一小口，以利于排液。

3）创伤性胸壁疝：

① 保定与麻醉：使用鹿眠宁（盐酸赛拉嗪注射液）0.5毫升肌内注射实施麻醉（麻醉前20分钟皮下注射硫酸阿托品注射液5毫升，肌内注射盐酸肾上腺素注射液1毫升）；左侧卧保定；手术区域进行常规除毛并严格做好手术前消毒处置，铺设灭菌创巾。

② 手术通路的建立与疝内容物复位：采用皱襞切开的方法在疝内容物突出部的偏上方切开皮肤，钝性分离皮下组织，止血。因疝发生的时间较长，在切开皮肤后有部分褐色的渗出液自切口流出，应用温生理盐水冲洗；清洗并处理粘连的内容物（肠管及部分网膜），对于呈黑褐色且粘连程度较重的部分网膜的血管进行结扎后实施切除，再次冲洗手术术野后寻找疝轮。对疝轮周围进行触诊，确诊无粘连后，进行内容物的推送复位（因疝轮较小，内容物脱出时间长，肠壁出现一定程度的水肿，对复位操作困难极大，需要仔细缓慢复位）。

③ 疝轮闭合、腹腔探查冲洗及皮肤创口缝合：疝轮处于最后两个肋间的中1/3处，内容物复位后不再脱出，为闭合疝轮提供了有利条件，缝合采取结节缝合，一次性缝合肋间肌肉并附带肋间外肌表层的筋膜，打结确实；闭合疝轮后在皮肤切口下而钝性分离腹肌并切开腹膜，对腹腔实施探查，重点检查膈肌角有无损伤，开始进行彻底的腹腔冲洗，先用温生理盐水2000毫升自切口倒入腹腔后用吸引器回收腹腔液，反复进行3次，

最后腹腔倒入甲硝唑溶液 150 毫升，以控制腹膜炎的发生。分别缝合腹膜和腹部肌肉，对疝内容物坠出部位的浅筋膜进行修剪处理后连续缝合，结节缝合皮肤，创口进行常规消毒处理后，做结系绷带。

④ 麻醉解除与术后护理用药：使用鹿醒宁Ⅰ注射液 0.5 毫升肌内注射解除麻醉，观察病鹿的苏醒状态并辅助其站立防止跌倒损伤。术后按术前用药原则实施静脉补液及抗菌消炎处置；注射破伤风抗毒素 10000 国际单位。在手术后 6~8 小时给予少量温水，在术后第二天注射给药时增加 10% 氯化钠注射液 500 毫升，以增强胃肠蠕动机能，并视其食欲恢复状态逐渐增添草料，注意创口的保护并防止创口冻伤。

十二 难产

从理论上说，鹿难产是指妊娠母鹿在分娩过程中，超过了正常分娩时间而不能将胎儿娩出。从分娩开始超过 12 小时仍不能产出胎儿，便叫作难产。

【病因】

1）分娩无力：指母鹿在分娩过程中，腹部肌肉收缩和子宫阵发性收缩减弱，蠕动次数减少，使得胎儿难以运动到母体子宫体及骨盆前沿。造成母鹿分娩无力的原因如下。

① 饲养管理不科学，饲料配方不当，缺少必需的矿物质、维生素和微量元素。

② 饮食、运动不够合理，母鹿过度肥胖。

③ 母鹿年老体弱或怀胎分娩时伴有其他疾病。

④ 陌生、嘈杂、喧闹环境使母鹿精神紧张。

⑤ 人工助产过早，母鹿腹部压迫过度。

2）产道狭窄：产道狭窄多见于初产母鹿或者过度肥胖母鹿，主要有 3 种情况，即外阴部狭窄、母鹿骨盆狭窄、母鹿子宫颈口狭窄。

3）胎位不正：胎儿发育异常，胎儿在产道中的位置和姿势不正或胎儿过大，都会影响母鹿分娩的正常进行。

【症状】 鹿的正常分娩一般是头位分娩，即胎儿的两前肢先入产道，露出体外，头伏于两前肢的腕关节上娩出。部分尾位分娩时，胎儿的两后肢先露出阴门外，两蹄底向上，这也视为正常生产。常见的难产主要有以下几种。

1）胎头过大或畸形，颈部屈曲，头部转向侧方，胎头过高或过低。

2）一侧前肢娩出部分过腕关节时，母鹿频频努责，仍不见胎儿头部露出。

3）两蹄置于鼻下，一肢绕颈把头，蹄在对侧耳下与嘴巴同时娩出。

4）只见胎儿头部娩出，看不见两前肢。

5）产道中流出浅红色液体，间或努责。

6）母鹿破羊水5~10小时，仍不见胎儿任何部位，或者只见胎衣露出阴门15厘米左右。

【诊断】　主要是通过临床观察分析，正确判断胎儿的胎势、胎位及胎向，弄清难产的原因。先将母鹿保定好，判断母鹿全身状况，测试体温脉搏。助产人员将右手指甲剪短磨光，用3%的高锰酸钾溶液彻底消毒，将右手食指涂润滑剂后缓缓伸入产道内。检查产道的松弛状况、子宫颈部的开张程度、骨盆大小、胎儿在骨盆腔前口所处的位置和姿势及子宫收缩情况等。通过上述检查，大致判定难产类型及母体状况。

【预防】

1）适时配种：要选择适当的配种时机，配种过早，母鹿发育不成熟，骨盆腔、产道狭窄，易发生难产。

2）控制精料：对于妊娠后期的母鹿，不能喂给过多精饲料，防止胎儿生长过大造成难产。

3）适当运动：妊娠母鹿要适当运动，防止运动不足造成难产。

4）保持母鹿健康：经常检查妊娠母鹿的健康状况，增加新鲜易消化饲料，确保母鹿临产期的健康。

5）确保安静环境：临产期不要更换产地、产房，更不要喧闹、惊吓孕鹿，以便母鹿顺利产出仔鹿。

十三　子宫内膜炎

子宫内膜炎在梅花鹿繁殖期发病率较高，主要是以化脓性链球菌和葡萄球菌感染为主，一般可分为急性子宫内膜炎和慢性子宫内膜炎。前者为产后急性炎症感染，多发生于产后及流产后，多数伴有全身症状；后者症状明显，转为阴性感染，个别鹿发生发情配种正常，但屡配不孕，失去饲养价值，重者危及生命。

【病因】　导致梅花鹿发生子宫内膜炎的病因很多，如圈舍泥泞、污秽不洁，产后母鹿卧地时阴道进入致病菌被感染；在配种、分娩及难产助产时，由于病菌的侵入而感染。子宫内膜的损伤及母鹿机体抵抗力降低是该病发生的重要因素。胎儿在母体内气胀腐败，产生毒素，使子宫腔内发炎。此外，阴道炎、子宫脱、胎衣小下及布氏杆菌病等，都可以继发子宫内膜炎。

【症状】　病鹿拱背、努责，有时从阴门中排出黏液性或脓性分泌物，病重者分泌物呈污红或棕红色，卧下时排出量稍多，初期、中期体温升高。鹿的急性子宫内膜炎大多在中、后期才能表现出明显的临床症状，精神沉郁、食欲减退或废绝，反刍减弱或停止，有时有轻度胀气，但多数表现肷窝塌陷。后期体温低于正常，而心率较快，有的鹿耳、鼻、四肢末梢发凉，行走运步不稳，四肢无力。泌乳量减少，胃肠迟缓。视诊阴道黏膜有的表现潮红，有的暗红，如果有产道损伤发生厌氧性感染时，则阴道及周围损伤处肿胀、不洁、冷感。

【治疗】

1）促进炎性渗出物的排出：可用 10% 的氯化钠注射液 250~350 毫升和 10% 的葡萄糖酸钙注射液 80~160 毫升，溶解于 5% 的葡萄糖氯化钠注射液中，一次静脉注射。

2）抗菌消炎：用氨苄青霉素 5~6 克溶解于 0.9% 氯化钠溶液，静脉注射。

3）治疗自体中毒：可用 10% 葡萄糖注射液 300~500 毫升、林格尔氏液 500~1000 毫升、5% 碳酸氢钠注射液 500~1000 毫升，一次静脉注射。

【预防】　主要是在母鹿分娩、助产时要注意清洁卫生，不要粗暴助产，避免子宫内膜受损伤；其次是加强对妊娠母鹿的饲养管理，分娩后待恶露排净再放入鹿群。

第九章
鹿产品加工

　　鹿产品加工可分为初（粗）加工和精（深）加工两大类。初加工是把原料加工为成品，如将水分含量大的鲜鹿产品加工成干品，至于加工成片、粉等也属于初加工之类。精加工则是应用现代技术对成品进一步加工，使之成为系列产品，应用更加便捷，并能提高应用效果。

　　鹿产品的初加工主要包括产品的采收和干燥，而精细加工是以中医药学结合食疗、平衡营养等理论为基础，以鹿产品药理、药化研究为科学依据，全面综合开发鹿茸、鹿血、鹿心、鹿鞭、鹿尾、鹿筋、鹿骨、鹿皮、鹿胎、鹿肉等鹿产品，辅以药、食兼用的药材，进行安全、有效的科学组方、配料。与传统的中药炮制加工技术不同，新兴的鹿产品精细加工技术，不仅吸收和保留了传统工艺的特长，还将化学、物理学、生物化学、超微细、超微滤及其他制剂技术结合创新为现代科学工艺，如冷冻升华干燥技术、膜分离技术、微波技术、超临界流体萃取分离技术、高压杀菌、电阻加热杀菌技术、微胶囊技术、膨化与挤压技术、固定化细胞、固定化酶等生物工程技术，以及超高温灭菌与无菌包装工艺等。新技术、工艺的创新及国内外先进技术、设备的使用，极大地促进了精细加工新产品的创制，拓展鹿产品精细加工的领域，提高了产品质量，促进了我国鹿产品精细加工业的发展。

第一节　鹿茸产品加工示例

　　鹿茸是鹿最主要的产品，而且是能如鸡蛋、羊毛一样年复一年多次生产的连续产品。鹿产品加工主要是鹿茸产品加工。鹿茸的医疗、保健作用在中国古代典籍中多有记述，被认为是"血肉有情之品""服之终身无疾而寿"，在东南亚、中华文化圈内多列中药之上品，是疗疾、养生之珍品。研究表明，鹿茸含有多种生物活性物质，能促进机体生长发育，增强新陈代谢，增强机体免疫力，对神经系统、心血管系统有良好的调节作用，有助于恢复和保持机体健康。但是鹿茸的精细加工不尽人意，到目前为止还没有形成响亮的名牌和品牌，这也是养鹿界、医药界急需解决的问题。

一 鹿茸精

本品是由梅花鹿茸提取制成的稀醇溶液，每 10 毫升相当于去皮鹿茸 1 克。

（1）配料 鹿茸粗粉 100 克、50% 乙醇与 80% 乙醇足量。

（2）制法 将鹿茸粗粉 100 克，加入 5 倍量的 50% 乙醇，回流提取 4 次，每次 4 小时，过滤，合并滤液，减压浓缩至每克浓缩液相当于原生药 1 克。再加入 5 倍量的 80% 乙醇，充分搅拌，放置 24 小时，过滤，减压浓缩至每克浓缩液相当于原生药 2 克。加入 7 倍量的 80% 乙醇，充分搅拌，放置 24 小时，过滤，滤液经蒸馏去乙醇后，充分搅拌，放置 24 小时，再次过滤，滤液再蒸馏去乙醇，加水稀释成含去皮鹿茸 60% 的溶液过滤，加低于 70% 乙醇、水适量稀释成 1000 毫升，使其含醇量为 23%（V/V），加 0.05% 的菠萝香精，过滤，澄清。

二 人参鹿茸口服液

（1）材料 鹿茸流浸膏 3 毫升、人参流浸膏 0.25 毫升、葡萄糖 50 克、蔗糖 170 克、苯甲酸钠 0.8 克、香精 0.75 毫升，加水制成 1000 毫升。

（2）制法 将葡萄糖、蔗糖加水适量使其溶解，在溶液中加入人参流浸膏、鹿茸流浸膏、苯甲酸钠及香精后，充分混匀，滤过，加水至全量，灌封。

第九章　鹿产品加工

【提示】

1）人参流浸膏的制备：取人参（生晒参）粉碎成粗粉，按照流浸膏剂与浸膏剂（《中国药典》1985 年版一部附录）项下的渗滤法，用 30% 乙醇作为溶剂，浸渍 24 小时，依法渗滤至无皂式反应为止（渗滤液约为生药量的 11 倍）。渗滤液经回收乙醇，并浓缩成淡浸膏，加

4 倍量的 30% 乙醇，随加随搅拌，静置 48 小时，取上清液备用；沉淀物用 75% 乙醇洗涤 3 次，洗液经沉淀后与上清液合并，回收乙醇，并浓缩成流浸膏 (1∶1)。

2）鹿茸流浸膏的制备：取鹿茸用 50% 乙醇浸泡 3 天，去掉茸毛后切成薄片，再加 3 倍量的 50% 乙醇，回流提取 5 次，每次 2 小时，合并提取液，回收乙醇，浓缩成流浸膏，再用乙醇脱蛋白 3~4 次，回收乙醇，浓缩后加水稀释成流浸膏 (1∶1)。

三 鹿茸粉胶囊

鹿茸（鲜品或干品）用酒精浸泡，切片，烘干（水分含量 ≤ 5%），粗粉过 60 目筛（孔径约为 250 微米），再经精粉碎过 200 目筛（孔径约为 74 微米），装胶囊即可。

（1）保健功能 增强免疫力，抗疲劳。

（2）标志性成分含量 每 100 克含氨基酸 46.3 克、总皂苷 0.50 克。

（3）保质期 24 个月。

（4）贮存方法 密封，置阴凉干燥处。

四 鹿茸茶

鹿茸茶是以鲜（或干）鹿茸、红参为主料，辅以食药兼用的枸杞等滋补药材，科学组方，经分级提取、分离、浓缩、纯化、调配、制粒而成的保健茶。

1. 工艺流程

1）组分Ⅰ：鲜鹿茸→洗刷→切片→冷提取→分离（固、液体）→液体→降解→纯化→冻干。

2）组分Ⅱ：固体→热提取→分离→液体→降解→纯化→冻（或烘）干。

3）组分Ⅲ：中药材→提取→分离→纯化→冻（或烘）干。

4）成品：组分Ⅰ + 组分Ⅱ + 组分Ⅲ→调配→粉碎→制粒→冻干→整粒→分装→辐照杀菌→检验→包装→成品。

2. 技术要点

（1）鹿茸提取 鹿茸洗刷干净后切片，用 40% 乙醇经超声波常温提取。过滤取清液，减压回收乙醇，用酶降解大分子蛋白质至多肽，再经浓缩、冻干得组分Ⅰ。经乙醇提取后的茸渣加水（55℃）采用超声波浸提，分离清液，经酶降解后浓缩、纯化、冻干得组分Ⅱ。

（2）中药提取 中药按1:8冷水浸泡30分钟，超声波提取3小时，然后按1:6加水提取2小时，再按1:4加水提取1小时。合并3次提取液，经过滤、离心、浓缩后冻干得组分Ⅲ。

（3）制粒 鹿茸茶采用鲜茸或干燥的鹿茸为原料，低温（不高于55℃）提取，颗粒冷冻干燥，都是为了保存鹿茸中的酶及维生素等易被破坏的营养成分。鹿茸茶的主料为鹿茸和中药材的提取物，含有大量的多糖，吸湿性强，成型率差。为克服这些不足，制粒时需加入乳糖等赋形剂。以乳糖与甘露醇按4:1的混合辅料为赋形剂最好；主料和辅料比为1:1，产品的成型率高且溶解速度快。

3. 产品质量标准

（1）感官指标 颗粒疏松、均匀、无结块，呈浅棕黄色，有鹿茸特有的香气，无异味，无肉眼可见杂质。

（2）理化指标 水分含量≤6%，溶解时间≤5分钟，酸度为1.0%~2.5%，铅含量（以Pb计）≤1.0毫克/千克，砷含量（以As计）≤0.5毫克/千克，铜含量（以Cu计）≤10.0毫克/千克。

（3）微生物指标 细菌总数（菌落）≤1000个/克，大肠菌群≤30个/100克，致病菌不得检出。

五　鹿茸软胶囊

鹿茸（鲜品或干品）用乙醇浸泡、切片、烘干，粗粉碎过60目筛，再经精粉碎过200目筛，以卵磷脂作为基质调配，经胶体磨研磨均匀，灌装。乙醇回收再利用。

（1）保存期 24个月。

（2）贮藏方法 通风，置阴凉干燥处。

目前市场上含有鹿茸的常见中成药有参茸精、龟龄集、参茸双宝片、参茸固本片、定坤丹、虎骨参茸酒、参茸丸、参茸卫生丸、参茸安神丸、补天灵片、定坤丸、参茸虎骨丸、更年康片、参茸片、多鞭精、参茸延龄片、参茸补肾片、参茸强肾片、东北三宝酒、参茸木瓜药酒、参茸药酒、参茸虎骨药酒、参茸豹骨药酒、男宝、海马多鞭丸、脑灵素片、补肾益脑片、益春宝口服液、参茸王浆、仙茸壮阳精、龙苓春药酒、乌力吉-18、补肾斑龙片、海马鹿茸膏、参茸补丸等。

第二节　鹿血产品加工示例

鹿血的奇异功效在很多成方和民间秘方中均有介绍，只是目前临床应用不多。但随着鹿血的药用价值日益受到国内外关注，加上人工养鹿业的发展，鹿血供应逐渐得以保障，以酒类为主的鹿血加工产品逐渐增多，如鹿茸血酒。

鹿茸血酒是以鹿茸、鹿血和纯粮白酒为主要原料，加入灵芝、枸杞、甘草等药食兼用的中药材科学配制而成。研究表明，鹿茸血酒具有抗炎、镇咳、增强机体免疫作用；能增强动物耐缺氧和耐寒能力，延长其在缺氧和低温条件下的存活时间，抵抗亚硝酸钠对动物的毒性作用；增加血红蛋白含量和白细胞数。复方鹿茸血酒以"强壮，扶正固本"为基础，具有双向调节人体内环境的作用。鹿茸、鹿血经降解和提取等处理，将大分子蛋白质转变成易于被人体吸收的小分子多肽；中药材采取热回流提取，低温沉降，成品酒酒体澄清透明，有光泽，呈红色略带黄色，口味协调柔和。

1. 工艺流程

1）鲜鹿血→检验→提取→降解→提取→降解→分离→清液待用。

2）鹿茸（干、鲜均可）→洗刷→切片→提取→降解→分离→清液待用。

3）中药材→热回流提取→沉降→分离→清液待用。

4）合并清液调配→检验合格→陈酿→检验合格→灌装→成品→入库。

2. 提取技术要点

（1）鹿血提取　鹿血经检验无致病微生物，再经酶水解后用乙醇提取，分离清液进行脱腥处理，待用。

（2）鹿茸提取　将鹿茸洗刷干净后切片，经乙醇提取后再进行酶降解和脱腥处理，分离出清液，待用。

（3）中药热回流提取操作规程要点　将选好的药材混合后入锅，将预先配制好的母酒液按一定比例注入锅内，浸泡30分钟后，再通入蒸汽，控制夹层气压为0.2兆帕，锅内气压为0.5兆帕。回流2小时后，关闭进气筒，放净夹层蒸汽，开启冷水降温至50℃时，取药酒液粗滤并打入冷冻缸，然后蒸馏药渣，回收残酒。

3. 检验灌装

根据实践经验，调配的鹿茸血酒经检验合格后需陈酿 6 个月以上，待美拉德反应结束，再经检验，合格后方可过滤、灌装。

4. 产品质量要求

（1）感官质量要求

1）色泽：红色略带微黄。

2）香气：具有鹿茸、鹿血、中药材复合的特有香气。

3）滋味：微甘苦，纯正柔和，口味协调，具有鹿茸血酒特有的口感。

4）形态：澄清有光亮。

（2）理化指标要求　酒精度 (20℃) 为（35±1）%vol，总酸含量 ≤ 2.0 克 / 升，总脂含量 ≥ 0.6 克 / 升，甲醇含量 ≤ 0.4 克 / 升，杂醇油含量 ≤ 2.0 克 / 升，铅含量 ≤ 1.0 毫克 / 升。

（3）微生物指标要求　细菌总数（菌落）≤ 50 个 / 毫升，大肠菌群 ≤ 3 个 /100 毫升，致病菌不得检出。

● **【提示】** 鹿血不仅限于鹿茸血，还包括鹿心血、体循环血液，但是一些成方中提到的鹿心血和鹿茸血，还是以特定的血液为准；另外不宜饮酒的群体可以按照鹿茸粉胶囊的方法加工鹿血胶囊服用。

第三节　鹿鞭产品加工示例

常说的鹿鞭即指梅花鹿和马鹿等茸鹿的阴茎及睾丸，也称为鹿冲、鹿肾、鹿茎筋，为稀贵中药。鹿鞭多入丸散，也入酒剂或药膳，如"三肾丸""益肾丸""多鞭酒"及"鹿鞭壮阳汤"等，现将鹿鞭酒及鹿鞭药膳的加工方法介绍如下。

一　鹿鞭酒

鹿鞭酒是以鹿鞭、狗鞭、驴鞭和纯粮白酒为主要原料，加入淫羊藿、海马、枸杞子等中药材配制而成的。鹿鞭、狗鞭、驴鞭经提取等处理，大分子蛋白质被转变成更易被人体吸收的小分子多肽；中药材采取超声波提取、低温沉降的技术，使成品酒体澄清透明、有光泽、棕红色，口味纯正柔和。鹿鞭酒以"滋补强壮、扶正固本"为基础，具有改善性功能的生物效应，是一种营养保健酒，具有较好的开发和应用前景。

1. 材料

鹿鞭 150 克、狗鞭 300 克、驴鞭 200 克、何首乌 1600 克、黄芪 5000 克、地黄 1500 克、红花 500 克、海龙 125 克、淫羊藿 7500 克、刺五加 5000 克、沙苑子 1000 克、补骨脂（盐制）1000 克、五味子 1250 克、菟丝子 5500 克、枸杞子 3750 克、车前子 1500 克、覆盆子 1000 克、50%（v/v）白酒 200 千克。

2. 工艺流程

药材→洗刷→切片→提取→分离、合并滤液→调配→检验合格→陈酿→检验合格→分装→成品入库。

3. 技术要点

药材洗刷干净后切片，用 5 倍量的 70%vol 白酒，连续回流提取 2 次，每次 5 小时，分别过滤取清液，合并清液加蛋清 750 克，充分搅拌后，煮沸 30 分钟，静止 24 小时，过滤，回收滤液中的乙醇，然后在滤液中加 50%vol 白酒 200 千克，用洁净水调至 35%vol，经检验合格后陈酿 6 个月以上，待美拉德反应结束，再经检验合格后，方可过滤灌装。

4. 产品质量要求

（1）感官质量 色泽棕红色，具有中药材复合的特有香气，微甘、苦，口味纯正柔和，具有鹿鞭酒特有的口感，澄清、有光亮。

（2）理化指标 酒度（20℃）（35±1）%vol，总酸含量 ≤ 2.0 克 / 升，总脂含量 ≥ 0.6 克 / 升，甲醇含量 ≤ 0.4 克 / 升，杂醇油含量 ≤ 2.0 克 / 升，铅含量 ≤ 1.0 毫克 / 升。

（3）微生物指标 细菌总数（菌落）≤ 50 个 / 毫升，大肠菌群 ≤ 3 个 /100 毫升，致病菌不得检出。

此外，颐和春胶囊、海马补肾丸、海马三肾丸、三肾丸等产品中均有鹿鞭。

二 鹿鞭药膳

（1）清炖鹿鞭 材料为鹿鞭、老母鸡、猪肘、火腿、口蘑、冬笋、油菜心、鲜葱、鲜姜、精盐、胡椒粉、料酒、味精。特点是微辣，质酥烂，鲜而不腻。

（2）烩花菇鹿鞭 材料为鹿鞭、花菇、海米、玉兰片、鸡肉、淀粉、火腿、豌豆、精盐、酱油、米醋、味精、料酒、鲜姜、鲜葱、胡椒粉、芝麻油。特点是味酸辣，汁微红，主料黄白，质地酥烂。用此法烹制鹿鞭，配冬菇同烧，即为烩冬菇鹿鞭；配香菇同烧，即为烩香菇鹿鞭。

● 【提示】 梅花鹿鞭、马鹿鞭产量有限，市场紧俏，目前由国外输入的赤鹿鞭也按花鹿鞭销售，国内养鹿者销售鹿鞭时应注意信誉，注明是梅花鹿鞭还是马鹿鞭。

第四节　鹿角产品加工示例

鹿角首载于《神农本草经》，为常用中药，是梅花鹿或马鹿已骨化的角或锯茸后在第二年春季脱落的角盘，习惯上称梅花鹿角、马鹿角、鹿角盘。

鹿角可补肝肾，益脾胃，强筋壮骨，镇痛散瘀，退肿消肿，软坚散结，消除乳房痞块。鹿角盘注射液能抑制戊酸雌二醇所致的小白鼠乳腺增生，其作用强于丙酸睾酮，能增强小白鼠巨噬细胞的吞噬功能，增强 T 淋巴细胞的增生，并能抑制 MA-737 小白鼠乳腺癌的生长。研究表明，鹿角盘注射液无毒，无明显局部刺激作用和过敏反应；主要副作用是在用药后有困倦感，有时伴有发痒及全身热感。

因我国养鹿取茸而无角，所以熬制鹿角胶多用野鹿脱角和鹿角盘。《神农草本经》列其为上品，名"白胶"，又名"鹿胶"。味甘、平淡无毒，入肝、肾经，具有壮元阳、补气血、生精髓、暖筋骨的作用。可治疗各种虚损、劳伤，其用途之广不亚于鹿茸。

一　鹿角胶

鹿角胶是用鹿角熬成的胶，传统的加工方法是将鹿角锯成 4~5 厘米的小段。劈碎，置 4 倍水中浸泡。经常换水至水清无腥味为止。然后放在锅中水煮，水量是鹿角重量的 4~5 倍，每 8 小时取汁一次再补充水量继续煮，煮到鹿角酥软，手捏可成末，将所得胶汁合并过滤、浓缩成鹿角胶。冷凉后切成 3 厘米 ×2 厘米 ×0.3 厘米的小块，包装。也可将熬出的胶倾在槽内自然成型，然后浓缩取胶。

鹿角胶：性咸，温。归肝、肾经。温肾助阳，收敛止血。用于脾肾阳虚、食少吐泻、白带、遗尿尿频、崩漏下血、痈疽痰核。

二　鹿角霜

按上述方法将骨化的鹿角熬去胶质，取出角块，制成粉末即为鹿角霜。鹿角霜也具有极好的消炎、止血等作用。

第九章　鹿产品加工

● 【提示】 鹿角及其加工产品对乳腺炎、腮腺炎等疾病具有极为显著的疗效，是有待深入开发的产品；高压水煮18小时可显著缩短鹿角胶的加工时间，降低劳动消耗；熬制鹿角胶宜选用软水，以免水中的盐分影响凝胶质量。

第五节　鹿胎产品加工示例

鹿胎首载于《本草新编》。古人所指鹿胎为"胎中鹿"或近足月的胎中鹿，与现今使用的包括子宫、胎盘和羊水等部位的鹿胎有所不同。本品为常用中药，多入成方制剂，如"鹿胎膏"等。鹿胎为妊娠梅花鹿或马鹿腹中取出的水胎（包括胎鹿、胎盘和羊水）和初生未食乳的胎鹿（包括胎盘，称为"失水鹿胎"）的干燥品，能补血、调经益肾，用于月经不调、宫冷不孕、崩漏带下、肾虚体弱、结核，肝炎患者服用也有裨益。鹿胎制品主要是鹿胎膏、鹿胎丸、鹿胎颗粒、鹿胎粉胶囊、鹿胎口服液等。有的鹿胎膏不加中药，有的加中药。这里仅介绍鹿胎膏及鹿胎丸的加工技术。

一　烤鹿胎

烤鹿胎就是将鲜鹿胎经烘烤脱水，加工后便于保存、运输和应用。烤鹿胎是鹿胎膏的重要原料。

将鲜鹿胎连同胎膜、胎衣一起（放出胎水），用细铁丝或细绳按照鹿胎在腹中的形状绑好，放在80~100℃烘箱中烘烤。当见到鹿胎腹部膨胀时，用细铁针刺破腹胸部，放出气体或液体。烘烤过程中不可触动，以免掉毛，影响外观。成品鹿胎黄褐色，带有酥香味。需在干燥通风阴凉处保存，同时做好防霉、防蛀、防鼠工作。

二　鹿胎膏（不加中药）

（1）**煎煮**（指新鲜鹿胎）　先用沸水浇烫鹿胎，脱毛后用清水洗净放入锅内煎煮。待鹿胎肉骨分离，且煎煮鹿胎的水（称胎浆）剩4千克左右（鹿胎大小不同其剩下的水也不同）时停止煎煮。将肉骨捞出，用纱布过滤胎浆，将胎浆放于通风阴凉处，低温保存备用。

（2）**烘干**　将捞出的肉骨分别放入烘干箱内（箱内温度为80℃左右）烘干（也可放入锅内用文火焙干），头骨和长轴骨可砸碎后再烘干，直至肉骨均已酥黄纯干。

（3）粉碎　将纯干的肉骨粉碎成可以过 80~100 目筛（孔径为 150~180 微米）的鹿胎粉（加工干的鹿胎可直接粉碎），称重后保存。

（4）熬膏　先将鹿胎的原浆入锅煮，放入胎粉，搅拌均匀，再加入 1.5 倍胎粉量的红糖，拌匀，用文火煎熬浓缩，不断搅拌，熬至呈牵缕状时即可出锅。倒入抹有豆油的方瓷盘内，置于阴凉处，冷却硬固后即成为鹿胎膏。

三　鹿胎膏（加中药）

用鹿胎与各种中草药经研磨、炮制而成。

（1）材料　川芎 750 克、鹿胎 1 具、熟地黄 7500 克、甘草 1 千克、茯苓 900 克、当归 450 克、人参（去芦）1600 克、阿胶 20 千克、白芍 450 克、炒白术 300 克、鹿角胶 7 千克。共 11 味，除鹿胎外，计重 39.75 千克。

（2）制法　取新鲜鹿胎，连同胎衣块放锅中煎煮 3 次（依次煮 2 小时、1 小时、1 小时）至肉化、骨酥，趁热分次过滤取液，取液呈黏稠状，继续浓缩至膏。将烘干的鹿胎骨、肉粉末过 100 目筛（孔径约为 150 微米）。

将川芎、茯苓、熟地黄、当归、白芍、人参、炒白术、甘草共置锅中，加水煮 3 次（依次煮 2 小时、1 小时、1 小时），分次过滤，合并滤液后加入鹿胎的浸膏、鹿胎骨肉粉、阿胶、鹿角胶，搅拌化开，浓缩成膏，至不渗纸为度，取出倒入盘中，冷却、成块。

四　参茸鹿胎膏（加中药）

参茸鹿胎膏是用鹿胎与人参等多种中药材经科学炮制熬制而成。

（1）材料　杜仲炭 3000 克、人参（去芦）2000 克、鹿胎 1 具、橘红 2000 克、熟地黄 2000 克、丹参 2000 克、盐茴香 2000 克、益母草炭 2500 克、炒桃仁 2500 克、川芎 2500 克、荆芥穗炭 2500 克、白芍 2500 克、醋香附 2500 克、炒莱菔子 1500 克、炒白术 1500 克、肉桂 1500 克、银柴胡 1500 克、泽泻 1500 克、焦槟榔 1500 克、姜厚朴 1500 克、炒神曲 1500 克、制附子 1500 克、炒麦芽 1500 克、赤芍 1500 克、焦山楂 1500 克、醋延胡索 1500 克、炒苍术 1500 克、续断 1500 克、盐吴茱萸 1500 克、砂仁 1500 克、海螵蛸 1500 克、茯苓 1500 克、乌药 1500 克、牡丹皮 1500 克、牛膝 1500 克、醋龟板 1000 克、豆蔻 1500 克、木瓜 1000 克、红花 5000 克、木香 1500 克、山药 1500 克、沉香 1000 克、当归 5000 克、鹿茸（去毛）500 克、甘

第九章　鹿产品加工

草 1000 克、红糖 11 千克，共 46 味，除鹿胎、红糖外，计重 80 千克。

(2) 制法 先处理鹿胎。取新鲜鹿胎，要防止腐败、被污染及羊水流失。切开胎衣，取羊水另置，剥离鹿胎的皮另置。将鹿胎连同胎衣置于锅中，加水煮烂后，烘干粉末。若为干胎可直接粉末。人参、鹿茸、盐茴香、橘红、肉桂、川芎、荆芥穗炭、盐吴茱萸、豆蔻、红花、当归、砂仁、牡丹皮、醋龟板、木香共研末，过 100 目筛（孔径约为 150 微米）。

除上述 15 味药和红糖、鹿胎，其余熟地等 29 味煎煮 3 次，依次煎 3 小时、2 小时、1 小时。取过滤液加胎水入红糖、浓缩至稠膏状，加入鹿胎粉搅拌均匀，模压制成长方形块后，干燥、包装。

(3) 形状 本品为长方形块状，棕褐色，气腥，味微咸。

五 参茸鹿胎丸（加中药）

参茸鹿胎丸是以鹿胎与中药制成的丸剂。

(1) 配方 人参（去芦）2000 克、杜仲炭 3000 克、鹿茸（去毛）500 克、鹿胎 1 具、橘红 2000 克、熟地黄 2000 克、丹参 2000 克、盐茴香 2000 克、炒桃仁 2500 克、白芍 2500 克、醋香附 2500 克、炒莱菔子 1500 克、炒白术 1500 克、益母草 2500 克、川芎 2500 克、赤芍 1500 克、木香 1000 克、荆芥炭 2500 克、肉桂 1500 克、银柴胡 1500 克、泽泻 1500 克、焦槟榔 1500 克、姜厚朴 1500 克、炒神曲 1500 克、制附子 1500 克、醋延胡索 1500 克、豆蔻 1500 克、炒麦芽 1500 克、炒苍术 1500 克、续断 1500 克、盐吴茱萸 1000 克、砂仁 1500 克、海螺蛸 1500 克、茯苓 1500 克、乌药 1500 克、牡丹皮 1500、牛膝 1500 克、醋龟板 1000 克、木瓜 1000 克、红花 5000 克、木香 1000 克、山药 1500 克、沉香 1000 克、当归 5000 克、甘草 1000 克、红糖 11000 克，共 45 味。除鹿胎、红糖外，计重 78.5 千克。

(2) 制法 取鲜鹿胎，水煮至骨肉分离，将骨肉与煮鹿汤烘干，再将上述 44 味药共研细末，过 100 目筛，炼蜜为丸，药粉与炼蜜的比是 1∶1.2。

(3) 性状 本品为类圆球形、黑褐色的蜜丸，气温，味微苦、甘。

第六节 鹿肉产品加工示例

鹿肉产品为鹿科动物的鲜肉或干燥肉，是一种高蛋白、低脂肪、低胆固醇、营养价值较高的保健食品。其胆固醇含量仅为牛肉的 69% 左右，味道鲜美，容易消化，是具有滋补强壮作用的肉类。随着养鹿业的发展，鹿肉的消费群体也在不断地扩大，同时随着人们生活水平的提高及膳食结构的改善，鹿肉已由高档餐厅走进百姓家庭，成为人民生活中优质肉食的来源之一。

一 鹿肉初加工

鹿肉初加工一般是指脱腥、腌制和嫩化处理，如此会提高鹿肉的品质和风味。

1. 脱腥

鹿肉具有属性强烈的腥味，常采用洋葱、芹菜、枸杞、葱、蒜、β-环糊精等原料进行处理。洋葱、芹菜、枸杞各500克，葱、蒜各25克粉碎备用；备好物料按1:1的比例加蒸馏水，常温榨汁过滤，滤液中加10克β-环糊精，再加蒸馏水调配、均质成5000毫升脱腥剂，灭菌备用。一般以500毫升脱腥剂处理5千克鹿肉效果较好。

2. 腌制

腌制能显著提高鹿肉的保水力，并缓解其pH的上升幅度，抑制肉腐败变质。通过腌制处理的鹿肉一级鲜度可延长48小时以上。据报道，最佳鹿肉腌制剂的组合为亚硝酸钠0.15%、异抗坏血酸钠2.50%、三聚磷酸钠0.40%、偏磷酸钠0.40%。腌制后肉内以上各制剂含量符合国家标准，以上4种腌制剂对梅花鹿鹿肉的色泽、风味及熟肉率的特性等均有良好的改善作用。偏磷酸钠的影响尤为显著，其次是亚硝酸钠、三聚磷酸钠，异抗坏血酸钠的影响较弱。

腌制剂通常含有亚硝酸盐、抗坏血酸、磷酸盐和糖分。亚硝酸盐具有改善色泽、风味和提高耐贮的特性，并可拮抗肉毒梭状芽孢杆菌，抗坏血酸具有还原作用，既可加速亚硝酸盐释放一氧化氮，促进发色，又可降低亚硝酸盐的残留；加入维生素C可使一氧化氮与肌红蛋白结合，提高色泽饱和度，添加磷酸盐类物质有利于提高肉的保水性，能使嫩度提高、色泽光亮；腌制剂中加入少量的糖分，有利于抑制肉中存在的细菌生长、促进发色，同时也有利于风味的改善。在4~6℃条件下干腌48小时，鹿肉中的水分、水分活度、发色率与未腌制鹿肉无显著差异；处理24~48小时最符合卫生标准，也为最佳腌制时间。

3. 嫩化

嫩化处理鹿肉就是通过物理和化学方法相结合，使构成肌原纤维的肌动蛋白在Z线处分离，肌原纤维周围的肌质网状结构变松散，肌肉蛋白

第九章 鹿产品加工

217

质形成的网状结构，在单位空间及物理状态捕获水分的能力增强，保水性提高，将单位体积内鹿肉组织中的羟脯氨酸含量降低，增加了肉的嫩度。

据报道，鹿肉嫩化处理方法是：将处理好的鹿肉置于嫩化缸里按原料肉添加 0.45%~0.75% 的中性木瓜蛋白酶、0.55%~0.75% 的三聚磷酸钠、0.40%~0.60% 的 β- 环糊精，调整原料 pH 至 6.2~6.5，在 4~6℃条件下处理 2~4 小时。

> ● 【提示】嫩度是指肉入口咀嚼或切割时对破坏的抵抗力，常指煮熟的肉类制品柔软，多汁和易于嚼烂的程度，同结缔组织纤维成分中羟脯氨酸含量有关。

二 鹿肉火腿

1. 材料

1）主料：剔骨鹿肉（市售，检疫合格）100 千克。

2）干腌辅料：食盐 4 千克、硝酸盐（化学纯）50 克。

3）湿腌辅料：食盐 2 千克、砂糖 150 克、硝酸盐（化学纯）50 克、水 10 千克。

2. 操作要点

（1）原料整修 选用鹿肉，剔骨、割去筋腱、洗出瘀血，并将肉的边缘修割整齐。整修后肉块要求拳头大小，不带血筋、油脂和碎骨。

（2）腌制 将修整的肉块于 0~5℃进行干腌。干腌时先将硝酸盐与食盐充分混合，均匀地涂擦在肉块表面。待盐、硝酸盐与肉中水分结合溶化时，再在此温度中摊晾 12 小时。将干腌后的原料肉再浸入湿腌配料液中，每隔 2~3 天翻缸 1 次，经 10 天左右，深部肌肉全部呈鲜艳的玫瑰红色时，即腌制成熟。

（3）清洗 腌制好的肉块用清水浸泡，洗去杂质。如果咸味过重，可果适当延长浸泡时间。

（4）装模压制 浸洗过的肉块经再次修整，装入特制的铝制模具中，以待煮制。常用火腿模具为高 12.5 厘米、长 23 厘米、宽 12.5 厘米的长方体。装模时在四周先垫上白布，为避免垫布折叠起皱而影响制品外观，可将白布剪成宽 10 厘米的长条，衬贴于模的底部及四边。布条露出模具外，待肉装满后，再将布条两端拉平包紧肉。装肉必须紧实，不留空隙，最后盖上模盖，并用弹簧压紧。

（5）**煮制**　将装好肉的模具放入煮锅内，加水淹没，每个模具间稍留距离。加热升温至85℃时，停止加热，使水温保持在80℃左右，经4~5小时即可煮熟出锅。煮熟出锅后的肉体往往还会收缩，必须再次拧紧弹簧加压。经自然冷却后，送入0℃左右的冷库，冷却12小时取出，拆去模具后即为成品。

3. 产品质量标准

（1）感官指标

1）外观：外形良好，标签规整，无污垢，不破损，无汁液。

2）色泽：切片呈粉红色或玫瑰红，颜色均一，有光泽。

3）组织状态：组织致密，有弹性，内部结实无空洞，切片不松散，无汁液分离，无异物，肉质新鲜细嫩。

4）风味：肉嫩爽口，咸淡适中，肉味鲜美，无异物。

（2）理化指标　水分含量≤60%，蛋白质含量≥14%，脂肪含量≤10%，氯化物含量（以NaCl计）≤1.5%~3.5%，淀粉含量≤5%，亚硝酸盐含量（以$NaNO_2$计）≤70毫克/千克，其他添加剂符合《食品安全国家标准　食品添加剂使用标准》（GB 2760—2017）。

（3）微生物指标　细菌总数（菌落）≤10000个/克，大肠菌群≤40个/100克，致病菌不得检出。保质期6个月，置于阴凉、通风、干燥处存放。

三　鹿肉松

鹿肉松是选用新鲜的优质鹿肉（市售，兽医卫生检验合格）经脱腥、嫩化、煮制、炒干、搓松等工艺制成的一种营养丰富、味美可口的高档肉制品，长久以来，一直受到人们的喜爱。

1. 工艺流程

原料肉→切块→脱腥→嫩化→预煮→冷却→绞肉→炒干→炒松、搓松→包装→检验→成品。

2. 材料

鹿肉2.5千克、食盐65克、白糖175克、味精2.5克、白芷1.2克、花椒12克、小茴香1.2克、大料1.2克、豆油200克、面粉125克。

3. 操作要点

（1）煮制　选择新鲜鹿肉，经过脱腥嫩化处理后，剔去筋腱、脂肪，切成 3 厘米左右的小块，加入白芷、花椒、小茴香、大料进行煮制，加水量略高于肉面。先煮制 30 分钟，然后捞出肉块，用纱布滤去汤中的浮沫和肉渣，加入除糖和味精以外的调味料后，再进行复煮 90~120 分钟。

（2）绞肉 煮熟后的肉出锅、冷却，用绞肉机绞成颗粒状。

（3）炒干 将油倒入锅中，待油热后，倒入一半面粉，快速翻炒（炒熟），并压散结块。此时倒入肉粒，不断翻炒，至半成干时，加入剩余的面粉和糖，不断翻炒，使半成品捏在手中无糖汁流下来即可。

（4）炒松、搓松 将半成品加入味精倒入铲锅或炒松机进行文火勤翻烘炒，使肉松的中心温度达 55℃。炒 40 分钟左右将肉松倒出来，清除锅内的锅巴后，再次将肉松回锅进行二次烘炒，直至炒至呈金黄色。炒松后进行搓松，使肉松出现绒头，变得更加轻柔。

（5）包装 肉松出锅后，冷却，装入铝箔袋内，封口存放。

4. 产品质量标准

（1）感官指标

1）形态：呈絮状，纤维柔软蓬松，允许有少量结头，无焦头。

2）色泽：呈均匀金黄色或浅黄色，稍有光泽。

3）滋味与气味：浓郁鲜美，甜咸适中，香味纯正，无其他不良气味，无杂质。

（2）理化指标 水分含量 ≤ 16%，脂肪含量 ≤ 10%，蛋白质含量 ≥ 36%，氯化物含量（以 NaCl 计）≤ 7%，总糖含量（以蔗糖计）≤ 25%。

（3）微生物指标 细菌总数（菌落）≤ 30000 个 / 克，大肠菌群 ≤ 40 个 /100 克，致病菌不得检出。

（4）保存条件 保质期 6 个月，置阴凉、通风、干燥处存放。

四. 果蔬鹿肉脯

果蔬鹿肉脯是一种保健休闲食品，具有益血壮阳、强腰补肾、强筋骨等功效。原料为鹿肉（市售，兽医卫生检验合格）、芒果或番茄浓缩汁（市售）、精盐、白砂糖、味精、黄酒（市售），以及均为化学纯的亚硝酸钠、异抗坏血酸钠、偏磷酸钠、三聚磷酸钠。

1. 工艺流程

原料修整→浸洗→冷冻→切片→腌制→摊片→烘制→熟化→调味→包装→检验→成品。

2. 操作要点

(1)原料修整、浸洗　选用优质鹿肉，剔除筋膜、脂肪、血斑等，按肌肉自然块状结构分割，流水浸洗。

(2)冷冻、切片　将浸洗后的肉块滤干送入冷冻室，冻至肉完全僵硬时，切成 1.5~2 毫米的薄片。

(3)腌制　采用最佳腌制剂组合，即亚硝酸钠 0.15%、异抗坏血酸钠 2.50%、三聚磷酸钠 0.40%、偏磷酸钠 0.40%，在 4~6℃条件下，经 24 小时干腌处理。

(4)摊片、烘制　在不锈钢网筛上刷植物油，将腌制后肉片按肌纤维走向摊开，肉片之间不留空隙，随后进行烘干。先用 85℃烘 25 分钟，再用 65~68℃烘 100 分钟，使成品达到理想品质。中途上下、左右进行换筛 1 次，各筛对肉片进行 1 次翻面。

(5)熟化、调味　在烤箱内熟化，即在 220℃维持 4 分钟，趁热倒入不锈钢容器内，喷入芒果或番茄浓缩汁，翻动使之混合均匀，密闭 1~2 小时，便得到不同味型的果蔬肉脯。

(6)成品包装　采用铝箔袋真空包装。肉脯含水量在 30% 左右，通过熟化，水分降至 20% 以下，便达到产品标准。添加 5% 的芒果或番茄浓缩汁，产品不但营养丰富，且形成了独特的果蔬肉复合风味，提高了产品品质和档次。

3. 产品质量标准

(1)感官指标

1）形态：片形规则整齐，厚薄基本均匀，厚度不超过 2 毫米，可见肌纹，允许有少量脂肪析出及微小空洞，无焦片、生片。

2）色泽：呈棕红或深红或暗红色，色泽均匀，油润有光泽及透明感。

3）滋味与气味：浓郁鲜美，甜咸适中，香味纯正，具有肉脯特有的风味，无杂质。

(2)理化指标　水分含量≤ 16%，脂肪含量≤ 10%，蛋白质含量≥ 40%，氯化物含量（以 NaCl 计）≤ 7%，总糖含量（以蔗糖计）≤ 30%，亚硝酸盐含量（以 $NaNO_2$ 计）≤ 70 毫克／千克。

(3)微生物指标　细菌总数（菌落）≤ 30000 个／克，大肠菌群≤ 40 个／100 克，致病菌不得检出。

(4)保存条件　保质期 6 个月，置于阴凉、通风、干燥处。

五　香菇鹿肉酱

香菇鹿肉酱是深受市场欢迎的一种食品，营养丰富，风味独特，也是家庭餐桌上的佳品。

1. 原料选择

选用优质干香菇或鲜香菇、优质鹿肉、豆瓣酱、辣椒酱、精炼油、淀粉、黄酒。此外，辅料还有味精、食盐、食糖、大蒜、洋葱等。

2. 操作要点

（1）原、辅料预处理　将干香菇放入温水中浸泡 2~4 小时，留菇柄 1 厘米，大香菇四开，中香菇对开，再切成 0.4 厘米厚的条。将分割肉缓慢解冻后，切成 1 厘米见方的肉丁，随切随用。豆瓣酱和辣椒酱加少量水，分别打酱，过 20 目筛（孔径约为 830 微米）备用，洋葱和大蒜去皮和根后，洗净切成米粒大小。

（2）制作装罐　每锅用香菇条 8 千克、鹿肉丁 20 千克、豆瓣酱 25 千克、辣椒 8 千克、精炼油 12 千克、洋葱粒 8 千克、大蒜粒 1 千克、味精 0.5 千克、食盐 1.5 千克、白糖 8 千克、淀粉 2 千克、黄酒 5 千克。先将植物油放入夹层锅内加热，放入洋葱粒、大蒜粒炒香后，再加入鹿肉丁炒熟，然后加入香菇条及其他配料。加热沸腾后，再加入淀粉糊，边加边搅拌，继续加热至 85~90℃ 出锅，趁热装罐，每罐装 200 克。

（3）密封杀菌　装罐后真空封口，也可用热力排气，密封。然后在 115℃ 条件下灭菌 20 分钟，冷却后即为成品。

3. 产品质量标准

（1）感官指标

1）外观：豆酱细腻，肉块约 1 厘米见方，大小大致均匀，无串肉，香菇呈条状，酱体均匀、不流散。

2）色泽：酱体呈赤褐色，富有光泽。

3）滋味与气味：具有香菇、鹿肉、酱应有的滋味及气味，无异味。

（2）理化指标　蛋白质含量 ≥ 10%，脂肪含量 ≤ 10%，氯化钠含量为 4.5% ~6.0%。

（3）微生物指标　细菌总数（菌落）≤ 10000 个 / 克，大肠菌群 ≤ 30 个 /100 克，致病菌不得检出。

（4）保存条件　保质期 6 个月，置于阴凉、通风、干燥处存放。

● 【提示】 我国目前养鹿多以生产鹿茸为主，所以对鹿肉的选用应认真考察其品质、安全性，避免无信誉者以病鹿、老鹿肉冒充优质鹿肉。

第七节 鹿筋骨产品加工示例

鹿筋首载于《新修本草》，为名贵中药，多入成方制剂或药膳。本品除国内应用外，尚有部分出口。选用梅花鹿或马鹿的四肢干燥筋腱进行加工，其产品以酒类和药膳著称。鹿骨包括头骨、躯干骨、四肢骨，味甘，微热无毒，具有补虚羸强筋骨的作用。

一 鹿筋八仙酒

（1）材料 鹿筋 1000 克、鹿骨 1000 克、川乌（煮制）3125 克、薄荷 3125 克、陈皮 3125 克、淡竹叶 3125 克、草乌（煮制）3125 克、干姜（炒炭）3125 克、当归 3125 克、甘草 3125 克、白糖 62 千克、50%（v/v）白酒 500 千克。

（2）制法 将鹿骨剔去筋肉，洗净，碎断，熬胶。鹿筋酌予碎断，加盐酸水 (pH 2~3) 密闭，水解 24 小时，静置，滤过，残渣另置，滤液浓缩。其余川乌等 8 味中药，酌予碎断与残渣装入布袋，置容器内，加白酒，密闭浸泡（或隔水加热至沸后密闭浸泡）。每天搅拌 1 次，夏季浸泡 30 天，其他季节浸泡 40 天（室温保持在 15℃以上）。取出浸液，药渣压榨，榨液澄清后与浸液合并，加入鹿骨胶(溶化后)、鹿筋浓缩液、白糖，搅拌溶解，密闭，静置 15 天以上，滤过，灌封。

（3）性状 本品为棕黄色的澄明液体，气芳香，味辛。

二 鹿筋壮骨酒

鹿筋壮骨酒是以鹿骨、鹿筋和纯粮白酒为主要原料，加入红花、当归等药食兼用的中药材经科学炮制而成。鹿骨经高压提取，得到能够被人体吸收的小分子多肽；鹿筋和中药材采取热回流提取，低温沉降，成品酒酒体澄清透明，有光泽，金黄色，滋味协调、柔和。

鹿筋壮骨酒具有强筋健胃的生物效应；复方鹿筋壮骨酒以"滋补强壮、扶正固本"为基础，用于风湿疼痛及冷痹等症，是一种营养保健酒，具有

第九章

鹿产品加工

223

较好的开发和应用前景。

(1) 材料 鹿筋 30 克、鹿骨 200 克、当归 50 克、党参 75 克、木瓜 40 克、玉竹 200 克、黄芪 75 克、虎杖 96 克、续断 100 克、红花 100 克、秦艽 50 克、草乌(煮制)40 克、重楼 100 克、桂枝 75 克、肉桂(去粗皮)50 克、枸杞子 75 克、川乌(煮制)40 克、白糖 0.6 千克、50%（v/v）白酒 15 千克。

(2) 工艺流程 鹿筋和中药材→洗刷→切片→回流提取→分离→合并滤液待调配用；鹿骨→高压热煮提→分离→清液→脱脂→调配→检验合格→陈酿→检验合格→分装→成品入库。

(3) 加工方法

1) 鹿筋和中药有效成分的提取：将鹿筋和选好的药材洗净，切片后混入锅，将预先配制好的 35%(v/v) 母酒液按 5 倍量打入锅内，浸泡 30 分钟后，再通入蒸汽，控制夹层气压为 0.2 兆帕；锅内气压为 0.5 兆帕。回流 2 小时后，关闭进气筒，放净夹层蒸汽，开启冷水降温至 50℃时，取药酒液粗滤并打入冷冻缸，然后蒸馏药渣，回收残酒。

2) 鹿骨有效成分的提取：鹿骨剔除残肉，经 1.2 个大气压（0.12 兆帕）分别用 8 倍、6 倍、4 倍的水煮提 3 次，合并浸液，用石蜡脱脂，过滤得清液。

3) 调配、陈酿：将鹿筋和中药材的提取液与鹿骨的提取液混合，调配成 35%（v/v）的鹿筋壮骨酒。经检验合格后，在 5~10℃的室内陈酿 6 个月以上，待美拉德反应结束后，经检验合格方可过滤灌装。

(4) 产品质量要求

1) 感官质量：色泽金微黄，具有鹿茸、鹿骨、鹿筋、中药材复合的特有香气，滋味微甘、苦，纯正柔和，口味协调，形态澄清有光亮。

2) 理化指标：酒度 (20℃)（35±1）%vol，总酸含量 ≤ 2.0 克/升，总脂含量 ≥ 0.6 克/升，甲醇含量 ≤ 0.4 克/升，杂醇油含量 ≤ 2.0 克/升，铅含量 ≤ 1.0 毫克/升。

3) 微生物指标要求：细菌总数（菌落）≤ 50 个/毫升，大肠菌群 ≤ 3 个/100 毫升，致病菌不得检出。

三 鹿筋药膳

鹿筋药膳有红烧鹿筋、绣球鹿筋、鸡茸鹿筋、白扒鹿筋、汤煨鹿筋、人参鹿筋、美蓉鹿筋、清烩三鲜鹿筋、浮油鹿筋、油爆鹿筋等。

⚠ **【注意】** 鹿筋虽多为干品，但经发制后再加工成药膳不受影响。鹿筋加工时需剔除其上黏附的脂肪，以保证其口感和效果。

第八节　鹿尾产品加工示例

鹿尾是鹿科动物的干燥尾，具有"暖腰膝、益肾精"的功效，对腰膝疼痛，不能屈伸、肾虚遗精及头昏耳鸣有治疗作用。鹿尾的保健作用明显，还能制成美味佳肴，产品以口服液与药膳为主。

一　参茸鹿尾精口服液

由人参、鹿茸、鹿尾、鲜蜂王浆等制成浅黄色的澄明液体，味甜，可益气补血、滋肾壮阳，用于神经衰弱、久病虚亏、食欲不振，对肾虚腰痛、小便频数、阳痿遗精、足膝酸软有显著疗效。也可用于肝炎、贫血、低血压、胃溃疡的辅助治疗。

二　鹿尾鞭酒

由鹿尾、狗肾、人参、淫羊藿、锁阳、熟地、鹿茸、盐故纸、白酒，经加工制成棕红色的澄明酒剂，可补肾壮阳、养血益精，用于体弱肾虚、腰膝无力、遗精阳痿等症。

三　鹿尾巴精

由蜂王浆、60％鹿茸精、60％鹿尾巴精、蜂蜜经加工制成的乳白色或浅黄色液体，可以促进新陈代谢、益精补虚、滋补壮阳，用于肝炎、贫血、年老衰弱、风湿性关节炎、类风湿性关节炎。

四　鹿尾药膳

鹿尾药膳有三鲜芙蓉鹿尾、清烩鹿尾猴头、什锦鹿尾、清汤鹿尾、鲜鹿尾配干贝、清蒸鹿尾等。

● **【提示】** 除具有保健与美食双重作用的药膳外，其他鹿产品的精细加工应该先到管理部门办理许可并满足特定条件，否则产品不能在市场销售。

第九章
鹿产品加工

225

附　录

附录 A　鹿常用饲料的营养成分

名称	干物质（%）	粗蛋白质（%）	粗脂肪（%）	热量/（兆焦/千克）	粗纤维（%）	灰分（%）	无氮浸出物（%）	钙（%）	磷（%）
玉米	88.26	9.09	5.28	16.94	2.58	1.35	69.96	0.07	0.17
玉米面	90.55	9.84	5.58	16.91	2.35	1.56	71.22	0.08	0.22
大豆	91.12	37.73	17.26	21.45	7.50	4.21	24.42	0.28	0.40
豆饼	89.17	39.05	4.12	18.31	5.45	5.71	34.84	1.04	0.09
豆粕	91.78	44.03	1.87	18.29	5.44	5.46	34.98	0.33	0.39
麦麸	87.74	13.53	3.70	16.58	6.60	4.94	58.97	0.02	0.83
啤酒酵母	85.44	40.99	1.67	17.31	—	—	—	1.12	0.72
苜蓿	89.11	16.80	3.19	17.00	6.67	6.86	55.77	1.61	0.18
玉米青贮	88.57	6.44	4.75	16.10	18.31	6.50	52.57	0.38	0.14
青柞树叶	90.80	12.02	2.13	17.57	18.60	5.23	52.82	1.34	0.12
干柞树叶	86.29	3.27	4.27	16.52	21.66	6.64	50.45	1.86	0.07
鲜椴树叶	90.92	9.27	5.62	17.51	16.88	7.15	52.00	1.95	0.15
青胡枝子	90.56	16.18	4.71	18.17	21.26	6.18	42.23	0.52	0.61

名称	干物质（％）	粗蛋白质（％）	粗脂肪（％）	热量/（兆焦/千克）	粗纤维（％）	灰分（％）	无氮浸出物（％）	钙（％）	磷（％）
红毛弓	89.92	5.30	1.94	16.89	30.87	7.32	44.49	0.64	0.08
小叶张草	89.73	6.18	1.28	16.52	36.97	5.89	39.41	0.24	0.09
青玉米秸	92.09	8.09	2.47	14.68	26.83	7.80	46.90	2.13	0.20
玉米秸	88.99	5.09	2.08	16.28	25.39	5.91	50.52	0.54	0.17
青榛叶	91.62	12.05	3.38	17.59	12.50	6.33	57.36	0.05	0.11
青豆秸	89.35	20.35	5.14	18.20	12.22	6.04	45.63	1.62	0.21
豆秸	86.38	3.42	0.72	16.16	46.52	3.02	32.70	0.78	0.06
青蒿	91.20	23.86	5.84	16.58	12.74	12.45	36.31	1.41	0.37
青稞	89.94	10.10	3.60	17.99	17.86	5.35	53.03	1.31	0.16

注：1. 本表数据引自程世鹏、单慧主编的《特种经济动物常用数据手册》。

2. 因饲料产地不同成分也有差异，表中数据仅供参考。

附录 B　鹿场常用统计方法

1. 受配率

受配率 = 受孕母鹿数 ×100%/ 参配母鹿数

2. 产仔率

产仔率 = 产仔母鹿数 ×100%/ 受孕母鹿数

3. 胎平均产仔数

胎平均产仔数 = 仔鹿数（包括死胎和死鹿仔数）/ 产仔母鹿数

4. 群平均育成数

群平均育成数 = 群成活仔鹿数 / 群参加配种母鹿数

5. 成活率

成活率 = 成活仔鹿数 ×100%/ 所产仔鹿数

6. 年增值率

年增值率 = 年鹿增加数 ×100%/ 年初鹿数

7. 死亡率

死亡率 = 死亡鹿数 ×100%/ 全群鹿数

附录

附录 C　鹿场常用登记卡片

附表 C-1　_____公鹿登记卡片

年号____出生地_____出生时间___年___月___日　同产仔鹿___头

种类____初生重_____调入时间___年___月___日　父号___　母号___

附表 C-1-1　品质鉴定资料

体质外貌					生　产　性　能							茸　重			
鉴定日期	活重/千克	健康状况	营养状况	体型优劣	锯别	脱盘日期	收茸日期	茸别	主干长/厘米	主干粗/厘米	眉枝长/厘米	眉枝粗/厘米	茸色	鲜/千克	干/千克	鲜/干	级	总评
					初角 初生													
					初角 再生													
					头锯 头茬													
					头锯 再生													
					二锯 头茬													
					二锯 再生													
					三锯 头茬													
					三锯 再生													
					四锯 头茬													
					四锯 再生													

（续）

体质外貌					生 产 性 能									茸 重			级	总评
鉴定日期	活重/千克	健康状况	营养状况	体型优劣	锯别	脱盘日期	收茸日期	茸别	主干长/厘米	主干粗/厘米	眉枝长/厘米	眉枝粗/厘米	茸色	鲜/千克	干/千克	鲜/干		
					五锯			头茬										
								再生										
					六锯			头茬										
								再生										

附表 C-1-2　谱系

母				公			
母		公		母		公	
母	公	母	公	母	公	母	公

附表 C-1-3　配种成绩

年度	交配母鹿		产仔母鹿		后 代 公 鹿								后代母鹿			
	总数	耳号	未孕总数	耳号	总数	耳号	初生情况	体质外貌	初角茸茸重/千克	头锯茸		二锯茸		茸号	初生情况	体质外貌	产仔情况
										茸别	茸重/千克	等级	茸别	茸重/千克	等级					

附表 C-2 _____ 母鹿登记卡片

年号____出生地_____出生时间___年___月___日　同产仔鹿___头

种类____初生重_____调入时间___年___月___日　父号___　母号___

附表 C-2-1　品质鉴定资料

体质外貌					繁殖情况							
								公		母		
鉴定日期	活重/千克	健康状况	营养状况	体型优劣	交配日期	与配公号	分娩日期	产仔数	耳号	初生重/千克	耳号	初生重/千克	分娩情况	总评

附表 C-2-2　谱系

母				公			
母		公		母		公	
母	公	母	公	母	公	母	公

附录 D　鹿常用药物

药物名称		用法	用量	单位	主要作用
促消化类药物	乳酶生	口服	按说明	克	抑制腐败菌的繁殖，用于消化不良、胃肠卡他
	胃蛋白酶	口服	按说明	克	助消化，用于消化不良和食欲减退
	稀盐酸	口服	按说明	毫升	助消化，多用于仔鹿消化不良和胃肠炎

	药物名称	用法	用量	单位	主要作用
强心抗过敏类药物	尼可刹米	肌内注射	按说明	毫升	强心剂，以增强心脏功能，用于心脏衰弱
	肾上腺素	肌内注射	按说明	毫升	适用于休克、心力衰竭
	地塞米松	肌内注射	按说明	毫克	用于各种炎症、过敏、发热、结膜炎等
解热镇痛类药物	安痛定	肌内注射	按说明	毫升	解痛镇热，用于感冒导致的体温上升
	安乃近	肌内注射	按说明	毫升	解痛镇热，用于感冒导致的体温上升
	爱茂尔	肌内注射	按说明	毫升	解热镇痛、止吐
麻醉类药物	乙醚	吸入	视情况	毫升	麻醉剂，用于手术麻醉
	0.25% 普鲁卡因	皮下注射	视情况	毫升	麻醉剂，用于局部麻醉
	眠乃宁	肌内注射	视情况	毫升	麻醉剂，用于全身麻醉
	苏醒灵	肌内注射	视情况	毫升	苏醒药与眠乃宁配合使用
营养代谢类药物	维生素 C	肌内注射、口服	按说明	毫克	抗应激，用于各种疾病的辅助治疗
	维生素 E	肌内注射、口服	按说明	毫克	维持生育正常
	复合维生素 B	肌内注射、口服	按说明	毫克	维持神经系统正常机能，用于消化不良及神经症状
	鱼肝油	口服	按说明	国际单位	预防、治疗夜盲症和佝偻症
	亚硒酸钠	肌内注射、口服	按说明	毫克	用于硒缺乏引起的仔鹿"白肌病"

附录

药物名称		用法	用量	单位	主要作用
产科类药物	催产素	肌内注射	按说明	毫升	用于引产、子宫收缩无力
	黄体酮	肌内注射	按说明	毫升	用于保胎、治疗流产
	前列腺素	肌内注射	按说明	毫升	用于催产、引产
	垂体后叶素	肌内注射	按说明	毫升	用于催产、化脓性子宫炎
抗菌消炎类药物	磺胺结晶粉	外敷	按说明	克	磺胺类抗菌药
	烟酸诺氟沙星	口服	按说明	毫克/千克体重	喹诺酮类抗菌药，对革兰氏阴性菌的抗菌活力高
	硫酸阿米卡星	口服	按说明	毫克/千克体重	氨基糖苷类抗菌药，主要作用于革兰氏阴性菌
	盐酸恩诺沙星	口服	按说明	毫克/千克体重	喹诺酮类广谱抗菌素，对革兰氏阴性菌、阳性菌均有效
	利巴韦林	口服	按说明	毫克	适用于病毒性感冒、病毒性传染病的辅助治疗
	灰黄霉素	口服	按说明	毫克	适用于治疗皮肤真菌感染
	青霉素钠（钾）	肌内注射	按说明	万单位	广谱抗菌药，主要对革兰氏阳性菌有强大的抑制作用
	链霉素	肌内注射	按说明	万单位	广谱抗菌药，主要作用于革兰氏阴性菌
	硫酸庆大霉素	肌内注射	按说明	万单位	广谱抗菌药，对多种革兰阴性菌及阳性菌都具有抑菌和杀菌作用
驱虫药物	左旋咪唑	口服	按说明	毫克	主要用于驱蛔虫和钩虫
	阿苯达唑	口服	按说明	毫克	可用于驱蛔虫、蛲虫、绦虫、鞭虫、钩虫、粪圆线虫等
	伊维菌素	注射	按说明	毫克	对线虫和节肢动物有良好的驱杀作用

药物名称		用法	用量	单位	主要作用
消毒类药物	氢氧化钠（苛性钠）	喷洒	3%~5% 氢氧化钠溶液，用于地面、粪便、笼具消毒		
	漂白粉	喷洒	0.05%~0.2% 漂白粉溶液用于饮水消毒，0.5% 漂白粉溶液用于食具消毒，10% 漂白粉溶液用于地面消毒		
	高锰酸钾	喷洒	0.5%~1% 高锰酸钾溶液用于地面食具、饲料、房舍清洗消毒，0.1% 用于皮肤冲洗消毒		
	来苏儿	外用	3%~5% 来苏儿溶液消毒笼舍、器械；1%~2% 来苏儿溶液用于皮肤消毒		
	苯酚（石炭酸）	外用	3%~5% 苯酚溶液用于笼舍、外科器械消毒		
	过氧化氢（双氧水）	外用	3% 过氧化氢溶液用于洗涤化脓创口		
	乙醇	外擦	70%~75% 乙醇，外用消毒防感染		
	碘酊	外擦	2%~5% 碘酊，用于皮肤消毒化脓肿		
	福尔马林	外洒	1%~2% 福尔马林用于室内消毒及器械消毒		
	紫药水	外擦	0.5%~1% 紫药水，外用消毒		
	新洁尔灭	外用	0.05% 新洁尔灭用于感染伤口冲洗，0.1% 新洁尔灭用于消毒手及器械，0.15%~2% 新洁尔灭用于栏舍喷雾消毒		
	生石灰	外洒	10%~20% 生石灰用于场地消毒		

附录

参 考 文 献

[1] 盛和林. 中国鹿类动物 [M]. 上海：华东师范大学出版社，1992.

[2] 韩坤，梁凤锡，王树志. 中国养鹿学 [M]. 长春：吉林科学技术出版社，1993.

[3] 秦荣前. 中国梅花鹿 [M]. 北京：中国农业出版社，1994.

[4] 赵世臻，沈广. 中国养鹿大成 [M]. 北京：中国农业出版社，1998.

[5] 马丽娟，金顺丹，韦旭斌，等. 鹿生产与疾病学 [M]. 长春: 吉林科学技术出版社，1998.

[6] 程世鹏，单慧. 特种经济动物常用数据手册 [M]. 沈阳：辽宁科学技术出版社，2000.

[7] 冯仰廉. 反刍动物营养学 [M]. 北京：科学出版社，2004.

[8] 高秀华、杨福合. 鹿的饲料与营养 [M]. 北京：中国农业出版社，2004.

[9] 杜锐，魏吉祥. 中国养鹿与疾病防治 [M]. 北京：中国农业出版社，2010.

[10] 段维和，郭文场，周淑荣，等. 中国药用鹿产品志 [M]. 长春：吉林科学技术出版社，2013.

[11] 郑兴涛，李和平，赵蒙，等. 我国茸鹿育种研究进展及现代茸鹿育种探讨 [J]. 经济动物学报，2000，4(4)：55-60.

[12] 高秀华，李光玉，邰玉刚，等. 日粮蛋白质水平对梅花鹿营养物质消化代谢的影响 [J]. 动物营养学报，2001，13(3)：52-55.

[13] 李光玉，杨福合，王凯英，等. 梅花鹿季节性营养规律研究 [J]. 经济动物学报，2007，11(1)：1-6.

[14] 王凯英，李光玉，崔学哲，等. 不同精粗比全混合日粮对雄性梅花鹿生产性能及血液生化指标的影响 [J]. 特产研究，2008(2)：5-9.

[15] 王凯英，李光玉，崔学哲，等. 代乳料对梅花鹿仔鹿生长发育及血液生化指标的影响 [J]. 吉林农业大学学报，2011，33(3)：310-314.

[16] 鲍坤，李光玉，崔学哲，等. 不同形式铜对雄性梅花鹿血清生化指标及营养物质消化率的影响 [J]. 吉林农业大学学报，2010，22(3)：717-722.

[17] 鲍坤，徐超，宁浩然，等. 常用饲料原料蛋白质在梅花鹿瘤胃内降解率的测定 [J]. 动物营养学报，2012，24(11)：2257-2262.

[18] 魏海军，常忠娟，赵伟刚，等. 家养梅花鹿腹腔镜输精技术研究——CIDR+PMSG 同期发情处理后输精时间是关键 [J]. 经济动物学报，2012(2)：63-67.

[19] 魏海军，常忠娟，赵伟刚，等. 梅花鹿超数排卵方法及影响因素的初步研究 [J].

特产研究，2008(1)：1-5.

[20] 赵伟刚，张宇.鹿茸功效及服用方法 [J].特种经济动植物，2004(4)：7.

[21] 董万超，赵伟刚，张秀莲.梅花鹿三种深加工制品的营养保健成分研究 [J].
特产研究，2001(1)：5-8.

[22] 董万超，赵伟刚，刘春华，等.梅花鹿茸胶囊增强免疫力功能的研究 [J].特产
研究，2009(3)：8-10.

[23] 严历，李和平.鹿采茸前若干麻醉方法及其相关问题 [J].特产研究，2010(1)：
51-53.

[24] 闫喜军，柴秀丽，姜莉莉，等.鹿布氏杆菌病流行病学调查 [J].特产研究，
2007(1)：5-6.

参考文献

书　目

书　名	定　价	书　名	定　价
高效养土鸡	29.80	高效养肉牛	29.80
高效养土鸡你问我答	29.80	高效养奶牛	22.80
果园林地生态养鸡	26.80	种草养牛	39.80
高效养蛋鸡	19.90	高效养淡水鱼	29.80
高效养优质肉鸡	19.90	高效池塘养鱼	29.80
果园林地生态养鸡与鸡病防治	20.00	鱼病快速诊断与防治技术	19.80
家庭科学养鸡与鸡病防治	35.00	鱼、泥鳅、蟹、蛙稻田综合种养一本通	29.80
优质鸡健康养殖技术	29.80	高效稻田养小龙虾	29.80
果园林地散养土鸡你问我答	19.80	高效养小龙虾	25.00
鸡病诊治你问我答	22.80	高效养小龙虾你问我答	20.00
鸡病快速诊断与防治技术	29.80	图说稻田养小龙虾关键技术	35.00
鸡病鉴别诊断图谱与安全用药	39.80	高效养泥鳅	16.80
鸡病临床诊断指南	39.80	高效养黄鳝	25.00
肉鸡疾病诊治彩色图谱	49.80	黄鳝高效养殖技术精解与实例	25.00
图说鸡病诊治	35.00	泥鳅高效养殖技术精解与实例	22.80
高效养鹅	29.80	高效养蟹	25.00
鸭鹅病快速诊断与防治技术	25.00	高效养水蛭	29.80
畜禽养殖污染防治新技术	25.00	高效养肉狗	35.00
图说高效养猪	39.80	高效养黄粉虫	29.80
高效养高产母猪	35.00	高效养蛇	29.80
高效养猪与猪病防治	29.80	高效养蜈蚣	16.80
快速养猪	35.00	高效养龟鳖	19.80
猪病快速诊断与防治技术	29.80	蝇蛆高效养殖技术精解与实例	15.00
猪病临床诊治彩色图谱	59.80	高效养蝇蛆你问我答	12.80
猪病诊治160问	25.00	高效养獭兔	25.00
猪病诊治一本通	25.00	高效养兔	35.00
猪场消毒防疫实用技术	25.00	兔病诊治原色图谱	39.80
生物发酵床养猪你问我答	25.00	高效养肉鸽	29.80
高效养猪你问我答	19.90	高效养蝎子	25.00
猪病鉴别诊断图谱与安全用药	39.80	高效养貂	26.80
猪病诊治你问我答	25.00	高效养貉	29.80
图解猪病鉴别诊断与防治	55.00	高效养豪猪	25.00
高效养羊	29.80	图说毛皮动物疾病诊治	29.80
高效养肉羊	35.00	高效养蜂	25.00
肉羊快速育肥与疾病防治	35.00	高效养中蜂	25.00
高效养肉用山羊	25.00	养蜂技术全图解	59.80
种草养羊	29.80	高效养蜂你问我答	19.90
山羊高效养殖与疾病防治	35.00	高效养山鸡	26.80
绒山羊高效养殖与疾病防治	25.00	高效养驴	29.80
羊病综合防治大全	35.00	高效养孔雀	29.80
羊病诊治你问我答	19.80	高效养鹿	35.00
羊病诊治原色图谱	35.00	高效养竹鼠	25.00
羊病临床诊治彩色图谱	59.80	青蛙养殖一本通	25.00
牛羊常见病诊治实用技术	29.80	宠物疾病鉴别诊断	49.80

ISBN:978-7-111-59432-1
定价：39.80

ISBN:978-7-111-53838-7
定价：59.80

ISBN:978-7-111-49325-9
定价：35.00

ISBN:978-7-111-48375-5
定价：29.80

ISBN：978-7-111-49781-3
定价：35.00

ISBN：978-7-111-55654-1
定价：35.00

ISBN：978-7-111-52787-9
定价：22.80

ISBN:978-7-111-55954-2
定价：35.00

ISBN:978-7-111-56097-5
定价：39.80

ISBN:978-7-111-54074-8
定价：29.80

ISBN:978-7-111-59757-5
定价：29.80

ISBN:978-7-111-59738-4
定价：29.80

ISBN:978-7-111-59725-4
定价：29.80

ISBN:978-7-111-51285-1
定价：29.80 元

ISBN:978-7-111-46718-2
定价：19.80 元

ISBN:978-7-111-48092-1
定价：25.00 元

ISBN:978-7-111-45462-5
定价：16.80 元

ISBN:978-7-111-43448-1
定价：25.00 元